华东师范大学研究生重点教材建设基金资助

High Speed Optoelectronic Device Modeling
and Integrated Circuit Design

高速光电子器件建模及光电集成电路设计技术

高建军 著

高等教育出版社

内容简介

本书是作者在微波和光通信技术领域多年学习、工作、研究和教学过程中获得的知识和经验的总结。主要研究内容包括高速光电子器件的工作机理、建模技术和参数提取技术，以及光接收机和发射机集成电路设计技术。光电子器件小信号等效电路模型、大信号非线性等效电路模型和噪声等效电路模型，以及等效电路模型的参数提取技术是本书的重点。

本书可以作为光电子专业、微波专业和电路与系统专业的高年级本科生和研究生教材，也可以供从事集成电路设计的科研人员参考。

图书在版编目（CIP）数据

高速光电子器件建模及光电集成电路设计技术／高建军著．—北京：高等教育出版社，2009.6
ISBN 978 - 7 - 04 - 025800 - 4

Ⅰ．高… Ⅱ．高… Ⅲ．①光电器件 - 系统建模②光集成电路 - 电路设计　Ⅳ．TN15　TN491.02

中国版本图书馆 CIP 数据核字（2009）第 008067 号

策划编辑	刘 英	责任编辑	孙 薇	封面设计	于 涛
责任绘图	杜晓丹	版式设计	张 岚	责任校对	刘 莉
责任印制	尤 静				

出版发行	高等教育出版社		购书热线	010 - 58581118
社　　址	北京市西城区德外大街 4 号		免费咨询	800 - 810 - 0598
邮政编码	100120		网　　址	http://www.hep.edu.cn
总　　机	010 - 58581000			http://www.hep.com.cn
			网上订购	http://www.landraco.com
经　　销	蓝色畅想图书发行有限公司			http://www.landraco.com.cn
印　　刷	北京铭成印刷有限公司		畅想教育	http://www.widedu.com
开　　本	787 × 960　1/16		版　次	2009 年 6 月第 1 版
印　　张	14.75		印　次	2009 年 6 月第 1 次印刷
字　　数	270 000		定　价	30.00 元

本书如有缺页、倒页、脱页等质量问题，请到所购图书销售部门联系调换。
版权所有　侵权必究
物料号　25800 - 00

序

  高速光电子器件建模和光电集成电路设计技术是光纤通信和光网络中的一个关键问题，同时也是微电子、光电子和微波与电磁场技术的交叉学科，有许多科学技术问题需要进一步研究解决。本书作者高建军教授在该领域从事研究近20年，具备系统的科学技术知识，在国际著名期刊上发表了多篇科研论文，并具有丰富的文献研究报告。《高速光电子器件建模及光电集成电路设计技术》一书综合了很多作者的研究成果，以及一些最新进展。文中针对光电子器件的表征技术提出了一些新的研究方法和建议，讨论了光电集成电路的设计关键技术，同时在探索新的分析思路方面进行了很好的尝试，形成了一套研究方法。

  该书注重介绍实用技术，可以帮助读者了解这些研究方法建立的背景、实际工作中可能出现的问题，以掌握应用的条件和使用的技巧。

  作者与德国、加拿大及新加坡等国家的科研机构具有广泛的国际合作和联系，同时在IEEE(国际电子电器工程师协会)担任多个期刊的编委和评审人，为撰写符合国际学术前沿发展的学术著作提供了基础。这一学术专著对于从事光电子器件和集成电路设计的高等院校、研究院所的研究生、教师和科研人员，无疑是一本具有重要实用价值的参考书。为此我乐意为此书做序，并深切期望该书的出版能为光电子学领域理论研究和技术应用的发展，为高速光电子学的开拓和发展起到积极的推动作用。

中国科学院院士

2009年3月29日

前　　言

　　光电集成电路的计算机辅助设计是集成电路设计的主要课题之一，对于缩短集成电路的设计周期、降低设计和制作成本、提高可靠性具有重要意义。光电子器件模型是影响电路设计精度的最主要因素，电路规模越大、指标和频段越高，对器件模型要求也越高。因而准确的器件模型对提高光电集成电路设计的成功率、缩短电路研制周期是非常重要的。

　　本书是作者在微波和光通信技术领域多年学习、工作、研究和教学过程中获得的知识和经验的总结。编写的主要目的是通过对作者在光电子器件建模和光电集成电路设计方面所作的研究工作加以回顾和总结，以利于今后研究工作的深入开展。本书的核心内容源自作者单独或者与新加坡、德国和加拿大研究学者合作发表在国际重要期刊的文章，作者希望这些想法、概念和技术能够为国内外同行共享。

　　本书可以作为高年级本科生和研究生的教材，也可以供从事光电子、微波和集成电路设计的工程师参考。集成电路的计算机辅助设计日新月异，作者也竭尽全力对本书所涵盖的领域提供最新的资料。本书共分为七章，重点介绍光电子器件小信号等效电路模型、大信号非线性等效电路模型和噪声等效电路模型，以及等效电路模型的参数提取技术，同时对光纤通信最重要的接收机和发射机中核心集成电路的设计进行了详细的描述。

　　衷心感谢我的导师——清华大学高葆新教授和已故电子工业部梁春广院士对我十余年研究工作的指导、鼓励和支持，衷心感谢我的博士后导师——中国科学院微电子研究所吴德馨院士对我的帮助。同时对本课题的研究合作者德国柏林工业大学高频技术研究所的 Georg Boeck 教授表示感谢。

　　在此谨向所有关心、帮助过我的老师和同学致以真诚的谢意，衷心感谢他们对我多年默默无闻科研工作的理解和支持。

　　尽管作者花费了大量的时间和精力从事手稿的准备，但书中难免存在不足，敬请读者对本书的结构和内容给予批评指正。

作　者

2008 年 9 月于华东师范大学

目 录

第一章 绪论 ··· 1
  1.1 光纤通信系统的组成 ··· 1
  1.2 光电集成电路计算机辅助设计 ··· 2
  1.3 本书的目标和结构 ··· 4
  参考文献 ··· 5

第二章 半导体激光器工作原理和表征技术 ·································· 7
  2.1 半导体激光器发光机理 ··· 8
    2.1.1 原子能级 ··· 8
    2.1.2 光子辐射 ··· 9
    2.1.3 粒子数反转 ·· 12
    2.1.4 光增益 ·· 13
  2.2 半导体激光器的基本结构和类型 ······································ 13
    2.2.1 法布里 - 珀罗激光器 ·· 13
    2.2.2 量子阱激光器 ·· 16
    2.2.3 分布反馈激光器 ·· 18
    2.2.4 垂直腔面发射激光器 ·· 20
    2.2.5 增益导引激光器和折射率导引激光器 ······························ 21
  2.3 半导体激光器表征技术 ·· 22
    2.3.1 速率方程 ·· 23
    2.3.2 小信号强度调制特性 ·· 26
    2.3.3 小信号频率调制特性 ·· 31
    2.3.4 噪声特性 ·· 33
    2.3.5 大信号特性 ·· 35
    2.3.6 温度特性 ·· 38
  本章小结 ·· 39
  参考文献 ·· 39

第三章 高速半导体激光器建模技术 ·· 43

3.1 异质结半导体激光器建模技术 …………………………………………… 44
　　3.1.1 大信号模型 ……………………………………………………… 44
　　3.1.2 小信号模型 ……………………………………………………… 48
　　3.1.3 噪声模型 ………………………………………………………… 50
3.2 量子阱激光器建模技术 …………………………………………………… 55
　　3.2.1 大信号模型 ……………………………………………………… 55
　　3.2.2 小信号模型 ……………………………………………………… 58
3.3 半导体激光器模型参数提取技术 ………………………………………… 61
　　3.3.1 直接提取技术 …………………………………………………… 61
　　3.3.2 半分析提取技术 ………………………………………………… 69
本章小结 ………………………………………………………………………… 74
参考文献 ………………………………………………………………………… 74

第四章　高速半导体光电探测器建模技术 …………………………… 77

4.1 光电探测器的基本工作原理 ……………………………………………… 77
4.2 光电探测器的基本特性 …………………………………………………… 79
　　4.2.1 响应度 …………………………………………………………… 79
　　4.2.2 量子效率 ………………………………………………………… 80
　　4.2.3 吸收系数 ………………………………………………………… 80
　　4.2.4 暗电流和击穿电压 ……………………………………………… 80
　　4.2.5 上升时间和带宽 ………………………………………………… 81
　　4.2.6 噪声 ……………………………………………………………… 81
4.3 光电探测器建模技术 ……………………………………………………… 82
　　4.3.1 PIN 光电探测器等效电路模型 ………………………………… 82
　　4.3.2 雪崩光电探测器等效电路模型 ………………………………… 87
　　4.3.3 金属 - 半导体 - 金属光电探测器等效电路模型 ……………… 94
本章小结 ………………………………………………………………………… 102
参考文献 ………………………………………………………………………… 102

第五章　高速半导体晶体管建模技术 …………………………………… 106

5.1 微波射频半导体晶体管 …………………………………………………… 106
5.2 GaAs MESFET/HEMT 建模技术 ………………………………………… 110
　　5.2.1 小信号等效电路模型 …………………………………………… 110
　　5.2.2 大信号等效电路模型 …………………………………………… 112
　　5.2.3 噪声等效电路模型 ……………………………………………… 115

5.2.4　模型参数提取技术 ……………………………………………… 120
5.3　GaAs/InP HBT 建模技术 ………………………………………………… 123
　　5.3.1　大信号等效电路模型 ……………………………………………… 123
　　5.3.2　小信号等效电路模型 ……………………………………………… 125
　　5.3.3　噪声等效电路模型 ………………………………………………… 126
　　5.3.4　模型参数提取技术 ………………………………………………… 127
5.4　SiGe HBT 建模技术 ……………………………………………………… 131
5.5　MOSFET 建模技术 ……………………………………………………… 132
　　5.5.1　小信号等效电路模型 ……………………………………………… 132
　　5.5.2　大信号等效电路模型 ……………………………………………… 134
　　5.5.3　噪声等效电路模型 ………………………………………………… 136
　　5.5.4　模型参数提取技术 ………………………………………………… 137
本章小结 …………………………………………………………………………… 137
参考文献 …………………………………………………………………………… 138

第六章　光发射机驱动电路设计技术 ……………………………………… 141
6.1　光发射机基本工作原理 …………………………………………………… 141
6.2　光发射机的集成方式 ……………………………………………………… 143
　　6.2.1　单片集成光发射机 ………………………………………………… 144
　　6.2.2　混合集成光发射机 ………………………………………………… 145
6.3　直接调制驱动电路设计 …………………………………………………… 146
6.4　外调制驱动电路设计 ……………………………………………………… 149
　　6.4.1　MESFET/HEMT 基外驱动电路设计 …………………………… 150
　　6.4.2　BJT/HBT 基外驱动电路设计 …………………………………… 158
　　6.4.3　MOSFET 基外驱动电路设计 …………………………………… 163
6.5　分布式驱动电路设计 ……………………………………………………… 164
6.6　驱动电路电感电容峰化技术 ……………………………………………… 166
　　6.6.1　驱动电路电感峰化技术 …………………………………………… 167
　　6.6.2　驱动电路电容峰化技术 …………………………………………… 170
　　6.6.3　10 Gb/s 调制器驱动电路设计 …………………………………… 172
本章小结 …………………………………………………………………………… 173
参考文献 …………………………………………………………………………… 173

第七章　高速光接收机前端电路设计技术 ………………………………… 177
7.1　光接收机的基本指标 ……………………………………………………… 178

目 录

- 7.1.1 信噪比 ·· 178
- 7.1.2 误码率 ·· 179
- 7.1.3 灵敏度 ·· 181
- 7.1.4 眼图 ··· 181
- 7.1.5 信号带宽 ·· 182
- 7.1.6 噪声带宽 ·· 184
- 7.1.7 动态范围 ·· 184

7.2 光接收机前端的电路结构 ·· 186
- 7.2.1 常用的光接收机前端电路形式 ······················ 186
- 7.2.2 高阻型前置放大器 ··································· 187
- 7.2.3 跨阻型前置放大器 ··································· 189
- 7.2.4 高阻型和跨阻型前置放大器的比较 ················ 190

7.3 前置放大器的性能指标 ·· 191
- 7.3.1 二口网络 S 参数 ····································· 191
- 7.3.2 二口网络噪声系数 ··································· 194
- 7.3.3 跨阻增益和 S 参数之间的关系 ····················· 195
- 7.3.4 等效输入噪声电流谱密度和噪声系数之间的关系 ··· 196

7.4 高速前置放大器设计 ·· 198
- 7.4.1 基于 BJT 的前置放大器设计 ························ 198
- 7.4.2 基于 HBT 的前置放大器设计 ······················· 200
- 7.4.3 基于 MESFET/HEMT 的前置放大器设计 ········· 203
- 7.4.4 基于 MOSFET 的前置放大器设计 ·················· 206
- 7.4.5 分布式前置放大器设计 ······························ 207

7.5 接收电路电感电容峰化技术 ····································· 209
- 7.5.1 接收电路电感峰化技术 ······························ 210
- 7.5.2 接收电路电容峰化技术 ······························ 212

7.6 光电探测器和前置放大器之间匹配电路设计 ················· 214
- 7.6.1 电感窄带调谐技术 ··································· 217
- 7.6.2 宽带匹配技术 ·· 218

本章小结 ·· 219
参考文献 ·· 219

第一章 绪　　论

　　光纤通信以其极大的通信容量、极低的传输损耗，在通信领域中占据了越来越主导的地位。利用光纤固有的特性和成熟的技术来增加通信容量，通常有三种途径：(1)利用现有管道增敷光缆或增加光缆内光纤数。(2)采用多路复用技术，包括波分复用和频分复用，以充分利用光纤带宽，构成几十路甚至上千路复用系统。(3)采用超高速传输，通过开发高速光电器件以实现数千兆比特每秒(Gb/s)传输。国内外的研究报告表明，无论从经济上还是从技术上看，采用高速传输系统都比较理想，因此为实现大容量传输，一直侧重提高传输速率的研究。光纤数字通信系统在干线通信系统中已进入了自己的成熟期和完备期，光纤通信技术的另一发展趋势和研究热点是宽带光纤网络，特别是采用光纤技术的接入网和用户环路，并以光纤入户为最终目标，实现宽带综合业务网(B-ISDN)。

　　继 565 Mb/s 系统大量应用之后，1.6 Gb/s、1.7 Gb/s、2.5 Gb/s 和 10 Gb/s 系统已用于公用网长途干线中，均得到了令人满意的结果。更高速率系统，相干光通信、频分复用、光放大器等新技术正在研究之中，且已取得突破性进展。我国长途电信网将建成覆盖全国的以光缆为主，以数字微波、卫星为辅的多种通信手段构成的传输基础网。经济的迅速发展已经对电信网的传输容量提出了更高的要求，发展更高速率的光缆系统已经成为我国干线网下一步研究的重大课题。

1.1　光纤通信系统的组成

　　光纤通信系统与其他通信系统的区别从原理上讲只是载波频率的不同，光载波的频率高达 100 THz 的数量级，而微波载频的范围在 1~10 GHz，由于光频载波频率和微波载波频率的差别，光纤通信的信息容量可以比微波系统高出 10 000 倍，调制速率可以高达 Tb/s 的量级，正是由于光纤通信系统具有如此巨大的带宽能力，才使得人们不断对它进行研究和开发。

　　图 1.1 给出了光纤通信系统的结构示意图，它由光发射机、通信信道(光纤)和光接收机三部分组成，和其他通信系统是一致的。光发射机的作用是将电信号转变为光信号，并将光信号耦合进入通信信道光纤中，它主要由复用器、激光器调制电路和光源组成，其中光源是光发射机的心脏，在高速光纤通

信系统中，主要采用半导体激光器作为光源。光信号通过对光载波的调制而获得，在大多数情况下采用直接对半导体光源注入进行直接调制的方法，也可以使用外调制器。信道耦合器通常是一个微透镜，它最大可能地将光信号耦合进入光纤中。光接收机在光纤的末端将接收到的光信号恢复成原来的电信号，它主要由光电探测器、光接收机前端和解调器组成。光电探测器是光接收机的主要部件，它能将光纤传来的已调光信号变为相应的电信号，经前置放大器放大后送入解调器进行处理。解调器的设计依赖系统调制方式，它的作用是对光接收机前端送来的信号进行判决，恢复出原来的电信号信息。

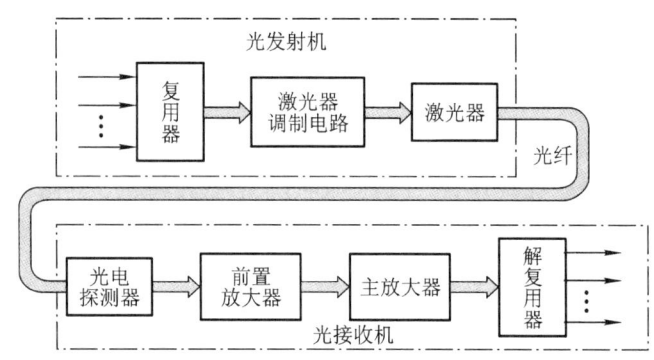

图 1.1　高速光纤通信系统结构示意图

目前大多数光纤传输系统采用强度调制－直接检测（IM－DD）方式，其速率高达几个 Gb/s～几十个 Gb/s，这与光纤低损区可提供 10^5 Gb/s 的传输容量相差很大，说明光纤还有很宽的频带可以利用，因而可以采用复用技术。波分复用（WDM）和时分复用（TDM）系统是目前市场上最有前景的光纤传输系统，利用现有已铺设的光纤光缆，通过复用技术改造已有的光端机进行扩容，可以在一根光纤中同时传输不同波长的光载波信号，其优点是传输容量大，可以进行双向通信。

在光发射机和光接收机中分别加入复用/解复用电路（MUX/DMUX），复用器将低速信号有效地且低串扰地复合在一起输入光端发送部分，而解复用电路在光接收机部分将检测出来的高速信号分离出每个低速信号。这样的电处理方式仍然可以工作在比较低的速率范围，如 8×2.5 Gb/s 或 32×2.5 Gb/s 等效于 20 Gb/s 或 80 Gb/s 的时分复用系统，这样利用已成熟的光学器件技术可以克服电学方面的困难。

1.2　光电集成电路计算机辅助设计

目前应用于光纤通信设备中的光电集成电路（OEIC）研究和制造技术已成

为此领域的关键技术。OEIC 是指在不降低各种器件性能的情况下,集光子器件和电子器件于一体的单片集成电路,由于光电器件性能的互补,可以得到功能强大的光电集成电路,具有混合集成电路无法比拟的优势[1-5]:

(1) 由于寄生电感和电容的降低,光电器件特性如速率、灵敏度等得到了很大的改善。

(2) 采用光互连提高了集成电路的特性。

(3) 简化了制作工艺、装配和调试。

(4) 成本降低,可靠性提高。

(5) 利用电子和光子的相互作用可实现新的功能。

(6) 便于使用(体积小、重量轻、功能全)。

由于材料生长技术、微细加工技术、光子器件和电子器件的工艺共容问题及器件之间的串扰(电、光和热)等问题,直到 20 世纪 80 年代初,OEIC 研究才有所突破,成为当今高技术领域十分热门的课题[6]。OEIC 除了可以用在长距离光纤通信系统以外,在计算机网络之间、基板之间、芯片之间的光互连和光信号处理中也得到了广泛的应用。

OEIC 中光子器件主要包括半导体激光器(Laser Diode,LD)、光电探测器(Photo Diode,PD)、光纤及各种波导器件,电子器件主要包括场效应晶体管、高电子迁移率晶体管和异质结晶体管等。利用光电混合集成电路技术,可以将所有的光子器件和电子器件制作在同一半导体材料上,从而实现单片集成光发射机、光接收机、光复用器和光开关等。OEIC 的集成规模由最初的两个器件发展到现在的几个器件、几十个器件、上千个器件构成的用于多路信息处理的光接收和发射机芯片。

随着光纤通信速率和 OEIC 集成度的不断提高,给 OEIC 设计者提出了崭新的课题。OEIC 是高度集成化电路,尺寸小、元件密度高,且一经制作便几乎无法调整,因此仅靠传统手工调整制作 OEIC 已不能满足当今光纤通信高速发展的需要,必须依赖于 OEIC 计算机辅助设计(CAD)技术。可以预言,随着集成光电子学的不断前进,光电集成电路计算机辅助设计也必将成为推动 OEIC 发展的重要手段,它可改变过去手算、手调或依靠简单计算的落后局面,为系统设计者提供一种方便、准确、快速的自动化设计手段,对提高 OEIC 的设计精度、降低研制和生产成本、缩短研制周期、提高光纤通信系统的速率和准确度将起到重要的促进作用。

光电集成电路的设计频段已经发展到微波频段,OEIC 设计和微波电路设计紧密结合的结果可以使工作频率大幅度提高,如半导体激光器和光电探测器的电路匹配设计及超宽带、低噪声光接收机前置放大器设计均是微波电路在高速光纤通信系统中的应用。因此只有和微波 CAD 软件很好地结合才能完成光电集成电路计算机辅助设计。另外，微波集成 CAD 经过多年的发展，已经十分成熟，因此基于微波电路 CAD 软件平台开发 OEIC CAD 仿真软件是最佳途径之一。

要想借助微波电路 CAD 软件实现 OEIC CAD，就必须建立起能充分反映光电子器件的性能并可用纯电学元件等效的光电子器件等效电路模型，像处理电信号一样处理光信号，具体来说即将 OEIC 中的光路部分用电路变量如受控源的形式来实现，得到一个光电一体化的可以被微波电路 CAD 软件所接受的宏模型。

器件模型能否准确、简便地反应器件的各方面性能，是决定 CAD 软件质量的关键，因此 OEIC CAD 研究的核心就是光电器件等效电路模型的建立。要想形成一套通用的 OEIC CAD 软件，必须把电子线路 CAD、微波电路 CAD 和光电器件模型相结合，实现以下几项功能：

（1）具有高速光纤通信中所具有的光子和电子器件模型，包括线性模型、非线性模型和噪声模型等。并且具有用户自定义器件模型功能，以便随时加入新型器件模型。

（2）可以对超高速数字电路形式实现的 OEIC 光发射机、光接收机进行电路模拟，包括直流、交流、噪声和瞬态分析。

（3）可以对微波单片电路（MMIC）形式实现的光接收机（包括前置放大器和主放大器等）进行小信号分析和噪声分析。

（4）可以对在电子电路和光子电路之间加入的匹配电路，如半导体激光器和驱动电路、光电探测器和前置放大器之间的匹配电路开展研究。

（5）该电路模拟器最好具有电路设计优化功能，如能对电路特性、有源器件的简单物理参数进行优化设计的功能。

1.3　本书的目标和结构

本书的目标为培养读者对光电子器件建模和电路设计进行深入研究和分析的能力。大规模集成电路芯片的开发需要一支由市场专家、系统结构设计工程师、逻辑设计工程师、电路与版图设计工程师、封装工程师、测试工程师以及工艺和器件工程师等不同专业人员组成的团队。最基本的任务是完成计算机辅助设计和优化，而电路计算机辅助设计和优化的基础是建立精确的能反映器件物理特性的等效电路模型。半导体器件模型是影响电路设计精度的最主要因素。电路规模越大、指标和频段越高，对器件模型要求也越高，同时非线性电路设计比线性电路设计对器件模型的要求还要高。因此准确的器件模型对于提高 RF 和微波毫米波单片集成电路设计的成功率、缩短电路研制周期是非常重要的。本书共分为七章，重点介绍以光电子器件（半导体激光器和探测器）以及高速电子器件为主的器件工作原理，建模技术和参数提取技术以及相应的高速光接收机和发射机电路设计技术。下面对第二章～第七章的主要内容做一下概括：

第二章主要对半导体激光器工作原理、基本结构以及各种新型半导体激光器（包括法布里－珀罗激光器、分布反馈激光器、分布布拉格激光器、量子阱激光器和垂直腔面发射激光器）进行了介绍，同时就如何表征半导体激光器的物理特性进行了讨论，并且利用反映物理机理的物理速率方程对半导体激光器的直流特性、小信号调制特性、温度特性和噪声特性进行了描述。

第三章主要介绍半导体激光器的建模技术和参数提取技术，建模技术包括小信号模型、大信号模型和噪声模型，参数提取包括寄生元件和速率方程模型参数提取技术的介绍，和第二章共同构成对半导体激光器的完整描述。

第四章介绍了光电探测器的基本工作原理和基本特性，并着重研究目前常用的高速光电探测器的物理基建模技术和经验基建模技术，结合微波有源器件建模原理对高速光电探测器进行了深入分析。

第五章详细介绍了用于高速光纤通信集成电路设计的微波射频器件，主要包括Ⅲ－Ⅴ族化合物半导体晶体管 MESFET/HEMT、HBT 以及 Si 基 MOSFET 和 SiGe HBT 四种常用的晶体管。讨论了上述器件的工作原理，并介绍了这些器件的线性建模技术、非线性建模技术、噪声建模技术以及模型参数提取技术。

第六章首先介绍了光发射机的工作原理以及直接调制和外调制驱动电路的设计要点。接着对光发射机的混合集成方式和单片集成方式进行了讨论，总结了常用高速器件构成的外调制驱动电路设计，给出了最新的研究进展。

第七章对高速光接收机前置放大器的设计方法、电路拓扑和特性进行了详细的讨论，给出多种工艺条件下的前置放大器的设计要点，推导了跨阻增益和 S 参数之间的关系以及等效电路谱密度和噪声系数之间的关系。

参考文献

[1] Keijiro H, Toshio F, Koji I, et, al. Optical communication technology roadmap[J]. IEICE Trans. Electron, 1998(8): 1328-1341.

[2] 高琨. 光纤技术和光电子集成的现状和趋向[J]. 光通信技术, 1989, 13(1): 1-8.

[3] 原荣. 光纤通信网络[M]. 北京：电子工业出版社，1999.
[4] 祝宁华. 光电子器件微波封装和测试[M]. 北京：科学出版社，2007.
[5] Show N N, Carter A. Optoelectronic integrated circuits for microwave optical system[J]. Microwave Journal, 1993(10): 90-100.
[6] Kenneth P. High speed circuits for lightwave communication[J]. International Journal of High Electronics and System, 1998, 9(2): 313-346.

第二章 半导体激光器工作原理和表征技术

激光器被视为 20 世纪的三大发明(其他两项为半导体和原子能)之一,世界上第一个实用的红宝石激光器(属于晶体激光器)是在 1960 年由美国科学家 Theodore Meiman 发明的,奠定这个领域工作和实践基础的是美国科学家 Charles Townes Alexander Prokhorov 和 Nikolay Basov,为此三人获得了 1964 年的诺贝尔物理学奖。英文激光器单词(Laser)源自 Light Amplification by the Stimulated Emission of Radiation(受激辐射引起的光放大)。

激光器有多种形式,它的尺寸小到仅相当于一颗盐粒,大到可以填满一间房子,产生激光的介质可以是气体、液体绝缘晶体或者半导体。图 2.1 给出了激光器的分类列表,但是值得注意的是,在光纤通信系统中用到的几乎全是半导体激光器。半导体激光二极管自从 20 世纪 70 年代发展起来后,以其优越的辐射特性,如亮度、定向性、窄的光谱宽度以及输出光强单色性,已经成为长距离光纤通信系统的最佳光源。

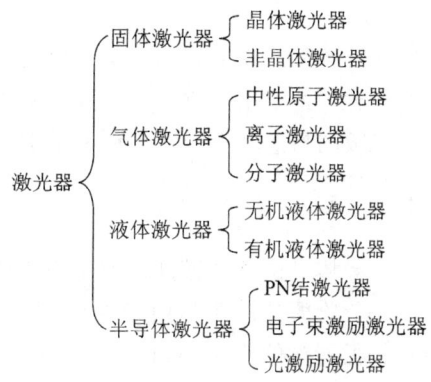

图 2.1 激光器的分类

半导体激光器长距离光纤通信系统中的电光转换器件,将所需要传输的电信号转换为调制的光信号通过传输媒质光纤发射出去,它应该满足以下几点要求:

(1) 发射的光波波长应该在传输光纤的两个低损窗口之内,即短波长 0.85 μm 和长波长 1.31 nm、1.55 nm。

(2) 发射的光功率要足够大,以满足长距离光纤通信系统的需要。

(3) 小信号调制带宽要足够宽,以满足高速光纤通信系统的需要。

(4) 温度特性好,强度噪声低。

(5) 阈值电流低,响应速度快。

(6) 可靠性好,寿命长。

(7) 易于直接调制和间接调制。

随着对长距离光纤通信系统的可靠性要求的不断提高,对半导体激光器的要求也相应提高,具有量子阱(Quantum Well,QW)、分布反馈(Distributed Feedback,DF)和极窄光谱宽度(纳米级)特性的半导体激光器已经研制成功,成为长距离光纤通信系统最常用的光源,垂直腔面发射激光器(Vertical Cavity Surface Emitting Lasers,VCSEL)就是光源技术的最新成果[1-6]。

波分复用(Wavelength Division Multiplexing,WDM)、密集波分复用和高密集波分复用已经向激光二极管设计者提出了新的挑战,在这些技术中用频率而不是用波长来度量信道的分割已经变得如此小,以至于拥有 0.1 nm 光谱宽度的激光二极管都不能满足要求。

本章主要介绍半导体激光器的工作原理、基本结构以及新型半导体激光器的种类,然后介绍半导体激光器的直流特性、小信号调制特性、温度特性和噪声特性。

2.1 半导体激光器发光机理

尽管各种激光器在结构上存所差别,但其基本工作原理是相同的。产生激光必须有以下三个关键过程:光子吸收、自发辐射和受激辐射,下面分别介绍原子能级的概念和三个产生激光的关键过程[7-12]。

2.1.1 原子能级

半导体是由紧密排列的原子组成的一种固态物质,其中每个原子包含有多个电子,物质的性质是由最外围的电子决定的。在原子内部存在着不同的能级:较低能量的价带(Valence Band)和较高能量的导带(Conduction Band),电子是通过禁带(Energy Gap)E_g分开的,每一个能带包括了一系列的能级,电子可以在价带和导带的轨道上活动,由于禁带不包括任何能级,因此电子不可能在禁带上活动。图 2.2 给出了一个典型的半导体能带结构图,在绝对温度为零以及无外加电场的情况下,所有的电子几乎都在价带上,而导带上没有电子,

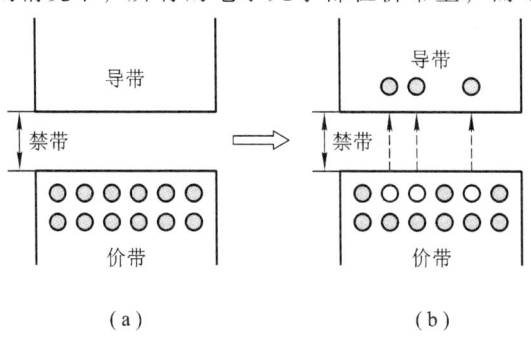

图 2.2 典型的半导体能带结构图

这是因为电子不具备足够的能量来越过禁带。但是如果某些电子一旦获得附加能量，那么这些电子就会越过禁带占据导带的能级，这些受激的电子在价带留下了作为正电荷载体的空穴，如图 2.2(b) 所示。

在通常情况下，绝大部分电子处于基态，只有少数电子被激发到高能级，能级越高，处于该能级上的电子数目越少。在热平衡时，这些原子在各能级之间的分布符合玻耳兹曼统计规律，其数学表达式为

$$N_i = N \cdot \exp\left(\frac{E_i}{kT}\right) \qquad (2.1)$$

式中，N_i 是处于能级 E_i 的电子数目，N 是全部电子数目，k 为玻耳兹曼常数，T 为热平衡时的绝对温度，图 2.3 给出了热平衡时的电子分布曲线示意图，从图中可以看到，任何一个较高能级上的原子数目都比任一较低能级上的原子数目少。

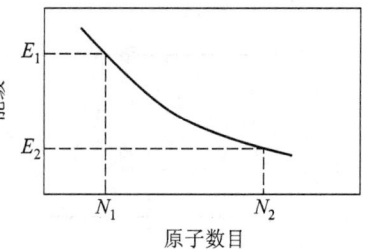

图 2.3　热平衡时的电子分布曲线示意图

2.1.2　光子辐射

1. 光子吸收

图 2.4 给出了简单的光子吸收(Optical Absorption)过程的示意图，图中 E_1 和 E_2 表示不同的能级，在一般情况下电子处于基态，当有一个能量为 $h\nu$ 的光子照射电子时，一个处于基态(低能级)的电子就会吸收这个光子的能量并跃迁到激发态(高能级)上，这个过程称为光子的吸收。吸收的能量可以利用下式计算：

$$h\nu = E_2 - E_1 \qquad (2.2)$$

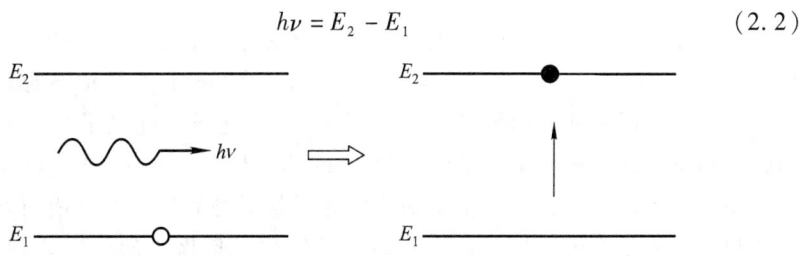

图 2.4　光子吸收过程示意图

2. 自发辐射

由于激发态为非稳定状态，处于激发态(高能级)上的电子在没有任何外界激励的情况下，也可能自发地返回到基态(低能级)，这个过程称为光子的自发跃迁。在自发跃迁时，电子会把多余的能量($E_2 - E_1$)释放出来，释放能

量的形式主要有热能和光能两种。当释放热能时,这个过程称为无辐射跃迁,当释放光能时,这个过程称为自发辐射跃迁。图 2.5 给出了光子自发辐射(Spontaneous Emission)过程示意图,辐射光的频率 ν 由基态和激发态之间的能级差来决定:

$$\nu = \frac{E_2 - E_1}{h} \tag{2.3}$$

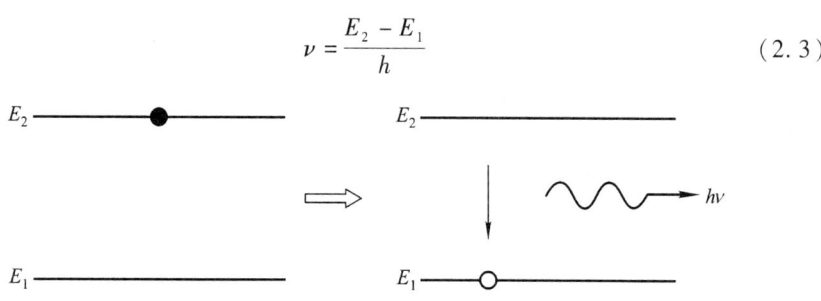

图 2.5 光子自发辐射过程示意图

自发辐射具有以下四个特点:

(1) 光谱宽度宽。处于激发态的各个原子都是独立地、自发地跃迁,彼此无关,不同原子可能是在不同的能级之间发生跃迁,可能有各种频率,从而使这种光源的光谱宽度变得很宽。

(2) 输出光强度低。由于光子的辐射方向是任意的而且很难控制,只有少量的光子符合输出方向的要求,因此得到的激光强度很低。

(3) 定向性差。即使对输出功率作出贡献的光子也不是方向完全一致,它们在一个很宽的锥形中传播,产生四下发散的辐射光。

(4) 不相干性。激发态的原子独立地、自发地跃迁使光子独立产生,因此不同光子之间不存在相位相关性。

3. 受激辐射

在外界激励作用下,电子也有可能从激发态向基态方向跃迁。当一个能量为 $h\nu$ 的光子照射一个处于激发态的电子时,这个电子受到光子的刺激会立即向基态跃迁,同时释放出另外一个能量为 $h\nu$ 的光子,此光子与入射光子具有相同的相位,这个过程称为受激辐射(Stimulated Emission)。图 2.6 给出了光子受激辐射过程示意图,由于受激辐射的光子是受外界光子的刺激而产生的,所以它和外来光子一模一样,即具有相同的频率、传播方向、振动方向和相位。

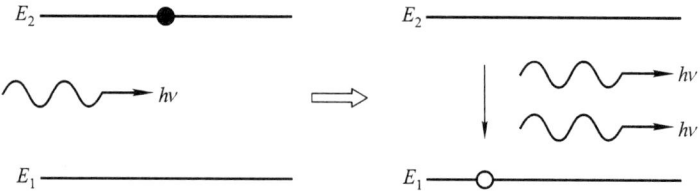

图 2.6 光子受激辐射过程示意图

假设外来光子代表入射光波,那么由于受激辐射光子的产生,输出光波的强度就增加了一倍,如图2.7所示。

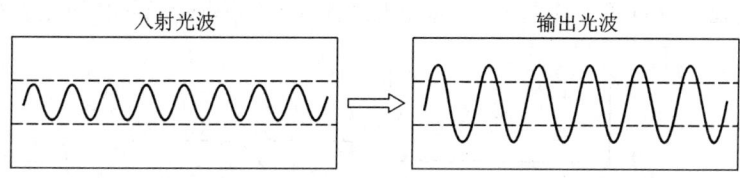

图2.7 光子受激辐射的光波强度变化

如何将光的放大转为光的振荡形成激光输出,在实践中需要基于反馈的原理,把放大了的光子反馈一部分回来进一步放大,使其产生振荡。同时借用光波干涉仪的技术,即在激活区域的两端放置两个面对面的反射镜用于光反馈(Optical Feedback),具体结构如图2.8所示。两个光子——一个是原始的光子和一个受激的光子被反射回来,重新进入激活层,这两个光子又作为外来光子,然后激发出另外两个新的光子。这四个光子又由另外一端的反射镜反射回来,激发出共八个光子,如此反复,就这样用两面镜子实现了光的正反馈。其中一面镜子要求具有100%的反射率,另外一面要求具有95%的反射率,即允许部分光透射。

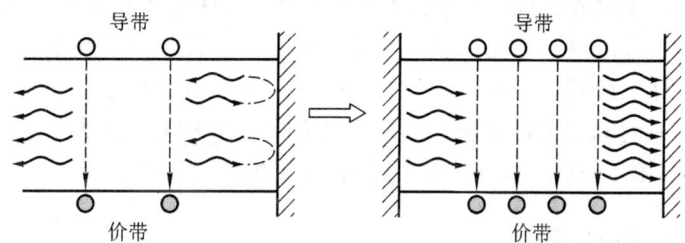

图2.8 光子正反馈

受激辐射具有以下四个特点:

(1) 单色性。受激辐射获得的光子和外界光子频率完全一致,这个特性保证辐射光的光谱宽度很窄(对于长波长激光二极管的线宽通常在一纳米以下)。

(2) 高输出光强度。所有光子的传播方向都是一样的,并且均为输出光功率作出贡献,因此激光二极管的光电转换效率和输出功率都很高,其光电转换效率通常为发光二极管的10倍以上。

(3) 定向性好。所有受激光子的发射方向都与激发它们的光子相同,因此输出光波具有很好的定向性。

(4) 相干性。仅当外界光子激发时,受激光子才会辐射,这两种光子被称为同步的和同相的,因此受激辐射具有相干性。这个特性对于信号的检测和传输非常重要。

和自发辐射相比,受激辐射具有窄光谱宽度、高功率、定向性强和相干性,这是基于受激辐射的半导体激光器可以用于长距离光纤通信光源的原因。图 2.9 给出了光辐射示意图,其中图(a)为发光过程,图(b)表示辐射光的光谱宽度。

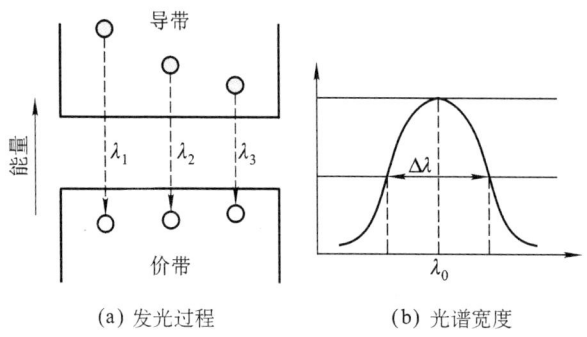

图 2.9　光辐射示意图

4. PN 结

电子 – 空穴复合(Electron – hole Recombination)可以产生光子,基于这一基本原理,可以利用 PN 结来产生辐射光。PN 结由 P 型半导体和 N 型半导体构成,通过提供额外的能量(外加正向偏置电压)使电子和空穴进入耗尽区来进行复合,以维持持久的光辐射。实际上发光二极管(LED)就是一种由 PN 结构成的半导体二极管,相对应的普通二极管在电子和空穴复合是以热能的形式而不是可见光的形式来释放能量。也可以说普通二极管中的复合是非辐射复合(Nonradiative Recombination),而 LED 中的复合是辐射复合。

2.1.3　粒子数反转

实际上,光的自发辐射、受激吸收和受激辐射是同时存在的,在通常情况下(即热平衡条件下,原子具有正常能级分布时),由于低能级上的电子数目较多,处于激发态的电子数目较少,因此光子吸收占优势,即光总是在损耗。要获得光的放大就必须使光的受激辐射占优势。即使原子在能级上反向分布,处于激发态的电子数目要高于处于基态的电子数目,这种情况称为粒子数反转(Population Inversion)。为了实现粒子数反转,需要将高密度的正向电流通过激活区域。图 2.10 给出了由外来能量引起的粒子数反转示意图。

粒子数反转是产生激光效应的必要

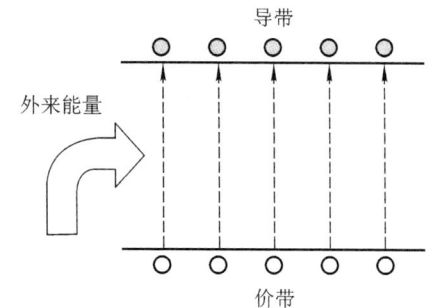

图 2.10　粒子数反转示意图

条件,受激电子越多,能够辐射出来的受激光子数目越多,发射强度越高,即受激电子数目决定了激光二极管的增益。半导体激光二极管的损耗主要为受激光子的吸收和传播。

2.1.4 光增益

为了使半导体激光二极管产生激光,光增益(Optical Gain)必须大于损耗。当注入的正向电流较小时,半导体激光二极管以 LED 的方式工作;当注入正向电流足够高、并且足以产生粒子数目反转达到阈值条件(此时增益和损耗相等)时,半导体激光二极管开始以激光发射器的工作方式进行工作;在超过阈值以后,光输出功率进一步增加,在达到饱和以前通常呈现一个线性变化。总之,半导体激光二极管正常工作的基本条件如下:

(1) 受激辐射。
(2) 正反馈。
(3) 粒子数反转。

2.2 半导体激光器的基本结构和类型

半导体激光器的种类很多,按结构分有法布里-珀罗(Fabry-Perot)激光器、分布反馈(Distributed Feedback,DFB)激光器、分布布拉格(Distributed Bragg Reflector,DBR)激光器、量子阱(Quantum Well,QW)激光器和垂直腔面发射(Vertical Cavity Surface Emitting VCSE)激光器;按波导机制分有增益导引(Gain-Guided)激光器和折射率导引(Index Guided)激光器。下面分别讨论上述各类激光器的工作原理。

2.2.1 法布里-珀罗激光器

法布里-珀罗激光器是根据法国科学家 Charles Fabry 和 Alfred Perot 的名字而命名的,该类激光器可以提供集总反馈和较多的纵模,可以得到较宽的光谱宽度。半导体激光器的受激辐射光是由电子在价带和导带之间连续分布的能级跃迁而产生的,这与气体和固体激光器不同,它们的辐射性跃迁仅仅发生在离散的原子或者分子能级上,半导体激光器的辐射光在法布里-珀罗腔中产生,在大多数的激光器中也都采用这样的谐振腔,但是半导体激光器的谐振腔尺寸很小,其长度约为 250~500 μm(称为谐振腔的纵向尺寸),宽度约为 5~15 μm(称为谐振腔的宽度),厚度约为 0.1~0.2 μm(称为谐振腔的厚度)。图 2.11 给出了典型的法布里-珀罗谐振腔(简称 F-P 腔)的结构示意图。

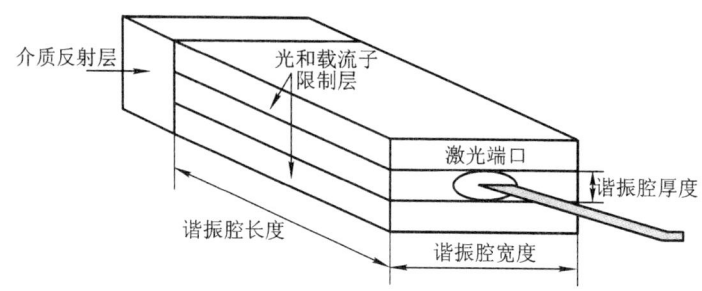

图 2.11 典型的法布里-珀罗谐振腔的结构示意图

在半导体激光器的 F-P 腔中，使用一对平行放置的部分反射镜来构成谐振腔，沿半导体晶体方向在自然晶体上刻两条平行的缝隙就形成理解面，该理解面可以充当反射镜。反射镜的作用是提供强的纵向光反馈，从而将器件转化为振荡器，它通过光增益来补偿谐振腔内的光损耗。半导体激光器谐振腔内可能有多个谐振频率，但其仅会在增益大于损耗的频率上振荡。

在半导体激光器谐振腔的光辐射建立起来的电磁场模式称为谐振腔模式，主要包括横电模（TE 模）和横磁模（TM 模）。每类模式都可以通过沿谐振腔轴线分布的纵向、横向和侧向分布的电磁波半正弦波来描述。其中纵向模式的电磁波和谐振腔的长度 L 有关，辐射光的频谱结构主要由纵向模式决定，由于 L 远大于激光波长（大约 1 μm），因此在谐振腔中存在很多纵向模式。横向模式分布在 PN 结平面内取决于谐振腔的宽度和侧壁的特性，同时确定激光束的波束形状。侧向模式和 PN 结平面垂直方向上的电磁波波形相关。以上三种模式非常重要，它们很大程度上决定了激光器的阈值特性和辐射特性等关键指标。

为了确定半导体激光器的激射条件和振荡频率特性，利用复数矢量电磁波表示其纵向模式[7]：

$$E(z,t) = I(z)\exp(\omega t - \beta z) \quad (2.4)$$

式中，ω 为光谐振频率，β 为传播常数，z 为激活区位置，$I(z)$ 为电场强度：

$$I(z) = I(0)\exp\{\Gamma g(h\nu) - \bar{\alpha}(h\nu)z\} \quad (2.5)$$

式中，$\bar{\alpha}$ 为光路路径上的材料有效吸收系数，Γ 为光场限制因子。

图 2.12 给出了法布里-珀罗谐振腔分析示意图，从图中可以看到光反馈由激活区

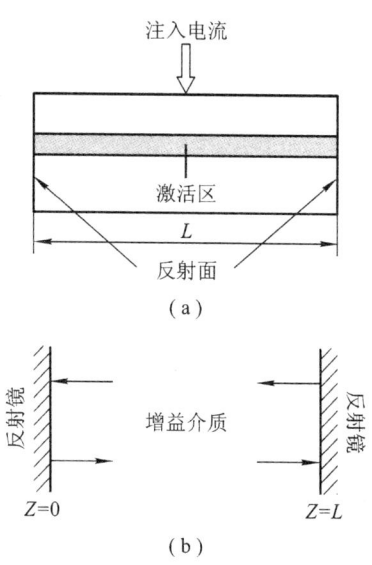

图 2.12 半导体激光器结构和法布里-珀罗谐振腔分析示意图

两端的自然理解面构成的 F-P 腔来提供,反射镜的反射系数可以定义为

$$R = \left(\frac{n_1 - n_2}{n_1 + n_2}\right) \tag{2.6}$$

上式为两个折射率分别为 n_1 和 n_2 的材料分界面上光的反射率。对于稳定振荡,反射回来的光波幅度和相位要和初始的光波的幅度和相位相等:

$$I(2L) = I(0) \tag{2.7}$$

$$\exp(-j2\beta L) = 1 \tag{2.8}$$

$I(2L)$ 表示谐振腔的一个往返过程 $(z=2L)$:

$$I(2L) = I(0) R_1 R_2 \exp\{\Gamma g(h\nu) - \bar{\alpha}(h\nu)2L\} \tag{2.9}$$

由式(2.8)可以得到半导体激光器起振的阈值条件,即当谐振腔中的光增益和光损耗相等时有

$$\Gamma g_{th} = \bar{\alpha} + \frac{1}{2L}\ln\left(\frac{1}{R_1 R_2}\right) \tag{2.10}$$

式(2.10)中右边第二项表示激光腔的反射镜损耗,要想使激光器产生激光辐射,就必须使光增益 $g > g_{th}$,这意味着注入泵浦源要足够强以使光增益超过光损耗。

对于 GaAs 材料,其非涂理解面上反射系数均为 $R = 0.32$(即约 32% 的辐射光在端面上被反射),光材料吸收系数 $\bar{\alpha} = 10 \text{ cm}^{-1}$。图 2.13 给出了光阈值 Γg_{th} 随腔长度的变化曲线,从曲线中可以看到当 $L = 500 \text{ μm}$ 时,$\Gamma g_{th} = 33 \text{ cm}^{-1}$。

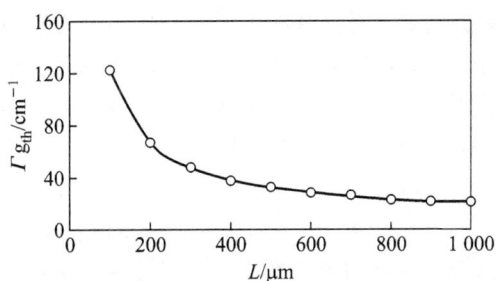

图 2.13 光阈值 Γg_{th} 随腔长度的变化曲线

由式(2.8)可以得到半导体激光器的谐振频率:

$$2\beta L = 2m\pi \tag{2.11}$$

传播常数 β 可以表示为

$$\beta = \frac{2\pi}{\lambda} \tag{2.12}$$

将式(2.12)代入式(2.11)可以得到

$$L = m\frac{\lambda}{2} = \frac{mc}{2\nu} \tag{2.13}$$

从上述公式可以看到当反射镜的距离为半波长的整数倍时(m倍),谐振腔产生稳定的驻波。对于多模半导体激光器,假设有两个频率为ν_m和ν_{m-1}的相邻模式,为了确定频率间隔,令

$$m - 1 = \frac{2L}{c}\nu_{m-1} \tag{2.14}$$

$$m = \frac{2L}{c}\nu_m \tag{2.15}$$

两个公式相减可以得到频率间隔为

$$\Delta\nu = \frac{c}{2L} \tag{2.16}$$

利用$\Delta\nu/\nu = \Delta\lambda/\lambda$,可以得到波长间隔为

$$\Delta\lambda = \frac{\lambda^2}{2L} \tag{2.17}$$

当谐振器的腔长$L = 0.4$ mm同时工作在$\lambda = 1\,300$ nm时,可以得到$\Delta\lambda$大约为2.1 nm($n = 1$),假设增益曲线的线宽为7 nm,那么这种介质可以支持3个纵模。

2.2.2 量子阱激光器

为了进一步提高激光发射效率,利用特殊工艺来得到很薄的半导体激光器激活区,厚度大约在4~20 nm这个范围内,采用这种技术的激光器称为量子阱(Quantum Well,QW)激光器。虽然在标准的双异质结激光器中,有源层的厚度足够薄(1~3 μm),完全能够限制电子和光场,但其电特性和光特性仍与使用块状材料相同,这限制了可能获得的电流密度阈值、调制速度及器件的线宽。通过采用有源层厚度在10 μm左右的量子阱激光器,则这些限制都能得到克服。因为此时自由电子的运动由三维降为二维,于是它能极大地改善器件的电特性和光特性。载流子的运动被完全限制在有源层的平行平面内,从而导致了能级的量子化。在量子阱激光器中,达到和维持激光仅需要较低的正向电流。其主要优点在于高的光电转换效率、对输出光束更好的限制以及发射更多可能波长光线的潜力。从实际应用的角度来看,量子阱结构的这些优点可以大大降低阈值电流(Threshold Current),并通过改变激活区的厚度来改变发射波长成为可能。

量子阱激光器主要包括单量子阱(Single Quantum Well,SQW)激光器、多量子阱(Multiple Quantum Well,MQW)激光器和渐变折射率分离限制异质结(Graded - Index Separate - Confinement Hetrostructure,GRINSCH)激光器[13-19],根据不同的结构它们可以含有单个和多个有源区,分隔有源层的部分成为势垒层。多量子阱激光器有相对较好的光模式限制特性,这就使得其电流密度的阈值相对要低些。一个多量子阱激光器可以提供很强的辐射(高达100 mW),输出波长的大小可以通过调整有

源层厚度 d 来改变。例如在 InGaAs 量子阱激光器中，当 $d=10$ nm 时峰值发光波长为 1 550 μm，而当 $d=8$ μm 时峰值发光波长为 1 500 nm。

图 2.14 给出了单量子阱和多量子阱激光器的结构示意图和能带图，图 2.15 给出了多量子阱激光器中一个量子层的能带，从图中可以看到能级被量子化，ΔE_{ij} 表示允许的能带跃迁。另外，量子阱激光器还包括量子线(Quantum Wires,QWi)和量子点(Quantum Dots,QD)激光器等。

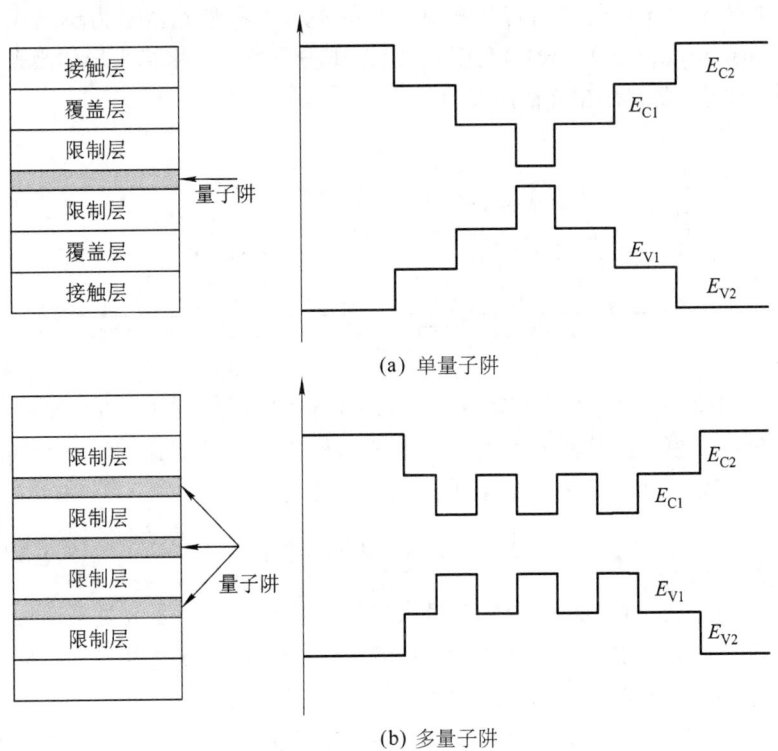

图 2.14 量子阱激光器的结构和能带示意图

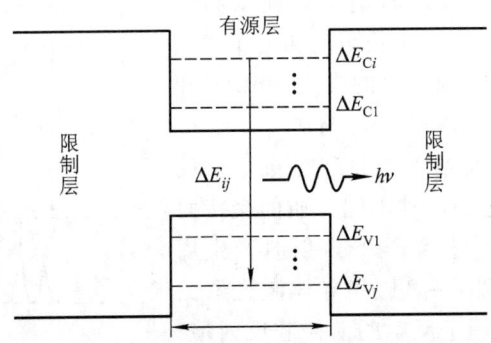

图 2.15 多量子阱激光器中一个量子层的能带图

2.2.3 分布反馈激光器

由于多模半导体激光器 F-P 腔中相邻模式间的增益差相当小(约 0.1 cm^{-1})，所以存在多个纵模。它的频谱宽度为 2.4 nm，这对工作在 1.3 μm 波长速率低于 2 Gb/s 的光纤传输系统还是可以接受的，但是对于工作在 1.55 μm 波长的高速率光纤传输系统是不能满足要求的。为了降低光谱宽度，需要激光器仅仅发射一个纵模，即半导体激光器的频谱特性只有单个纵模，这种激光器称为单纵模(Single Longitudinal Mode,SLM)半导体激光器。图 2.16 分别给出了多模半导体激光器和单纵模半导体激光器的输出光谱曲线。

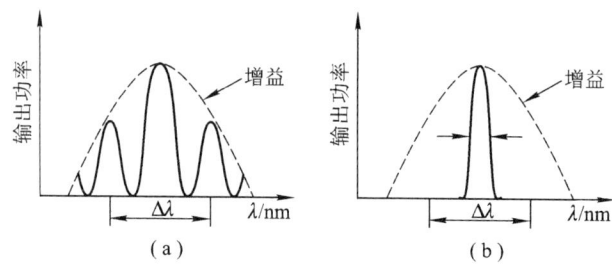

图 2.16 多模半导体激光器和单纵模半导体激光器的输出光谱曲线

衡量单纵模半导体激光器的一个重要指标是边模抑制比(Mode Suppression Ration)，其定义为主模和最重要的边模功率之比：

$$MSR(\mathrm{dB}) = 10\lg\left(\frac{P_{\mathrm{mm}}}{P_{\mathrm{sm}}}\right) \tag{2.18}$$

式中，P_{mm} 为主模输出功率，P_{sm} 为最大边模的输出功率，通常对于商用单纵模半导体激光器要求边模抑制比大于 30 dB，即主模输出功率为最大边模的输出功率的 1 000 倍。图 2.17 给出了边模抑制比计算示意图。

分布反馈激光器是目前常用的单纵模半导体激光器[20-24]，它在 20 世纪 60 年代早期就被提出，但是直到 20 世纪 80 年代被应用于长距离光纤通信时才实现了商业化。DFB 激光器在 1 550 nm 时可以输出高达 30 mW 的功率，广泛应用于长距离和分布式网络中，显著的特点是有非常窄的线宽(1 MHz)和很高的驱动电流(350 mA)和外部调制。

DFB 激光器的基本工作原理是布拉格反射(布拉格反射是指在两种不同介质的交接面上，具有周期性的反射点，当光入射时产生周期性的反射)。它和 F-P 腔半导体激光器的主要区别在于没有用于反射的谐振腔反射镜，其反射是由布拉格(Bragg)光栅或者周期性折

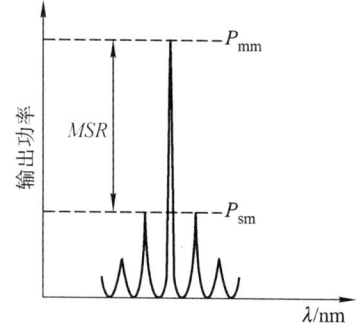

图 2.17 边模抑制比计算示意图

射率波纹(分布反馈波纹)来产生反馈并形成激光辐射的。正是因为这一特殊的反射机制,使得 DFB 激光器在性能上远远超过 F－P 腔激光器,其选频功能使其具有很好的单色性和方向性。

图 2.18 给出了典型的 DFB 半导体激光器横向截面示意图,光波的传播方向和光栅方向平行,相位光栅是折射率发生周期性变化的一个关键区域,导致两个朝相反方向传播的光波相互耦合,当光波的波长接近布拉格波长 λ_B 时,耦合最强。布拉格波长 λ_B 和光栅周期之间的关系为

$$\lambda_B = \frac{2n_e \Lambda}{m} \tag{2.19}$$

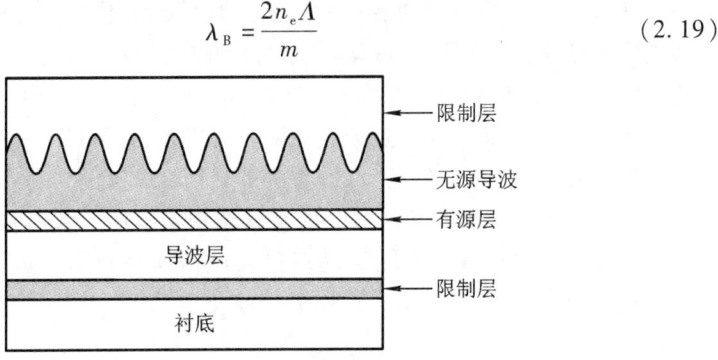

图 2.18 典型的 DFB 半导体激光器横向截面示意图

式中,Λ 为光栅周期,m 为分布布拉格衍射的阶数,n_e 为介质有效折射率。一阶布拉格衍射($m=1$)的前向和后向波间的耦合最强。

分布布拉格激光器(DBR)是 DFB 激光器的一种改进结构,在这种激光器中将光栅放置于有源层平面的两侧来取代 F－P 腔的理解面反射镜。在 DFB 激光器中,沿整个光腔(激活区)长度上均有分布反馈光栅,而在 DBR 激光器中,有源区和反馈区是彼此分开的,其分布反馈光栅相当于具有选择性的反射镜。与 DFB 激光器相比,DBR 激光器易于制作并可以减少在制作中由于晶格损伤引起的损耗。由于 DBR 激光器具有很好的宽带波长可调特性,因此它在波分复用(WDM)系统中得到青睐。图 2.19 给出了典型的 DBR 半导体激光器横向

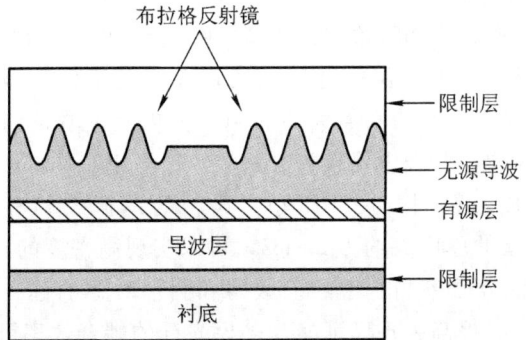

图 2.19 典型的 DBR 半导体激光器横向截面示意图

截面示意图。

2.2.4 垂直腔面发射激光器

上述讨论的半导体激光器均为边发射激光器,它们的特征是一定宽度的活性介质和不对称的发射模式。但是边发射激光器光束发射角过大且呈现锥形,而且不易构成二维阵列。在这种背景下,研究人员1977年提出面发射激光器的概念,1979年诞生了第一只垂直腔面发射激光器(Vertical Cavity Surface Emitting Lasers,VCSEL),1996年垂直腔面发射激光器开始商用[25-28]。由于在垂直方向上可以并行排列多个激光器,所以非常适合应用在并行光互连等领域,在宽带以太网高速数据通信网中得到了大量的应用。VCSEL的一个主要缺点是商业化的产品波长范围不超过850 nm,也就是说仅能应用在光纤的第一个低损窗口处,其发展趋势为工作波长向光纤的第二、三格低损窗口进行扩展。

图2.20给出了典型的VCSEL的基本结构示意图,其有源区由两个限制层包围,并构成双异质结,在图中的反射系统由两种材料构成,其中一种为Si/SiO_2材料,另外一种为Si/Al_2O_3构成的氧化层。

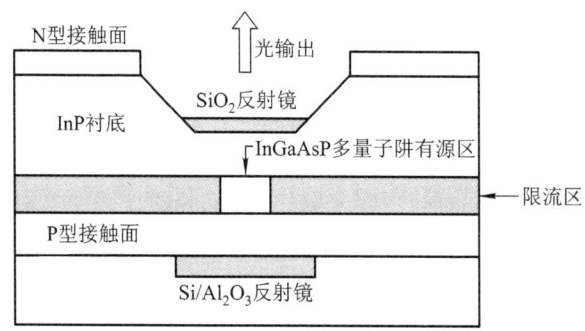

图2.20 典型的VCSEL的基本结构示意图

VCSEL具有以下优点:

(1)单纵模工作。VCSEL的光腔(谐振腔)长度极短,仅为2 μm,导致其纵模间距拉大,可在较宽的温度范围内实现单纵模工作。当工作波长为$\lambda = 850$ μm时,相邻纵模之间的间隔大约为70 nm以上,增益曲线的光谱宽度不过几纳米,因此在增益曲线中仅且只有一个纵模可以工作。

(2)易于集成。VCSEL尺寸很小,典型的谐振腔和有源区直径在1~5 μm之间,激活层的厚度大约为25 nm,可以实现高密度的二维激光器阵列。

(3)和光纤耦合效率高。小的发散角和圆形对称的远、近场分布使其与光纤的耦合效率大大提高,现已证实与多模光纤的耦合效率可高达90%。

(4)低功耗和高开关速度。由于较小的有源区可以使在较低电流条件下输出较高的光功率(在 10 mA 正向电流条件下可以输出 3 mW 的光功率),同时电子和空穴在复合前只需在激活区中穿越很短一段距离,而光子在逸出激光器前也只要通过很短的距离,这就使生存期比较短,从而导致这种装置的高调制带宽(其本征调制带宽高达 200 GHz)。

(5)兼容性好。VCSEL 的制造技术和电子芯片非常类似,工艺兼容性好,易于实现光电集成。

2.2.5 增益导引激光器和折射率导引激光器

从结构上分,半导体激光器可分为增益导引半导体激光器和折射率导引半导体激光器,其典型结构分别如图 2.21 和图 2.22 所示。

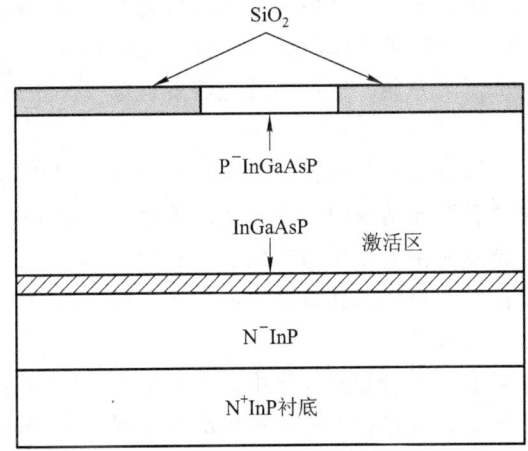

图 2.21 增益导引(Gain – Guided)半导体激光器

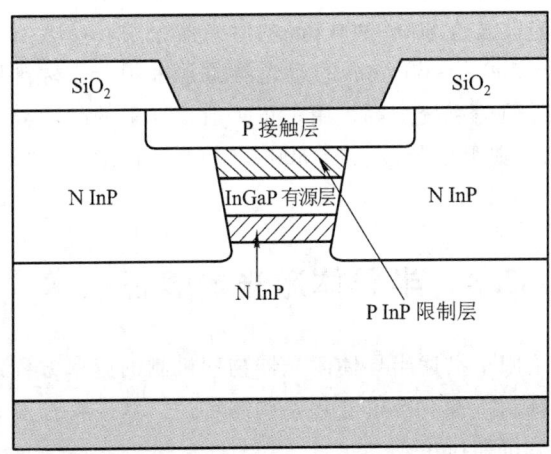

图 2.22 典型的长波长隐埋异质结半导体激光器结构示意图

在增益导引半导体激光器中,为了将电荷载流子(电子和空穴)更安全地限制在半导体激光器狭窄的区域中,采用条状区域(在 P 型材料顶部的边缘沉积一层电介质材料 SiO_2,并在中间区域开孔以利于电流注入)确保电流在这个窄带区域中,而光信号在中心区域增益也最大,在其他区域则光的损耗较大,因此光信号被限制在这个窄带条形区域中。由于对光的限制是由增益控制的,因此这类激光器称为增益导引半导体激光器。增益导引半导体激光器的阈值电流通常为 50~100 mA,输出光斑尺寸大约为 1×5 μm^2,主要缺点是当光功率增加时输出光斑尺寸不稳定,因此很少应用于光纤通信系统中。

采用折射率导引结构的半导体激光器具有更好的稳定性,在这种结构中,横向方向上制作电介质波导,通过各种材料的折射率变化来控制激光器的横向模式,因此称为折射率导引半导体激光器。仅仅支持基横纵模式的折射率导引半导体激光器就是单模激光器,这样的激光器发射单模和很好的准直光束,其强度按高斯曲线分布。

折射率导引半导体激光器分为正折射率导引波导结构和负折射率导引波导结构。在正折射率导引波导结构中,中心区的折射率比其他周围材料的折射率都要高,于是所有导波光在电介质边界反射,它的结构和光纤芯-包层结构非常相似,被称为覆盖层。合理选择折射率的差异及高折射率区域的宽度,可以制作仅支持横向基模的激光器。

在负折射率导引半导体激光器波导中,有源层中心区的折射率比其他周围材料的折射率都要低,导波光在电介质边界部分反射,其余的被折射到周围材料中并被损耗掉。相对而言,隐埋异质结(Buried Heterojunction,BH)半导体激光器是使用最为普遍的正折射率导引半导体激光器,条形有源区由折射率较低的材料包围,发光波长在 800~900 nm 的激光器采用 GaAlAs 材料和 GaAs 有源层,发光波长在 1 300~1 600 nm 的激光器通常采用 InP 材料和 InGaAsP 有源层。在大多数光纤通信系统中都采用了正折射率导引的隐埋异质结半导体激光器,图 2.22 给出了典型的长波长(1 300~1 600 nm)隐埋异质结半导体激光器结构示意图。

2.3 半导体激光器表征技术

本节主要介绍用于描述半导体激光器物理机制的速率方程以及以此为基础对其小信号强度调制特性、小信号频率调制特性、噪声特性、大信号特性以及温度特性进行的分析和讨论。

2.3.1 速率方程

用以表征半导体激光器最直接的物理方程就是描述有源区的速率方程（Rate Equation），速率方程是描述半导体激光器有源区光子和电子之间相互作用的微分方程[29]：

$$\frac{\partial S(x)}{\partial t} = G(x)S(x) - \frac{S(x)}{\tau_p} + \beta\frac{N(x)}{\tau_n} \qquad (2.20)$$

$$\frac{\partial N(x)}{\partial t} = \frac{J(x)}{qd} - \frac{N(x)}{\tau_n} - G(x)S(x) + \frac{L_{eff}^2}{\tau_n} \cdot \frac{\partial^2 N(x)}{\partial x^2} \qquad (2.21)$$

式中 τ_p 为光子寿命（Photon Life Time），β 为自发辐射系数，$J(x)$ 为注入电流密度，d 为有源区厚度，q 为电子电荷，τ_n 为载流子寿命（Carrier Lifetime），光子增益 $G(x)$ 的表达式为

$$G(x) = \Gamma_y p [N(x) - N_g] \qquad (2.22)$$

式中，p 为常数，Γ_y 为光限制因子（Optical Confinement Factor），N_g 为零光增益下的电子密度，式(2.21)中的扩散项采用有效载流子扩散长度 L_{eff} 来表征，扩散项描述了有源区域的横向扩散和无源区域的漂移效应（和结电压的不均匀性相关）。如果有源层和接触层耦合松散，载流子扩散占主导地位并且 L_{eff} 和电子在有源区的扩散长度近似相等。

异质结结电压 $U_j(x)$ 由下式决定：

$$N(x) = N_e \exp\left\{\frac{qU_j(x)}{\eta kT}\right\} \qquad (2.23)$$

式中，N_e 为平衡电子密度，η 为结理想因子，对于 AlGaAs 材料器件 $\eta \approx 2$。由于结电压 $U_j(x)$ 在有源区域的微小变化对注入电流密度 $J(x)$ 的分布影响很小，因此注入电流密度 $J(x)$ 在有源区域可以近似为常数。

令光子和电子密度分布为

$$S(x) = 2S_o \cos^2\left(\frac{\pi x}{W}\right) \qquad (2.24)$$

$$N(x) = N_o - N_1 \cos\left(\frac{2\pi x}{W}\right) \qquad (2.25)$$

式中，S_o 为平均光子密度，N_o 为平均电子密度，N_1 为描述电子密度分布偏离均匀分布的拟和参数，W 为有源区域厚度，光子和电子密度分布如图 2.23 所示，这

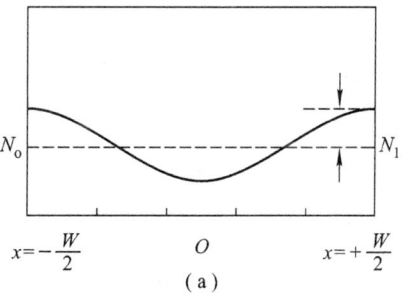

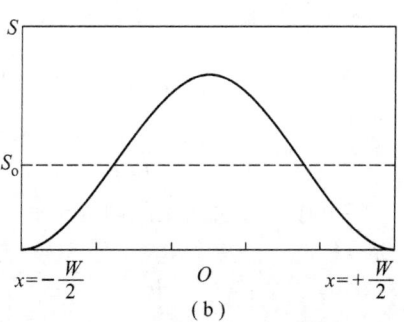

图 2.23 光子和电子密度分布示意图

里假设光子密度在 $x = \pm \dfrac{W}{2}$ 时为零。

将式(2.24)和式(2.25)代入式(2.20)和式(2.21)可以得到

$$\frac{dS_o}{dt} = \left[G(N_o) - \frac{1}{\tau_p} \right] S_o + \beta \frac{N_o}{\tau_n} - \frac{N_1}{2}\left(\gamma S_o - \frac{\beta}{\tau_n} \right) \quad (2.26)$$

$$\frac{dN_o}{dt} = \frac{I}{\alpha} - \frac{N_o}{\tau_n} - G(N_o) S_o + \frac{\gamma N_1 S_o}{2} \quad (2.27)$$

$$\frac{dN_1}{dt} = \left[G(N_o) - \gamma N_1 \right] S_o - N_o \left(\frac{1+h}{\tau_n} \right) \quad (2.28)$$

式中，I 为注入电流，α 为电子电荷和有源区体积的乘积($\alpha = qV_a$)，V_a 为有源区体积，参数 h 的表达式为

$$h = \left(\frac{2\pi L_{\text{eff}}}{W} \right)^2 \quad (2.29)$$

光增益 G 可以表示为

$$G(N) = g_o(N_o - N_g) \quad (2.30)$$

对于窄条半导体激光器，结电压 $U_j(x)$ 在有源区域变化很小(约为几毫伏)，则平均结电压可以写为

$$U_{j0} = \frac{2kT\ln(N_o/N_e)}{q} \quad (2.31)$$

假设 $dN_1/dt = 0$，可以获得描述电子密度分布偏离均匀分布的 N_1 的近似数值：

$$N_1 \approx \frac{2\varepsilon G(N_o) S_o}{(1 + 2\varepsilon S_o)\gamma} \quad (2.32)$$

这里

$$\varepsilon = \frac{\gamma \tau_n}{2(1+h)} \quad (2.33)$$

在一般情况下有

$$N_1 = 2\varepsilon G(N_o) \frac{S_o}{\gamma} \quad (2.34)$$

这样单模速率方程可以简化为

$$\frac{dS_o}{dt} = \{ G(N_o)(1 - \xi S_o) \} S_o - \frac{S_o}{\tau_n} + \beta \frac{N_o}{\tau_n} \quad (2.35)$$

$$\frac{dN_o}{dt} = \frac{I}{\alpha} - \frac{N_o}{\tau_n} - G(N_o)(1 - \varepsilon S_o) S_o \quad (2.36)$$

将上述方程引入光限制因子后，上述单模速率方程可以归纳为[30]

$$\frac{dN}{dt} = \frac{I_A}{\alpha} - \frac{N}{\tau_n} - g_o(N - N_{om})(1 - \xi S) S \quad (2.37)$$

$$\frac{dS}{dt} = \Gamma g_o(N - N_{om})(1 - \xi S) S - \frac{S}{\tau_n} + \Gamma \beta \frac{N}{\tau_n} \quad (2.38)$$

相应的光输出功率可以表示为

$$P = \frac{\eta h \gamma S \alpha}{2 q \Gamma \tau_p} \tag{2.39}$$

值得注意的是，为了方便书写，上述公式中采用 S 代替 S_o，N 取代 N_o，N_{om} 取代 N_g 以及 g_o 取代 γ。

上述速率方程中包含了非辐射复合、自发辐射、非线性增益压缩、载流子侧向分布的不均匀性、空间烧孔等物理效应。其中 N 为有源区载流子浓度，S 为有源区光子密度，I_A 为有源区注入电流。其他模型参数物理含义和单位见表 2.1。式(2.37)右边的三项分别表示载流子的注入速率、由自发辐射和非辐射复合导致的载流子减少的速率、由受激辐射导致的载流子减少的速率。式(2.38)右边的三项分别表示受激辐射导致的光子数增加的速率、由激光输出和吸收导致的光子数的减少、由自发辐射导致的光子数增加的速率。

表 2.1 半导体激光器模型参数

参　数	含　义	单　位
α	电子电荷和有源区体积的乘积	$A \cdot m^3 \cdot s$
β	光激射模式下的自发辐射系数	
N_{om}	透明载流子浓度	m^{-3}
g_o	微分光增益系数	$m^3 \cdot s^{-1}$
Γ	光限制因子	
τ_n	载流子自发复合寿命	ns
τ_p	光子寿命	ps
ξ	增益压缩因子	m^3

值得注意的是上述单模速率方程是基于以下假设而获得的：
(1) 激光器在阈值以上为单模工作。
(2) 腔中的粒子数反转为均匀的。
(3) 光增益为载流子密度的线性函数。
(4) 激光器有源区宽度小于有效载流子扩散长度。
(5) 非线性增益压缩因子和有源区光子密度乘积远小于 1，即 $\xi S \ll 1$。
(6) 有源区中载流子浓度和光子浓度为常数。

令 S_p 和 N_p 分别代表稳态下的光子密度和载流子密度，利用速率方程可以直接获得稳态条件下的光子和载流子浓度，在消去 S_p 后可以得到下列关于 N_p 的二次方程[29]：

$$N_p^2(1-\beta)\left(1+\frac{\xi}{g_o\tau_n}\right) - N_p\left[\frac{1}{\Gamma\tau_p g_o} + \frac{I_A\tau_n}{\alpha} + (1-\beta)N_{om} + \frac{(2-\beta)\xi I_A}{g_o\alpha}\right] +$$

$$\left(\frac{1}{\Gamma\tau_p g_o} + N_{om} + \frac{\xi I_A}{g_o\alpha}\right)\frac{I_A\tau_n}{\alpha} = 0 \tag{2.40}$$

求解方程得到两个解中较小的一个即为载流子浓度的稳态解(Steady State Solution)，其中阈值以上载流子浓度的稳态解为

$$N_p = N_{om} + \frac{1}{\Gamma\tau_p g_o} + \frac{\xi I_o}{g_o\alpha} \tag{2.41}$$

同时得到光子浓度的稳态解，表达式为

$$S_p = \left[\frac{I_A}{\alpha} - \frac{N_o}{\tau_n}(1-\beta)\right]\tau_p\Gamma \approx \frac{\alpha}{\tau_n}\left(\frac{1}{\tau_p\Gamma g_o} + N_{om}\right) \tag{2.42}$$

2.3.2 小信号强度调制特性

半导体激光器的小信号强度调制(Small Signal Intensity Modulation)特性定义为小信号光功率输出和注入电流之比[31-44]

$$M(j\omega) = \frac{p(j\omega)}{i_A(j\omega)} \tag{2.43}$$

式中，$p(j\omega)$为小信号光功率输出，ω为角频率。上述小信号强度调制特性可以通过速率方程的线性化来获得，将随时间变化的速率方程参数用直流和交流分量之和的形式来表示

$$I_A = I_{Ap} + i_A e^{j\omega t} \tag{2.44}$$

$$N = N_p + n e^{j\omega t} \tag{2.45}$$

$$S = S_p + s e^{j\omega t} \tag{2.46}$$

式中，i_A、n和s分别为注入电流、载流子和光子密度的交流分量，将上述公式代入速率方程，可以得到归一化的小信号强度调制特性[46]

$$\frac{M(j\omega)}{M(0)} = \frac{B\omega_o^2}{(j\omega)^2 + j\omega\left\{\frac{\beta'}{S_p} + \frac{1}{\tau_n} + S_p\left(g_o + \frac{\varepsilon}{\tau_p}\right)\right\} + \frac{\beta'}{\tau_n S_p} + \frac{\beta + \varepsilon S_p}{\tau_n\tau_p} + B\omega_o^2} \tag{2.47}$$

这里

$$\beta' = \frac{\beta\Gamma I_{th}}{\alpha}$$

$$B = 1 - \varepsilon S_p$$

$$\omega_o^2 = \frac{g_o S_p}{\tau_p}$$

式中，I_{th}为阈值电流，ω_o为谐振频率(Relaxation Oscillation Response Frequency），直流情况下的小信号强度调制特性可以表示为

$$M(0) \approx \frac{\eta h\nu}{2q} \qquad (2.48)$$

图 2.24 给出了小信号强度调制幅度随频率变化曲线，谐振波峰相对应的频率为谐振频率 ω_p，相应的归一化小信号强度调制特性为 $M(j\omega_p)/M(0)$，3 dB 带宽为 ω_{3dB}。当频率高于谐振频率时，归一化小信号强度调制频率响应以 40 dB 每十倍频程的速度下降。

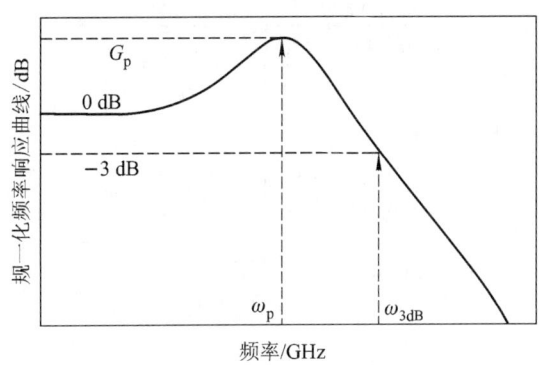

图 2.24　小信号强度调制幅度随频率变化曲线

图 2.25 给出了小信号强度调制相位随频率变化曲线，从图中可以看到在直流情况下 $M(j\omega)/M(0)$ 的相位偏移为零；当工作频率小于谐振频率时，相位变化缓慢；当工作频率大于谐振频率时，相位变化很大；在高频情况下会产生较大的负相位偏移。

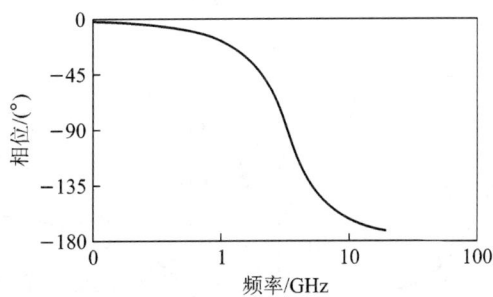

图 2.25　小信号强度调制相位随频率变化曲线

谐振的阻尼主要由式(2.47)中的 $j\omega$ 项来表征(用 $k_{j\omega}$ 表示)，如果 $k_{j\omega}$ 的数值较小则谐振波峰的高度就会很大，这时 ω_p 和 ω_o 非常接近；如果 $k_{j\omega}$ 的数值较大则谐振波峰的高度就会很小，这时 $\omega_p \neq \omega_o$。

$$k_{j\omega} = \frac{\beta'}{S_p} + \frac{1}{\tau_n} + S_p\left(g_o + \frac{\varepsilon}{\tau_p}\right) \quad (2.49)$$

从上述公式中可以看到,当光输出功率 S_p 较小时,自发辐射占主要地位;当光输出功率 S_p 较大时,增益压缩项(正比于 ε)占主要地位,值得注意的是此时 $1/\tau_n$ 和 $g_o S_p$ 项可以忽略不计。

如果半导体激光器工作在阈值以上区域,假设 $B = 1 - \varepsilon S_p = 1$,且 $\beta = 0$,则式(2.47)可以简化为[46]

$$\frac{M(j\omega)}{M(0)} \approx \frac{1}{\left(\frac{j\omega}{\omega_o}\right)^2 + \left(\frac{j\omega}{\omega_m}\right) + 1} \quad (2.50)$$

从上述简化的公式可以直接得到

$$\left(\frac{\omega_p}{\omega_m}\right)^2 = \left(\frac{\omega_o}{\omega_m}\right)^2 - \frac{1}{2}\left(\frac{\omega_o}{\omega_m}\right)^4 \quad (2.51)$$

$$\left(\frac{\omega_{3dB}}{\omega_m}\right)^2 = \left(\frac{\omega_p}{\omega_m}\right)^2 + \sqrt{\left(\frac{\omega_p}{\omega_m}\right)^4 + \left(\frac{\omega_o}{\omega_m}\right)^4} \quad (2.52)$$

$$M_p^2 = \frac{1}{\left(\frac{\omega_o}{\omega_m}\right)^2 - \frac{1}{4}\left(\frac{\omega_o}{\omega_m}\right)^4} \quad (2.53)$$

这里 ω_m 为与偏置无关的参数($\omega_m = g_o/\varepsilon$),$M_p$ 为谐振波峰的幅度。

图 2.26 和图 2.27 给出了小信号强度调制谐振波峰、归一化频率 ω_p/ω_m 和 ω_{-3dB}/ω_m 随 ω_o/ω_m 变化曲线。由于 ω_m 和偏置无关,而 ω_o 和光输出功率的平方根成正比,因此 ω_o/ω_m 亦和光输出功率的平方根成正比,亦即

$$\frac{\omega_o}{\omega_m} \propto \sqrt{S_p} \quad (2.54)$$

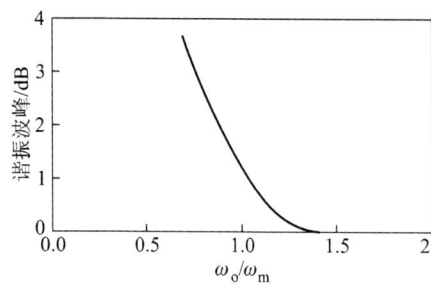

图 2.26 小信号强度调制谐振波峰随 ω_o/ω_m 变化曲线

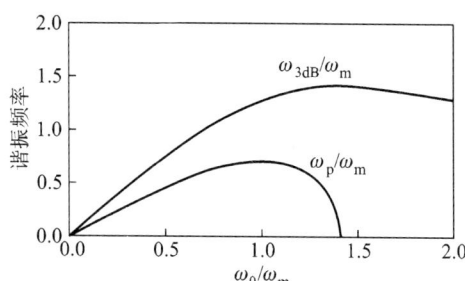

图 2.27 归一化频率 ω_p/ω_m 和 ω_{-3dB}/ω_m 随 ω_o/ω_m 变化曲线

当光输出功率处于较小范围时($\omega_o/\omega_m \leq 0.4$),归一化谐振频率 ω_p/ω_m 和 ω_o/ω_m 成正比,且 $\omega_p \approx \omega_m$;随着光输出功率的增加,$\omega_p$ 达到最大数值为 $\omega_m/$

$\sqrt{2}$;当 $\omega_o/\omega_m > 1$ 时,ω_p 迅速下降且趋近于零。而 3 dB 带宽 ω_{3dB} 在 $\omega_o = \sqrt{2}\omega_m$ 时达到最大数值 $\sqrt{2}\omega_m$,而后缓慢下降,而小信号强度调制谐振波峰 M_p 则在 $\omega_o = \sqrt{2}\omega_m$ 时下降到 0 dB。

图 2.28 给出了典型的半导体激光器小信号强度调制谐振频率随注入电流变化曲线,从图中可以看到开始阶段谐振频率随着注入电流的增加迅速上升,最后达到饱和状态。图 2.29 给出了相应的小信号强度调制谐振波峰随注入电流变化曲线,在开始阶段小信号强度调制谐振波峰随注入电流的增加迅速上升,达到最大数值以后开始下降,这是因为增益压缩因子 ε 存在的缘故。

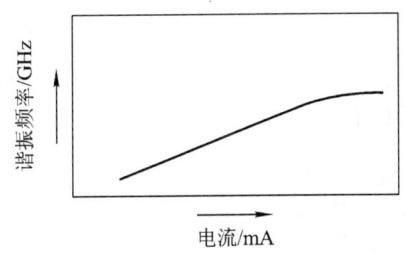

图 2.28 小信号强度调制谐振频率随注入电流变化曲线

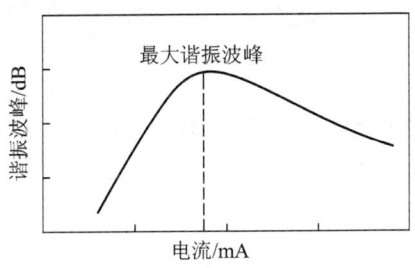

图 2.29 小信号强度调制谐振波峰随注入电流变化曲线

对于量子阱激光器来说,除了要考虑有源区域光子和载流子的相互作用以外,还要考虑其他区域对载流子的影响。电子和空穴到量子阱需要首先穿过分离限制异质结,然后载流子才能被量子阱吸收,而且载流子会发生热离子辐射,它和载流子吸收相对立,降低了量子阱的吸收效率。描述量子阱区域和分离限制异质结(Separate Confinement Heterostructure,SCH)区域的载流子密度和光腔内光子密度情况的单量子阱激光器速率方程可以写为[16]

$$\frac{dN_S}{dt} = \frac{I}{\alpha_W} - \frac{N_S}{\tau_s} + \frac{N_W\left(\frac{\alpha_W}{\alpha_S}\right)}{\tau_e} \quad (2.55)$$

$$\frac{dN_W}{dt} = \frac{N_S\left(\frac{\alpha_S}{\alpha_W}\right)}{\tau_s} - \frac{N_W}{\tau_n} - \frac{N_W}{\tau_e} - \frac{G(N_W,S)S}{1+\xi S} \quad (2.56)$$

$$\frac{dS}{dt} = \frac{\Gamma G(N_W,S)S}{1+\xi S} - \frac{S}{\tau_p} \quad (2.57)$$

式中,N_S 和 N_W 分别为分离限制异质结区和量子阱区载流子密度,S 为光子密度,α_W 为电子电荷和量子阱区体积的乘积,α_S 为电子电荷和 SCH 区体积的乘积,τ_s 为 SCH 区载流子渡越时间,τ_e 为热离子辐射寿命,τ_n 为双分子复合寿命,τ_p 为光子寿命,Γ 为光限制因子,ξ 为增益压缩因子,β 为自发辐射系数。由上述公式可知,速率方程由三个微分方程组成,其中第一个方程表征了由于外部电流注入和量子阱区载流子热辐射引起的分离限制异质结区域的载流子密度的增加以及由于 SCH 区渡越时间 τ_s 引起的载流子密度的降低；第二个方程表征了分离限制异质结区载流子热辐射引起的量子阱区域的载流子密度的增加以及由于 τ_n、τ_e 和光增益引起的 N_W 的减少；第三个方程表征了由于光增益引起的光子密度的增加和光子寿命引起的光子密度的减少。

从上述量子阱激光器速率方程可以看到，需要考虑的区域越多，需要求解的速率方程越多，两者呈正比关系。

将量子阱激光器速率方程线性化，令

$$N_W = N_{Wo} + n_w e^{j\omega t} \tag{2.58}$$

$$N_S = N_{So} + n_s e^{j\omega t} \tag{2.59}$$

$$G = G_{Ao} + g_a n_w e^{j\omega t} \tag{2.60}$$

将上述公式代入式(2.55)~式(2.57)可以得到

$$j\omega n_s = \frac{i}{\alpha_{SCH}} - \frac{n_s}{\tau_s} + \frac{n_w\left(\dfrac{\alpha_W}{\alpha_{SCH}}\right)}{\tau_e} \tag{2.61}$$

$$j\omega n_w = \frac{n_s\left(\dfrac{\alpha_W}{\alpha_{SCH}}\right)}{\tau_s} - \frac{n_w}{\tau_n} - \frac{n_w}{\tau_e} - \frac{g_a S_o}{1+\varepsilon S_o}n_w - \frac{G_o}{(1+\varepsilon S_o)^2}s \tag{2.62}$$

$$j\omega s = \frac{\Gamma g_a S_o}{1+\varepsilon S_o}n_w + \frac{s}{\tau_p(1+\varepsilon S_o)} - \frac{s}{\tau_p} \tag{2.63}$$

式中，n_s、n_w 和 g_a 分别为分离限制异质结区载流子密度、量子阱区载流子密度和光增益的小信号交流分量。由上述方程可以得到小信号强度调制特性的表达式[16]

$$\frac{s(\omega)}{i} = \frac{\left(\dfrac{1}{1+j\omega\tau_s}\right)\dfrac{\Gamma g_a S_o}{qV_w}}{\left\{j\omega\left[1+\left(\dfrac{\tau_s}{1+j\omega\tau_s}\right)\dfrac{1}{\tau_e}\right]+\dfrac{g_a S_o}{1+\varepsilon S_o}+\dfrac{1}{\tau_n}\right\}\left[j\omega(1+\varepsilon S_o)+\dfrac{\varepsilon S_o}{\tau_p}\right]+\dfrac{g_a S_o}{\tau_p(1+\varepsilon S_o)}} \tag{2.64}$$

可以简写为

$$M(\omega) = \frac{s(\omega)}{i} = \left(\frac{\Gamma g_a S_o}{\alpha_w}\right)\frac{1}{A_0 + jA_1\omega - A_2\omega^2 - jA_3\omega^3} \tag{2.65}$$

$$A_0 = \frac{g_a S_o}{\tau_p}\left(1+\frac{\varepsilon}{g_a \tau_n}\right)$$

$$A_1 = g_a S_o\left(1+\frac{\tau_s}{\tau_p}\right) + \frac{\varepsilon S_o}{\tau_p}\left(1+\frac{\tau_s}{\tau_e}+\frac{\tau_s}{\tau_n}\right) + \frac{1}{\tau_n}(1+\varepsilon S_o)$$

$$A_2 = (1+\varepsilon S_o)\left(1+\frac{\tau_s}{\tau_e}+\frac{\tau_s}{\tau_n}\right) + g_a S_o \tau_s + \frac{\varepsilon S_o \tau_s}{\tau_p}$$

$$A_3 = \tau_s(1+\varepsilon S_o)$$

如果忽略 τ_s 和频率在式(2.65)分母中的相关项,则上述公式可以进一步简化:

$$M(\omega) = \left(\frac{1}{1+j\omega\tau_s}\right)\frac{A}{\omega_r^2 - \omega^2 + j\omega\gamma} \quad (2.66)$$

$$A = \frac{\Gamma g_a S_o}{\frac{\chi}{\alpha_w(1+\varepsilon S_o)}}$$

$$\omega_r^2 = \frac{\frac{g_a S_o}{\chi}}{\tau_p(1+\varepsilon S_o)}\left(1 + \frac{\varepsilon}{g_a \tau_n}\right)$$

$$\gamma = \frac{\frac{g_a S_o}{\chi}}{1+\varepsilon S_o} + \frac{\varepsilon S_o}{1+\varepsilon S_o} + \frac{1}{\chi\tau_n}$$

这里 $\chi = 1 + \dfrac{\tau_s}{\tau_e}$,$\omega_r$ 和 γ 对应张弛振荡频率和阻尼因子。

2.3.3 小信号频率调制特性

伴随着小信号幅度调制,半导体激光器同时存在相位调制。当注入电流使载流子发生变化引起增益变化而实现对光信号的调制时,载流子浓度不可避免地引起折射率的变化,从而对光信号形成一个附加的相位调制,相位随时间的变化可以表示为[46-49]

$$\frac{d\phi}{dt} = \frac{1}{2}\Gamma\alpha\left[g_o(N-N_{om}) - \frac{1}{\tau_p}\right] \quad (2.67)$$

则光频率随时间的变化(频率啁啾)为

$$\Delta\nu = \frac{1}{2\pi}\frac{d\phi}{dt} \approx \frac{\alpha\Gamma g_o \Delta N}{4\pi} \quad (2.68)$$

式中,α 为线宽增强因子,可以表示为折射率变化的实部和虚部之比[53]

$$\alpha = \frac{\text{Re}(\Delta n)}{\text{Im}(\Delta n)} \quad (2.69)$$

这里 Δn 为折射率的变化,对于 AlGaAs 和 InGaP 材料线宽增强因子可以近似为常数5。令 $\Delta\nu$ 的小信号分量为 $\delta\nu(j\omega)$,则小信号频率调制特性可以用下式计算:

$$F(j\omega) = \frac{\delta\nu(j\omega)}{i_A(j\omega)} \quad (2.70)$$

对于 $\beta = 0$ 和 $B \approx 1$ 的一般情况,归一化的小信号频率调制特性可以表示为

$$\frac{F(j\omega)}{F(0)} \approx \frac{j\omega\frac{\omega_m}{\omega_o^2} + 1}{\left(\frac{j\omega}{\omega_o}\right)^2 + \frac{j\omega}{\omega_m} + 1} \quad (2.71)$$

其中

$$F(0) = \frac{\alpha \Gamma \varepsilon}{4\pi\alpha}$$

图 2.30 给出了归一化的小信号频率调制特性随频率变化曲线，在频率 ω_f 处存在一个谐振波峰 $F_p = |F(j\omega_f)/F(0)|$；在频率低于 ω_o^2/ω_m 时，归一化小信号频率调制特性近似为 1；当频率高于 ω_f 时，频率调制特性以 20 dB/十倍频程的速度下降。

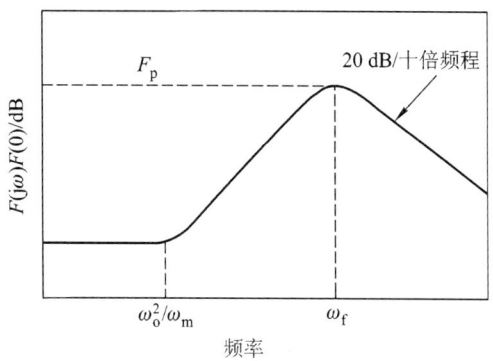

图 2.30　小信号频率调制特性随频率变化曲线

归一化谐振频率 ω_f/ω_o 和波峰幅度 F_p 可以由式(2.71)直接得到

$$\left(\frac{\omega_f}{\omega_m}\right)^2 = \left(\frac{\omega_o}{\omega_m}\right)^2 \left\{\sqrt{1 + 2\left(\frac{\omega_o}{\omega_m}\right)^2} - \left(\frac{\omega_o}{\omega_m}\right)^2\right\} \quad (2.72)$$

$$F_p^2 = \frac{1}{2\left(\frac{\omega_f}{\omega_m}\right)^2 - 2\left(\frac{\omega_o}{\omega_m}\right)^2 + \left(\frac{\omega_o}{\omega_m}\right)^4} \quad (2.73)$$

图 2.31 和图 2.32 分别给出了小信号频率调制谐振波峰和归一化频率 ω_f/ω_m 随 ω_o/ω_m 变化曲线，同小信号强度调制特性相比，谐振波峰 F_p 的数值要比 M_p 大。当光输出功率处于较小范围时($\omega_o/\omega_m \leqslant 0.4$)，归一化谐振频率 ω_f/ω_m 和 ω_o/ω_m 基本一致；当 $\omega_o/\omega_m > 1$ 时，ω_f 迅速下降且趋近于零(在 $\omega_o = 1.54\omega_m$ 时下降到 0)。

传统的小信号频率调制通常利用啁啾和调制功率比(Chirp-to-modulated-Power-Ratio,CPR)来表征，其定义为

$$CPR = \frac{\delta\nu(j\omega)}{P(j\omega)} = \frac{\alpha}{4\pi P_o}\left(j\omega + \frac{\omega_o^2}{\omega_m}\right) \quad (2.74)$$

式中，P_o 为稳态输出光功率，啁啾和调制功率比(CPR)的幅度和频率相关且在低频时相移为零，当频率大大高于 ω_o^2/ω_m 时，CPR 幅度和频率成正比。

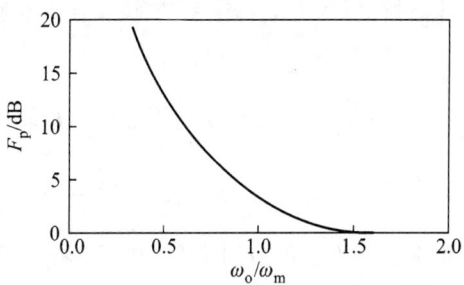

图 2.31 小信号频率调制谐振波峰随 ω_o/ω_m 变化曲线

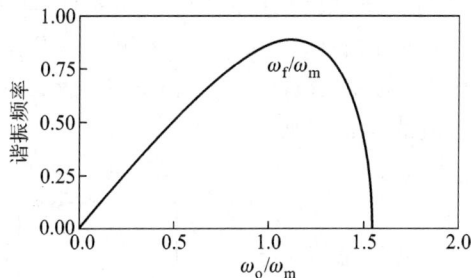

图 2.32 归一化频率 ω_f/ω_m 随 ω_o/ω_m 变化曲线

2.3.4 噪声特性

半导体激光器即使在稳定的直流注入下,其输出光信号的强度、相位和频率也会发生漂移而形成噪声[50-54],强度的漂移构成对信噪比 SNR 的限制,而相位的漂移使激光器的输出具有一定的谱宽。半导体激光器的相对强度噪声谱(Relative Intensity Noise Spectrum,RIN)定义为

$$RIN = \frac{<\delta P(t)^2>}{P_o^2 \Delta f} \qquad (2.75)$$

式中,P_o 为半导体激光器平均输出光功率,$\delta P(t)$ 为输出光功率的随机起伏,Δf 为带宽。值得注意的是相对强度噪声和带宽相关,单位通常为 1/Hz。如果采用 dB 表示,单位为 dB/Hz,即

$$\begin{aligned} RIN(\text{dB/Hz}) &= 10\lg\left[\frac{<\delta P(t)^2>}{P_o^2 \Delta f}\right] \\ &= 10\lg\left[\frac{<\delta P(t)^2>}{P_o^2}\right] - 10\lg[\Delta f] \\ &= RIN(\text{dB}) - 10\lg[\Delta f(\text{Hz})] \end{aligned} \qquad (2.76)$$

半导体激光器的相对强度噪声可以利用引入 Langevin 噪声源的半导体激光

器单模速率方程计算得到。引入 Langevin 噪声源的半导体激光器单模速率方程可以表示为[50]

$$\frac{dN_t}{dt} = \frac{I_A}{q} - \frac{N_t}{\tau_n} - (E_{CV} - E_{VC})S_t + f_N \quad (2.77)$$

$$\frac{dS_t}{dt} = (E_{CV} - E_{VC})S_t + \beta\frac{N_t}{\tau_s} - \frac{S_t}{\tau_p} + f_S \quad (2.78)$$

式中，N_t 和 S_t 表示载流子和光子的数目，E_{CV} 和 E_{VC} 表示光子受激辐射和吸收速率，光增益定义为两者之差：

$$G = E_{CV} - E_{VC} \quad (2.79)$$

$f_N(t)$ 和 $f_S(t)$ 是 Langevin 散弹噪声源（Shot Noise），其中 $f_N(t)$ 来源于载流子产生和复合的不连续性（散粒噪声），$f_S(t)$ 来源于自发辐射，自发辐射是引入噪声源。它覆盖了很宽的波长范围，具有白噪声特性，它们表征了载流子浓度和光子密度的平均值的随机起伏，在稳态下二者的平均值均为零：

$$<f_N(t)> = <f_S(t)> = 0 \quad (2.80)$$

将上述条件可以得到稳态情况下的速率方程：

$$\frac{I_{Ao}}{q} - \frac{N_{to}}{\tau_n} - G_o S_{to} = 0 \quad (2.81)$$

$$-\frac{S_{to}}{\tau_p} + G_o S_{to} + \beta\frac{N_{to}}{\tau_n} = 0 \quad (2.82)$$

相应的稳态情况下速率方程的模型示意图如图 2.33 所示[50]。

Langevin 噪声源和其交叉谱密度由散粒噪声表达式给出：

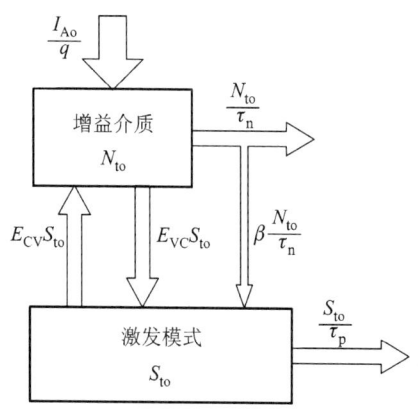

图 2.33 半导体激光器稳态速率方程模型示意图

$$<F_N^2(f)> = \sum r_n^+ + \sum r_n^- = E_{VC}S_{to} + E_{CV}S_{to} + \frac{N_{to}}{\tau_n}$$

$$= \frac{I_{Ao}}{q} + 2E_{VC}S_{to} \quad (2.83)$$

$$<F_S^2(f)> = \sum r_s^+ + \sum r_s^- = \beta\frac{N_{to}}{\tau_n} + E_{VC}S_{to} + E_{CV}S_{to} + \frac{S_{to}}{\tau_p}$$

$$= 2\frac{S_{to}}{\tau_p} + 2E_{VC}S_{to} \quad (2.84)$$

$$<F_S(f)F_N(f)> = -(\sum r_{ns} + \sum r_{sn}) = -\left(E_{VC}S_{to} + \beta\frac{N_{to}}{\tau_n} + E_{CV}S_{to}\right)$$

$$= -\left(\frac{S_{to}}{\tau_p} + 2E_{VC}S_{to}\right) \tag{2.85}$$

式中，r_n^+ 和 r_n^- 分别为进入和离开增益介质的载流子速率，r_s^+ 和 r_s^- 分别为进入和离开激发模式的光子速率，它们之间相互转换速率分别为 r_{ns} 和 r_{sn}。

将稳态条件式(2.81)和式(2.82)带入式(2.77)和式(2.78)，可以得到小信号速率方程：

$$\frac{dn_t}{dt} = \frac{i_A}{q} - \left(\frac{1}{\tau_n} + \frac{dG}{dN_t}S_{to}\right)n_t - G_o s_t + f_N \tag{2.86}$$

$$\frac{ds_t}{dt} = \left(\frac{\beta}{\tau_s} + \frac{dG}{dN_t}S_{to}\right)n_t - \beta\frac{N_{to}}{S_{to}\tau_p}s_t + f_S \tag{2.87}$$

根据上述公式很容易获得半导体激光器的相对强度噪声曲线，如图2.34所示，从图中可以看到，频率曲线主要依赖半导体激光器的张弛振荡频率和激光器的输出功率，在通常情况下相对噪声强度曲线随着注入电流的增加而下降。

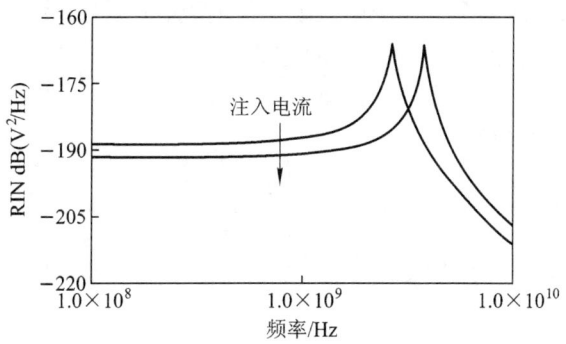

图2.34　半导体激光器相对噪声强度曲线

2.3.5　大信号特性

由于半导体激光器为非线性较强的器件，因此其大信号动态响应非常复杂，输出波形依赖于输入信号的频率和幅度，其交调失真特性和谐波特性非常重要。对于高速光纤通信来说，对大信号特性的研究可以通过分析半导体激光器的阶跃响应和开关上升时间(Rise Time)和下降时间(Fall Time)来完成[55-61]。

我们知道速率方程除了可以模拟小信号调制特性和噪声特性以外，还可以用来预测器件的非线性特性，但是通常需要一个特殊的数值分析程序来计算动态响应。图2.35给出了半导体激光器大信号阶跃响应(Large Signal Turn On

Response），输入信号为理想的阶跃脉冲，低电平和高电平均高于半导体激光器的阈值电流，即 $I_{on} > I_{off} > I_{th}$。开关上升时间 t_{on} 定义为输出功率到达 P_{on} 的时间。

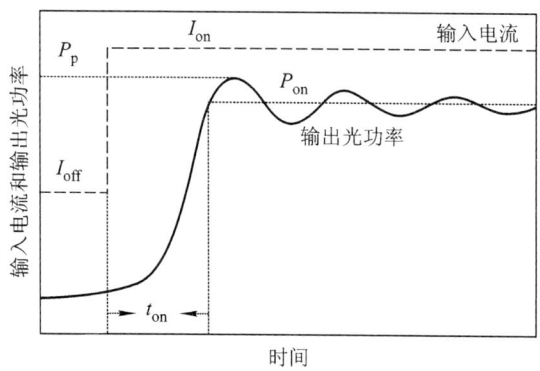

图 2.35　半导体激光器大信号阶跃响应

当注入电流小于阈值电流时，速率方程中的受激和自发复合项可以忽略，同样对于输入脉冲低电平电流刚刚接近阈值电流时（亦即 $t \ll t_{on}$）有

$$\frac{dN}{dt} \approx \frac{I_A}{\alpha} \tag{2.88}$$

上述方程的解析解为

$$N = N_{off} + \frac{(I_{on} - I_{off})t}{\alpha} \tag{2.89}$$

式中，N_{off} 为低电平时的载流子密度，假设 $1 - \varepsilon S = 1$，并且令 $\beta = 0$，则有

$$P(t) = P_{off} \exp\left\{\frac{g_o(S_{on} - S_{off})t^2}{2\tau_p}\right\} \tag{2.90}$$

式中，S_{off} 和 S_{on} 分别为关态和开态光子密度，对于 $S_{off} \ll S_{on}$ 开关上升时间可以表示为

$$t_{on} = \frac{\sqrt{2}}{\omega_{on}} \left[\ln\left(\frac{P_{on}}{P_{off}}\right)\right]^{1/2} \tag{2.91}$$

其中

$$\omega_{on} = \frac{g_o S_{on}}{\tau_p}$$

从式(2.91)可以看到，要想降低开关上升时间，可以通过增加 S_{on} 和 P_{on}/P_{off} 来实现。

图 2.36 给出了不同偏置和脉冲幅度情况下的半导体激光器脉冲响应曲线，

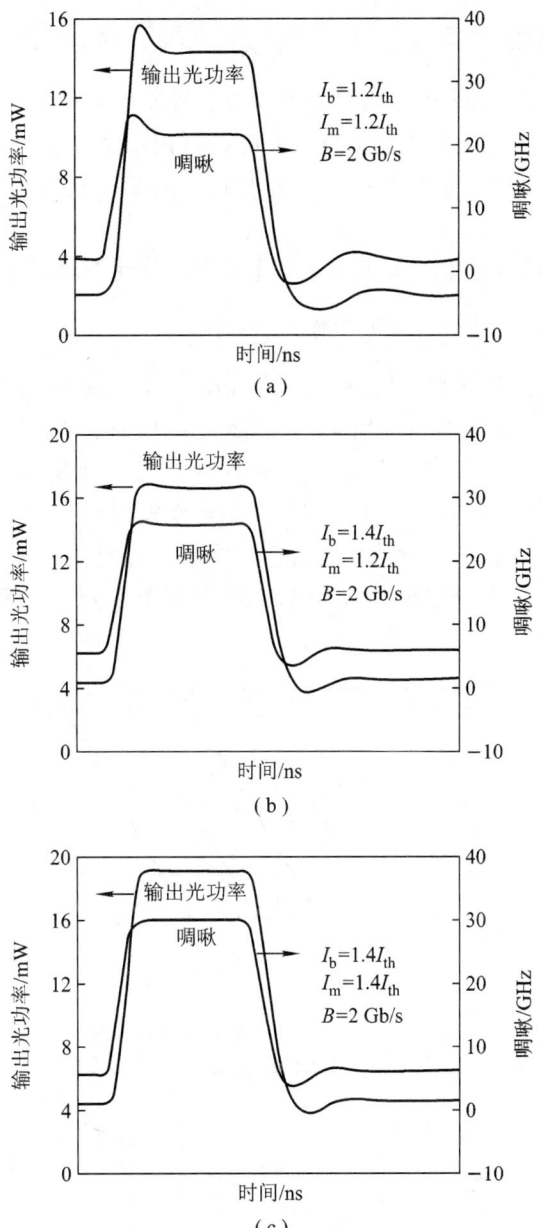

图 2.36 半导体激光器脉冲响应曲线

以及相应的频率啁啾(Frequency Chirp)效应,从图中可以看到明显的红移(脉冲下降沿频率下降)和蓝移(脉冲上升沿频率上升)现象,而且随着偏置电流的增加频率啁啾效应越明显,因此为了降低频率啁啾效应应该将半导体激光器偏置在阈值附近。

2.3.6 温度特性

半导体激光器另外一个重要特性是温度特性,尤其是温度对阈值特性的影响。温度的改变可以是外部引起的,也可以是内部电路元件的直流功耗引起的,它会引起半导体激光器工作状态的变化,因此研究其温度特性具有重要意义[62,63]。

通常采用指数函数来模拟半导体激光器阈值特性随温度变化曲线:

$$I_{th}(T) = I_o \exp\left(\frac{T}{T_o}\right) \tag{2.92}$$

式中,I_o 为常数,T_o 为特征温度——激光器对温度敏感的度量。对于常规条形结构的 GaAlAs 半导体激光器,在接近室温时,T_o 的典型值为 120~165℃。图 2.37 给出了半导体激光器脉冲输出光功率随温度变化曲线,同时图 2.38 半导体激光器脉冲归一化阈值电流随温度变化曲线,从图中可以看到随着温度的上升,阈值电流随之增大,引起激光器工作功耗增大,输出功率降低,为了稳定输出光功率,通常需要温度控制和自动功率控制系统。

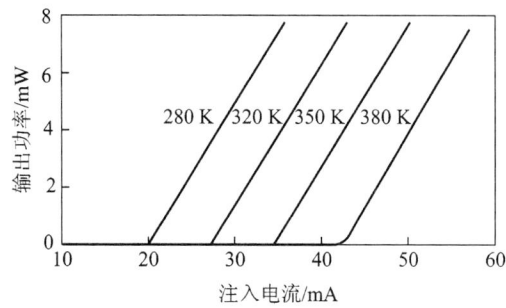

图 2.37 半导体激光器脉冲输出光功率随温度变化曲线

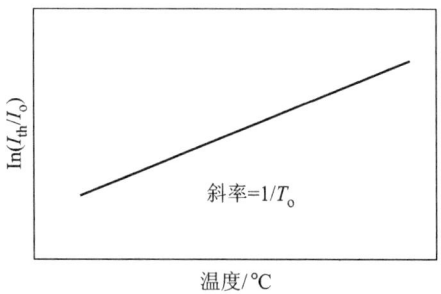

图 2.38 半导体激光器脉冲归一化阈值电流随温度变化曲线

本章小结

本章主要对半导体激光器的工作原理、基本结构以及各种新型半导体激光器(包括法布里－珀罗激光器、分布反馈激光器、分布布拉格激光器、量子阱激光器和垂直腔面发射激光器)进行了介绍,同时就如何表征半导体激光器的物理特性进行了讨论,并且利用反映物理机理的物理速率方程对半导体激光器的直流特性、小信号调制特性、温度特性和噪声特性进行了描述。

参考文献

[1] Kressel H, Butler J K. Semiconductor Lasers and Heterojunction LEDs[M]. Academic, New York, 1977.

[2] Botez D. Laser diodes are power－packed[J]. IEEE Spectrum, 1985, 22(6): 43-53.

[3] Botez D. Recent developments in high－power InGaAsP lasers[J]. Laser Focus, 1987, 23(3): 69-79.

[4] Lee T P. Recent advances in long－wavelength semiconductor lasers for optical fiber communication[J]. Proc. IEEE, 1991, 79(3): 253－276.

[5] Bowers J E, Koch T L, Hemenway B R, et al. 8－GHz bandwidth 1.52 μm vapor phase transported InGaAsP lasers[C]. Proc. OSA Conf. Lasers and Electrooptics(Baltimore,MD), 1985: 88-90.

[6] Bowers J E, Hemenway B R, Gnauck A H, et al. High－frequency constricted mesa lasers[J]. Appl. Phys. Lett, 1985, 47(7): 78－80.

[7] Kerser G. Optical fiber communications. [M]. 3rd ed. McGraw－hill companies, 2000.

[8] Mynbaev D K, Scheiner L. Fiber－optic communication technology[M]. [S.l.]: Prentice Hall, 2002.

[9] G. P. Agrawal. Fiber－optics communication systems[M]. [S.l.]: John Wiley & Sons, Inc., 2002.

[10] Lee T P, Dentai A J. Power and modulation bandwidth of GaAs－AlGaAs high radiance LEDs for optical communication systems[J]. IEEE J. Quantum Electron., 1978, 14(3): 150-159.

[11] Namizaki H, Nagano M, Nakahara S. Frequency response of GaAlAs light emitting diodes[J]. IEEE Trans. Electron. Devices, 1974, 21: 688-691.

[12] Morthier G, Vankwikelbcrge P. Handbook of Distributed Feedback Lasers[M]. Boston: Artech House, 1997.

[13] Tsang W T. Quantum confinement with heterostructure semiconductor lasers[C]// Semiconductors and Semimetals, Academic: chapter 4. New York: 1987.

[14] Zory P S. Quantum Well Lasers[M]. New York: Academic, 1993.

[15] Tsai C Y, Shih F P, Sung T L, et al. A small－signal analysis of the modulation re-

sponse of high - speed quantum - well lasers[J]. IEEE J. Quantum Elecetron, 1997, 33(11): 2084-2096.

[16] Nagarajan R, Ishikawa M, Fukushima T, et al. High speed quantum - well lasers and carrier transport effects[J]. IEEE J. Quantum Electron, 1992, 28(10): 1990-2007.

[17] Ahn D, Chuang S L. Optical gain and gain suppression of quantum - well lasers with valence band mixing[J]. IEEE J. Quantum Electron, 1990, 26(1): 13-22.

[18] Henning I D. High - speed transient effects in quaternary lasers[J]. Proc. Instrument Electronic. Engineering(part H), 1984, 131(6): 133-138.

[19] Thompson G H B. Physics of Semiconductor Laser Devices[M]. New York: Wiley, 1980.

[20] Kogelnik H, Shank C V. Coupled - wave theory of distributed feedback lasers[J]. J. Applied. Physics, 1972, 43(5): 2327-2335.

[21] Ghafouri Shiraz H, Lo B S K. Distributed Feedback Laser Diodes: Principles and Physical Modeling[M]. New York: Wiley, 1995.

[22] Akiba S, Usami M, Utaka K. 1.5 - μm $\lambda/4$ shifted InGaAsP DFB lasers[J]. J. Lightwave Technology, 1987, 5(11): 1564-1573.

[23] Whitesway J E A, Thompson G H B, Collar A J, et al. The design and assessment of $\lambda/4$ phase - shifted DFB laser structures[J]. IEEE J. Quantum Electron., 1989, 25(6): 1261-1279.

[24] Smith G M, Hughes J S, Lammert R M, et al. Very narrow linewidth asymmetric cladding InGaAs - GaAs ridge waveguide distributed Brags reflector lasers[J]. IEEE Photonics Technology Letter., 1996, 8(4): 476-478.

[25] Sale T E. Vertical Cavity Surface Emitting Laser[M]. New York: Wiley, 1995.

[26] Hadley G R, Lear K L, Warren M E, et al. Comprehensive numerical modeling of vertical - cavity surface - emitting lasers[J]. IEEE J. Quantum Electron., 1996, 32(4): 607-615.

[27] Margalit N M, Zhang S Z, Bowers J E. Vertical cavity lasers for telecom applications [J]. IEEE Communication. Magazine, 1997, 35(5): 164-170.

[28] Chow W W, Choquette K D, Crawford M H, et al. Design, fabrication, and performance of infrared and visible vertical - cavity surface - emitting lasers[J]. IEEE J. Quantum Electron., 1997, 33(10): 1810-1824.

[29] Tuker R S, Pope D J. Circuit modeling of the effect of diffusion on damping in a narrow - stripe semiconductor laser[J]. IEEE J. Quantum Electron., 1983, 19(7): 1179-1183.

[30] Tucker R S, Kaminow I P. High - frequency characteristics of directly modulated InGaAsP ridge waveguide and buried heterostructure lasers[J]. J. Lightwave Technology, 1984, 2(8): 385-393.

[31] Koren U, Eisenstein G, Bowers J E, et al. Wide - bandwidth modulation of three channel buried crescent laser diodes[J]. Electron. Letters, 1985, 21(5): 500-501.

[32] Kobayashi S, Yamamto Y, Ito M, et al. Direct frequency modulation in AlGaAs semiconductor lasers[J]. IEEE J. Quantum Electron., 1982, 18(4): 582-595.

[33] Linke R A. Direct gigabit modulation of injection lasers: Structure dependent speed limitations[J]. J. Lightwave Technology, 1984, 2(2): 40-43.

[34] Nelson R J, Wilson R B, Wright P D, et al. CW electrooptical properties of InGaAsP ($\lambda = 1.3pm$) buried heterostructure lasers[J]. IEEE J. Quantum Electron., 1981, 17: 202-207.

[35] Paoli T. Near-threshold behavior of the intrinsic resonant frequency in a semiconductor laser[J]. IEEE J. Quantum Electron., 1979, 15(8): 807-812.

[36] Tucker R S, Chinlon Lin, Burrus C A, et al. High-frequency small-signal modulation characteristics of short-cavity InGaAsP lasers[J]. Electron. Letter, 1984, 20(5): 393-394.

[37] Lau K Y, Yariv A. Ultra-high speed semiconductor lasers[J]. IEEE J. Quantum Electron., 1985, QE-21: 21-137.

[38] Figueroa L, Slayman C, Yen H W. High-frequency characteristics of GaAlAs injection lasers[J]. IEEE J. Quantum Electron, 1982, 18: 1718-1727.

[39] Furuya K, Suematsu Y, Hong T. Reduction of resonance-like peak in direct modulation due to carrier diffusion in injection lasers[J]. Applied. Optics., 1978, 17(6): 1949-1952.

[40] Adams M J, Osinski M. Influence of spectral hole-burning on quaternary laser transients[J]. Electron. Letters, 1983, 19: 627-628.

[41] Su C B, Lanzisera V. Effect of doping level on the gain constant and modulation bandwidth of InGaAsP semiconductor lasers[J]. Applied. Physics. Letters., 1984, 45: 1302-1304.

[42] Kobayashi K, Mito I. Single frequency and tunable laser diodes[J]. J Lightwave Technology., 1988, 6(11): 1623-1633.

[43] Chinone N, Aiki K, Nakamura M, et al. Effects of lateral mode and carrier density profile on dynamic behaviors of semiconductor laser[J]. IEEE J. Quantum Electron., 1978, 14(8): 625-631.

[44] Channin D J. Effect of gain saturation on injection laser switching[J]. J. Applied. Physics, 1979, 50(6): 3858-3860.

[45] Channin D J, Botez D, Neil C C, Connolly J C, et al. Modulation characteristics of constricted double-hetero junction AlGaAs laser diodes[J]. J. Lightwave Technology, 1983, 1(3): 146-160.

[46] Tuker R S. High-speed modulation of semiconductor lasers[J]. J. Lightwave Technology, 1985, 3(6): 1180-1192.

[47] Bickers L, Westbrook L D. Reduction of laser chirp in 1.5-pm DFB lasers by modula-

tion pulse shaping[J]. Electron. Letters, 1985, 21(1): 103-104.

[48] Frisch D A, Henning I D. Effect of laser chirp on optical systems – Initial tests using a 1480 nm DFB laser[J]. Electron. Letters, 1984, 20(7): 631-633.

[49] Henry C H. Theory of the linewidth of semiconductor lasers[J]. IEEE J. Quantum Electron., 1982, 18(2): 259-264.

[50] Harder C, katz J, Margalit S, et al. Noise equivalent circuit of a semiconductor laser diode[J]. IEEE Journal of Quantum Electronics, 1982, 18(3): 333-337.

[51] Petermann K, Arnold G. Noise and distortion characteristics of semiconductor lasers in optical fiber communication systems[J]. IEEE J. Quantum Electron., 1982, 18(4): 543-554.

[52] Hirota O, Suematsu Y. Noise properties of injection lasers due to reflected waves[J]. IEEE J. Quantum Electron., 1979, 15(3): 142.149.

[53] Chen Y C. Noise characteristics of semiconductor laser diodes coupled to short optical fibers[J]. Applied. Physics. Letters, 1980, 37(10): 587-589.

[54] Petermann K. Nonlinear distortions and noise in optical communication systems due to fiber connectors[J]. IEEE J. Quantum Electron., 1980, 16(7): 761-770.

[55] Boers P M, Vlaardingerbroek M T. Dynamic behavior of semiconductor lasers[J]. Electron. Letters., 1975, 11(5): 206-208.

[56] Manning J, Olshansky R, Fye D k, et al. Strong influence of nonlinear gain on spectral and dynamic characteristics of InGaAsP lasers [J]. Electron. Letter, 1985, 21(5): 496-497.

[57] Ikegami T, Suematsu Y. Large – signal characteristics of directly modulated semiconductor injection lasers[J]. Elec. Communication. Japan, 1970, 53 – B: 69-75.

[58] Hong T, Suematsu Y, Chung S, et al. Harmonic characteristics of laser diodes[J]. J. Optical Communication, 1982, 3: 42-48.

[59] Aspin G J, Carroll J E. Gain – switched pulse generation with semiconductor lasers[J]. Proc. Inst. Elec. Eng., 1982, 129, Part I: 83-290.

[60] Demokan M S, Nacaroglu A. An analysis of gain – switched semiconductor lasers generating pulse – code – modulated light with a high bit rate [J]. IEEE J. Quantum Electron., 1984, 20(9): 1016-1022.

[61] Tucker R S. Large – signal switching transients in index – guided semiconductor lasers [J]. Electron Letter, 1984, 20(9): 802-803.

[62] Thompson G H B. Temperature dependence of threshold current in GaInAsP DH _ lasers [J]. IEE Proc., 1981, 128(4): 37-43.

[63] Frigo N J, Reichmann K C, Lannone P P. Thermal characteristics of light – emitting diodes and their effect on passive optical networks[J]. IEEE Photonics Technology Letter., 1997, 9, (8): 1164-1166.

第三章 高速半导体激光器建模技术

在超高速、长距离的光纤通信系统中，半导体激光器是重要的光源。通过正向偏压下 PN 结中载流子的受激辐射复合而发出相干光，不仅具有输出功率高、谱宽很窄、辐射角较小（方向性好）等特点，而且调制带宽可以高达几十吉赫兹。半导体激光器是高速光纤传输系统 OEIC 中的核心器件，系统的传输性能在很大程度上由半导体激光器的性能决定。由于光电器件结构和光子与电子相互作用的物理过程的复杂性，在分析光电器件和系统的传输特性时建立能够反映器件内部和外部特性的器件模型，利用计算机辅助分析手段进行模拟和仿真器件物理特性是一种有效的方法[1-11]。

半导体激光器的动态特性分析方法如图 3.1 所示，目前研究光子器件模型的方法主要有以下两种：

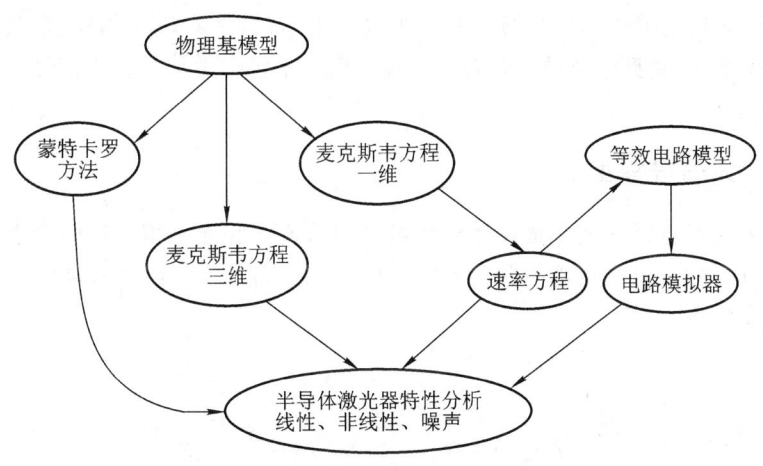

图 3.1 半导体激光器的动态特性分析方法

1. 物理基模型

从一维乃至三维麦克斯韦方程组出发，针对所分析的具体问题，根据具体分析对象的复杂程度对麦克斯韦方程(Maxwell's Equation)组进行简化，以获得器件的各种特性，或者通过蒙特卡罗法分析器件动态特性。上述方法虽然精度高，但是难以分析器件寄生元件的影响，无法同时给出器件所有特性分析结果，而且求解速度慢，不易和微波射频集成电路(Microwave and Radio Frequency Integrated Circuit)计算机辅助设计软件相结合。

2. 等效电路模型(Equivalent Circuit Model)

通过研究描述光子器件有源区载流子与光子相互作用的速率方程,将其转化为相应的电路拓扑构成一个适合电路计算机辅助分析软件的等效电路模型,即用建立等效电路模型的方法来求解速率方程,达到研究光子器件静态和动态特性的目的。这种方法直观方便,求解速度快,易与目前的微波电路 CAD 软件结合,不但可以分析器件特性,而且可以设计包含激光器的电路拓扑结构。值得注意的是等效电路模型也是基于物理方程的,因此也可以称为物理基的等效电路模型。

本章主要讨论半导体激光器等效电路模型的构建技术,包括异质结半导体激光器和量子阱激光器效电路模型建模技术(Modeling Method)以及半导体激光器模型参数直接提取技术(Direct Extraction Method)和半分析技术(Semi-Analytical Method)。

3.1 异质结半导体激光器建模技术

普通异质结半导体激光器一般是指双异质结(如法布里-珀罗、增益导引和隐埋异质结等)类型的半导体激光器,其建模技术包括大信号、小信号和噪声建模技术。

3.1.1 大信号模型

从上一章可以知道,描述半导体激光器载流子和光子相互作用的速率方程理论是分析光发射物理机制和传输特性的基础,为了方便读者阅读,这里重写其一维速率方程[3-4]:

$$\frac{dN}{dt} = \frac{I_A}{\alpha} - \frac{N}{\tau_n} - g_o(N - N_{om})(1 - \xi S)S \tag{3.1}$$

$$\frac{dS}{dt} = \Gamma g_o(N - N_{om})(1 - \xi S)S - \frac{S}{\tau_p} + \Gamma \beta \frac{N}{\tau_n} \tag{3.2}$$

如果考虑高光功率输出的影响,上述公式可以修正为[8]

$$\frac{dN}{dt} = \frac{I_A}{\alpha} - \frac{N}{\tau_n} - g_o(N - N_{om})\left(1 - \frac{\xi S}{1 + 2\xi S}\right)S \tag{3.3}$$

$$\frac{dS}{dt} = \Gamma g_o(N - N_{om})\left(1 - \frac{\xi S}{1 + 2\xi S}\right)S - \frac{S}{\tau_p} + \Gamma \beta \frac{N}{\tau_n} \tag{3.4}$$

对式(3.1)和式(3.2)进行直接变换,可以得到如下方程:

$$I_A = I_{spon} + \frac{dI_{spon}}{dt} + I_{stim} \tag{3.5}$$

$$I_{\text{stim}} + \beta I_{\text{spon}} = C_{\text{CH}}\frac{dS}{dt} + \frac{S}{R_{\text{CH}}} \quad (3.6)$$

其中 I_{spon} 为自发复合电流,定义如下:

$$I_{\text{spon}} = \frac{\alpha N}{\tau_n} = I_s \exp\left(\frac{qU_j}{\eta kT}\right) \quad (3.7)$$

I_{stim} 为激励发射电流,定义如下:

$$I_{\text{stim}} = \alpha \Gamma g_o (N - N_{\text{om}})[1 - (\Gamma \xi S_n)S']S_n S' \quad (3.8)$$

式中,$S' = S/(\Gamma S_n)$ 为归一化光密度,S_n 为归一化常数,R_{CH} 和 C_{CH} 分别用于表示光子的损耗和存储:

$$R_{\text{CH}} = \frac{\tau_p}{\alpha S_n} \quad (3.9)$$

$$C_{\text{CH}} = \alpha S_n \quad (3.10)$$

这样得到的等效电路输出电压为归一化光密度,假设激光器两腔面具有相同的反射率,则输出光功率可以表示为

$$P_{\text{out}} = \frac{c}{2n}\alpha_{\text{mir}}h\gamma SV \quad (3.11)$$

式中,c 为光速,n 为材料折射系数,α_{mir} 为腔面的损耗,V 为有源区体积,γ 为光频率,在实际计算时可用下式近似:

$$P_{\text{out}} = \frac{0.5SV\eta_o h\gamma}{\Gamma \tau_p} \quad (3.12)$$

式中,η_o 为量子效率。

利用式(3.5)和式(3.6)可以得到如图 3.2 所示的大信号等效电路模型(Large Signal Equivalent Circuit Model)[4],值得注意的是该模型仅仅适合阈值以上、且不适合高输出光功率的情况,而且电子和光子寿命为常数,在这种情况下自发复合可以用 $\alpha N/\tau_n$ 来表示,异质结的 $I-U$ 特性由输入端的二极管来表征。

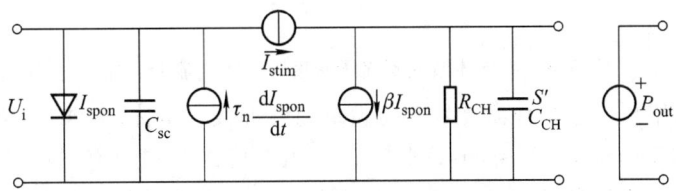

图 3.2 半导体激光器大信号等效电路模型

表 3.1 给出了几组典型的普通异质结半导体激光器模型参数[4-6],从表中可以看到,电子电荷和有源区体积的乘积 α 的量级在 10^{-35} 左右,光激射模式下的自发辐射系数 β 在 $10^{-5} \sim 10^{-3}$ 之间,透明载流子浓度 N_{om} 的量级在 10^{24} 左右,微分光增益系数的量级在 10^{-12} 左右,增益压缩因子 ξ 的量级在 10^{-23}

量级。

表 3.1　普通异质结半导体激光器模型参数

参　数	单　位	LS-620	LCW-10	HLP-3400
α	$A \cdot m^3 \cdot s$	1.44×10^{-35}	2.3×10^{-34}	1.58×10^{-35}
β		1×10^{-3}	1.86×10^{-4}	1×10^{-5}
N_{om}	m^{-3}	4.6×10^{24}	1.07×10^{24}	9.26×10^{23}
g_o	$m^3 \cdot s^{-1}$	1×10^{-12}	9.21×10^{-13}	8.69×10^{-13}
Γ		0.646	—	—
τ_n	ns	3.72	3.95	1.49
τ_p	ps	2	1.28	3.89
ξ	m^3	3.8×10^{-23}	—	7.44×10^{-24}

利用上述大信号模型对 Ortel SL-620 半导体激光器静态、动态小信号和大信号特性进行了计算机仿真。图3.3给出了半导体激光器光子密度随注入电流变化曲线,从图中可以看到激光器的阈值电流在 20 mA,在进入饱和区以前输出光功率和注入电流呈线性关系,亦即 $P_{out} \propto (I - I_{th})$。

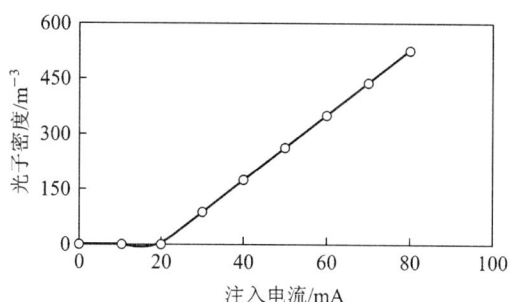

图 3.3　半导体激光器光子密度随注入电流变化曲线

图3.4给出了半导体激光器动态调制特性曲线,也称之为归一化频率响应(Normalized Frequency Response)曲线,从图中可以看到频率响应特性的 3 dB 带宽随着注入电流的增加而上升,但是当注入电路超过某一数值时,3 dB 带宽又开始下降,因此存在最佳偏置电流。

对于微波光纤传输系统,信噪比(SNR)是非常重要的指标,然而获得高信噪比需要半导体激光器的大信号调制,这样激光器本身固有非线性所引入的谐波与交调失真会造成系统线性特性的减弱,因此准确预测直接调制单模半导体激光器非线性失真(Nonlinear Distortion)特性十分必要。利用微波调制频率分

3.1 异质结半导体激光器建模技术　　47

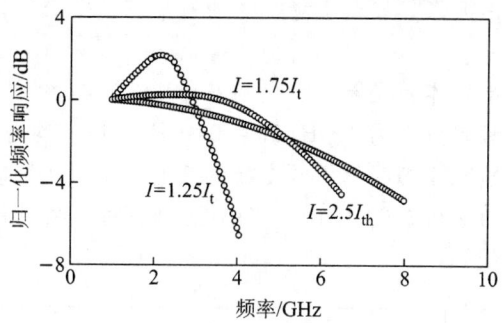

图 3.4　小信号频率响应特性曲线

别为 1 GHz 和 2 GHz 的正弦源对半导体激光器二阶谐波失真(Harmonic Distortion)进行模拟,可以获得半导体激光器的基波(1 GHz 和 2 GHz)和相应二次谐波(2 GHz 和 4 GHz)失真的曲线。

图 3.5 给出了二阶谐波与基波功率比随偏置电流变化曲线,其中图(a)基波输入功率为 −1 dBm,图(b)基波输入功率为 +3 dBm。从图中可以看到随着

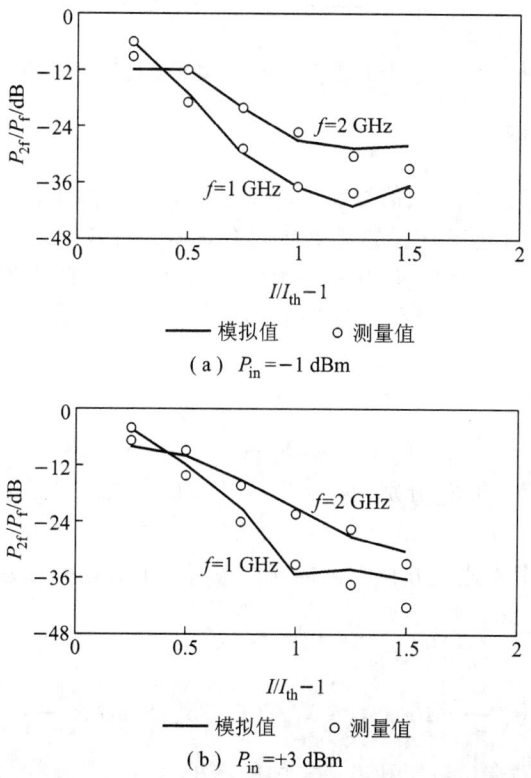

图 3.5　二阶谐波与基波功率比随偏置电流变化曲线

注入电流的增加,谐波失真显著下降,而随着基波频率的升高,谐波失真也会增大[8]。

图 3.6 给出了半导体激光器三阶交调失真和基波功率比随偏置电流变化曲线,其中输入信号频率分别为 4 GHz 和 4.04 GHz,功率均为 -1 dBm。由于测量时反射噪声的影响和模拟时傅里叶变换混叠的影响,两个输出的三阶交调功率不再相等(3.96 GHz 和 4.04 GHz),图中给出的模拟结果和测量结构均为三阶交调功率的中心值。

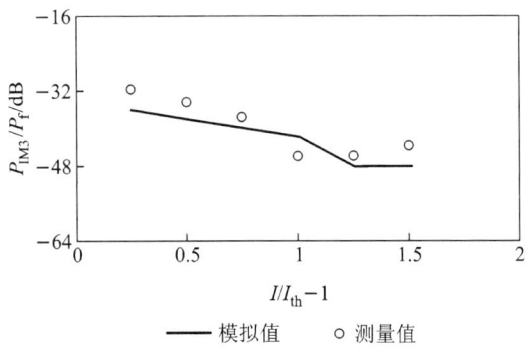

图 3.6　三阶谐波与基波功率比随偏置电流变化曲线

3.1.2　小信号模型

在获得半导体激光器大信号模型的基础上,相应的小信号模型(Small Signal Model)可以通过速率方程的傅里叶变换获得,将各个端口电压、电流、载流子密度和光子密度等变量设为稳态数值和随时间变化的小信号变量之和[5]:

$$
\begin{aligned}
I_A &= I_{Ao} + i\mathrm{e}^{j\omega t} \\
U_j &= U_{jo} + u_j\mathrm{e}^{j\omega t} \\
N &= N_o + n\mathrm{e}^{j\omega t} \\
S &= S_o + s\mathrm{e}^{j\omega t}
\end{aligned} \quad (3.13)
$$

式中,I_{Ao}、U_{jo}、N_o 和 S_o 分别为注入电流、端口电压、载流子密度和光子密度的稳态数值。

将上述公式带入速率方程,再根据稳态情况下的速率方程

$$\frac{I_{Ao}}{\alpha} = \frac{N_o}{\tau_n} + g_o(N_o - N_{om})(1 - \xi S_o)S_o \quad (3.14)$$

$$\frac{S_o}{\tau_p} = \Gamma g_o(N_o - N_{om})(1 - \xi S_o)S_o + \Gamma\beta\frac{N_o}{\tau_n} \quad (3.15)$$

就可以获得下面的端口电压和电流之间的方程:

$$u_j = i(R_{s1} + R_{s2} + j\omega L_s) \quad (3.16)$$

$$i = u_j(1/R_1 + j\omega C_t) + i_s \qquad (3.17)$$

上述公式中各个元件的表达式为

$$R_d = \frac{2kT}{qI_{th}} \qquad (3.18)$$

$$R_1 = \frac{R_d}{1 + g_o \tau_n S_o} \qquad (3.19)$$

$$R_{s1} = \frac{\xi R_d}{g_o \tau_n} \qquad (3.20)$$

$$R_{s2} = \frac{\beta \Gamma R_d \tau_p I_{th}}{\alpha g_o \tau_n S_o^2} \qquad (3.21)$$

$$C_d = \frac{\tau_n}{R_d} \qquad (3.22)$$

$$L_s = \frac{R_d \tau_p}{g_o \tau_n S_o} \qquad (3.23)$$

根据端口电压和电流方程则可得到如图 3.7 所示的半导体激光器微波小信号等效电路模型。

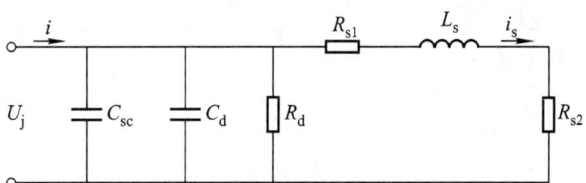

图 3.7 半导体激光器微波小信号等效电路模型

上述公式中 I_{th} 为阈值电流,表达式为

$$I_{th} = \frac{\alpha}{\tau_n}\left(\frac{1}{\tau_p \Gamma g_o} + N_{om}\right) \qquad (3.24)$$

输出光子密度为

$$S_o = \frac{\Gamma \tau_p}{\alpha}(I_A - I_{th}) \qquad (3.25)$$

考虑大功率输出情况,则各电路元件定义如下:

$$i_s = \alpha g_o(N_o - N_{om})\left[1 - \frac{2\xi S_o}{(1 + 2\xi S_o)(1 + \xi S_o)}\right] \qquad (3.26)$$

$$R_j = R_d\left[1 + g_o \tau_n S_o\left(1 - \frac{\xi S_o}{1 + 2\xi S_o}\right)\right]^{-1} \qquad (3.27)$$

$$R_d = \frac{2\tau_n KT}{q\alpha N_o} \qquad (3.28)$$

$$C_d = \frac{\tau_n}{R_d} \quad (3.29)$$

$$L_s = \frac{R_d}{\Gamma G_o \left[1 - \frac{2\xi S_o}{(1+2\xi S_o)(1+\xi S_o)}\right]\left[\beta + g_o \tau_n S_o \left(1 - \frac{\xi S_o}{1+2\xi S_o}\right)\right]} \quad (3.30)$$

$$R_{s1} = \Gamma \xi G_o S_o \frac{1-\xi S_o}{(1+2\xi S_o)(1+\xi S_o)} L_s \quad (3.31)$$

$$R_{s2} = \frac{\Gamma \beta N_o}{\tau_n S_o} L_s \quad (3.32)$$

利用表 3.1 中的模型数据以及半导体激光器的小信号等效电路模型,可以获得器件的归一化频率响应曲线。图 3.8 给出了半导体激光器小信号频率响应曲线,从图中可以获得器件的张弛振荡频率(Relaxation Oscillation Frequency)为 2.5 GHz 和器件的 3 dB 带宽为 4.4 GHz,该激光器可以用于 5 Gb/s 的光纤传输系统。

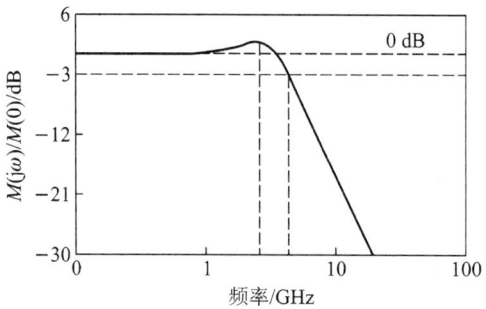

图 3.8 半导体激光器小信号频率响应曲线

3.1.3 噪声模型

半导体激光器即使在稳定的直流电流注入下,其输出光信号的强度、相位和频率也会发生漂移而形成噪声,强度的漂移构成对信噪比的限制,而相位的漂移使激光器的输出具有一定的谱宽。半导体激光器的相对强度噪声(Relative Intensity Noise,RIN)对采用不同调制方式的传输系统的影响差别很大,对于二进制基带数字调制方式,即使调制速率高达 10 Gb/s,对半导体激光器相对强度噪声 RIN 的要求也只为:RIN < -115 dB/Hz。而在共用天线电视(Community Antenna Television,CATV)光波系统中,由于采用模拟调制并工作在高功率输出的条件,对调制光源的 RIN 一般要求达到 RIN < -155 dB/Hz,因此研究半导体激光器噪声模型十分必要[9-14]。

为了计算半导体激光器电端口噪声谱和相对强度噪声谱密度,利用引入

Langevin 噪声源的单模速率方程：

$$\frac{dN}{dt} = \frac{I_A}{\alpha} - \frac{N}{\tau_n} - g_o(N - N_{om})(1 - \xi S)S + f_N(t) \tag{3.33}$$

$$\frac{dS}{dt} = \Gamma g_o(N - N_{om})(1 - \xi S)S - \frac{S}{\tau_p} + \Gamma \beta \frac{N}{\tau_n} + f_S(t) \tag{3.34}$$

上述公式中 $f_N(t)$ 和 $f_S(t)$ 均为 Langevin 散弹噪声源，其中 $f_N(t)$ 来源于载流子产生和复合的不连续性，而 $f_S(t)$ 来源于自发辐射。它们表征了载流子浓度和光子密度的平均值的随机起伏，在稳态下二者的平均值均为零，具有白噪声特性。Langevin 噪声源和其交叉谱密度由散粒噪声表达式给出[11]：

$$<F_N^2(\omega)> = \frac{I_A}{q} + \frac{2S_o g_o N_{om} \alpha}{q} \tag{3.35}$$

$$<F_S^2(\omega)> = \frac{2S_o \alpha}{\Gamma q}\left(\frac{1}{\tau_p} + \Gamma g_o N_{om}\right) \tag{3.36}$$

$$<F_S(\omega)F_N^*(\omega)> = -\frac{S_o \alpha}{\Gamma q}\left(\frac{1}{\tau_p} + 2\Gamma g_o N_{om}\right) \tag{3.37}$$

式中，S_o 和 N_o 分别为稳态条件下的载流子浓度和光子密度，I_A 为直流偏置注入有源区电流。利用稳态条件下微扰分析得到的线性速率方程的傅里叶变换，可以得到如图 3.9 所示的线性噪声等效电路模型。

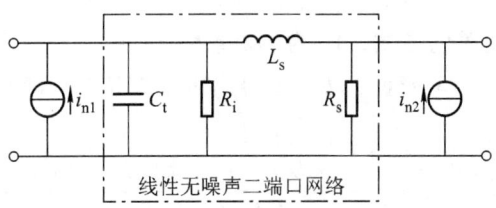

图 3.9 半导体激光器噪声等效电路模型

图 3.9 所示电路中所有元件（包括相关噪声源）均为受注入偏置电流控制的线性元件，电路元件数值表达式见式(3.18)~式(3.23)，而 i_{n1} 和 i_{n2} 为两个相关的输入/输出短路噪声电流源。欲想得到等效电路模型中的各个元件参数值，必须求解稳态条件下的光子和载流子浓度，根据稳态情况下的速率方程，可以推导出关于稳态载流子密度 N_o 的二次方程：

$$N_o^2(1-\beta)\left(1 + \frac{\xi}{g_o \tau_n}\right) - N_o\left[\frac{1}{\Gamma \tau_p g_o} + \frac{I_A \tau_n}{\alpha} + (1-\beta)N_{om} + \frac{(2-\beta)\xi I_A}{g_o \alpha}\right] +$$

$$\left(\frac{1}{\Gamma \tau_p g_o} + N_{om} + \frac{\xi I_A}{g_o \alpha}\right)\frac{I_A \tau_n}{\alpha} = 0 \tag{3.38}$$

求解方程得到两个解中较小的一个即为载流子浓度的稳态解，其中阈值以上载流子浓度的稳态解为

$$N_o = N_{om} + \frac{1}{\Gamma \tau_p g_o} + \frac{\xi I_A}{g_o \alpha} \qquad (3.39)$$

同时得到光子浓度的稳态解，表达式为

$$S_o = \left[\frac{I_A}{\alpha} - \frac{N_o}{\tau_n}(1-\beta) \right] \tau_p \Gamma \approx \frac{\alpha}{\tau_n} \left(\frac{1}{\tau_p \Gamma g_o} + N_{om} \right) \qquad (3.40)$$

噪声等效电路模型中的噪声电流源表达式为[9]

$$\frac{<i_{n1}^2>}{\Delta f} = 2C_d^2 \left(\frac{mqV_T}{\alpha N_o} \right)^2 <F_N^2(\omega)> = 2qI_o + 4qg_o N_{om} S_o \alpha \qquad (3.41)$$

$$\frac{<i_{n2}^2>}{\Delta f} = 2\left(\frac{L_s}{R_s}\right)^2 (\alpha G_o)^2 <F_S^2(\omega)>$$

$$= 4 \frac{(mV_T)^2 \left(\frac{1}{\Gamma \tau_p} + g_o N_{om} \right) q S_o}{\left[N_o \left(g_o S_o + \frac{\beta}{\tau_n} \right) R_s \right]^2 \alpha} \qquad (3.42)$$

两个噪声电源的相关部分为

$$\frac{<i_{n1} i_{n2}^*>}{\Delta f} = \frac{2mV_T q \left(\frac{1}{\Gamma \tau_p} + 2g_o N_o \right)}{\left[N_o \left(g_o S_o + \frac{\beta}{\tau_p} \right) R_s \right]} S_o \qquad (3.43)$$

式中，m 为和 N_o 相关的参数，V_T 为热电动势 26 mV。

由式(3.41)~式(3.43)可以推导得出电端口噪声(TEN)和相对强度噪声(RIN)的表达式：

$$TEN = \frac{<i_{n1}^2>[R_s^2 + (\omega L_s)^2] + <i_{n2}^2> R_s^2 + 2<i_{n1} i_{n2}^*> R_s^2}{(L_s C_t q G_o)^2 DD^*} \qquad (3.44)$$

$$RIN = \frac{<i_{n1}^2> + <i_{n2}^2> R_s^2 \left[\frac{1}{R_d^2} + (\omega C_t)^2 \right] - 2<i_{n1} i_{n2}^*> \frac{R_s}{R_j}}{(L_s C_t q G_o S_o)^2 DD^*} \qquad (3.45)$$

其中

$$D = \left[\frac{1}{L_s C_t} \left(1 + \frac{R_s}{R_j} \right) - \omega^2 \right] + j\omega \left(\frac{R_s}{L_s} + \frac{1}{R_j C_t} \right)$$

$$G_o = g_o(N_o - N_{om})$$

值得注意的是由于在通用电路模拟器中(如 SPICE)电阻隐含有热噪声(Thermal Noise)，其线性无噪声二端口网络的实现存在困难，而且相关噪声源亦在一般电路模拟器中无法实现。因此若想在通用电路模拟器中进行激光器的噪声特性分析，开展激光器噪声网络模型研究是最佳途径之一。

对应图 3.9 所示的噪声二端口网络，首先将其两个相关噪声源变换为独立的噪声源。假设该二端口网络含有三个独立的噪声源,如图 3.10 所示为 $<i_a^2>$、$<i_b^2>$ 和 $<i_c^2>$,则这些噪声电流源和图 3.9 中的相关噪声电流源的关系为[10]

$$<i_a^2> = <i_{n1}^2> + <i_{n1}i_{n2}^*> \tag{3.46}$$

$$<i_b^2> = -<i_{n1}i_{n2}^*> \tag{3.47}$$

$$<i_c^2> = <i_{n2}^2> + <i_{n1}i_{n2}^*> \tag{3.48}$$

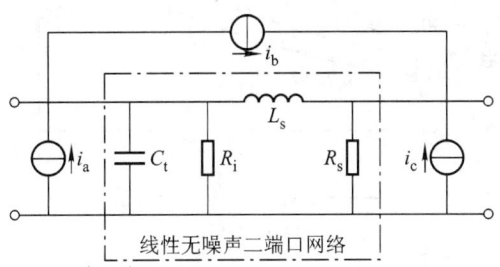

图 3.10 半导体激光器噪声网络等效电路模型

三个独立噪声源的实现可以利用电阻产生的热噪声受控源的形式来实现(电流谱密度为 $<i_s^2>=4kT/R$)。值得注意的是由于 $<i_b^2>$ 为负噪声电流源,因此在计算电端口噪声(Terminal Electrical Noise,TEN)和相对噪声强度时,应用独立噪声源 $<i_a^2>$ 和 $<i_c^2>$ 的贡献减去 $<i_b^2>$ 的贡献。

在半导体激光器噪声网络模型中,线性二端口无噪声网络可以由 R_j、C_t、L_s 和 R_s 表征的 Y 参数来表示:

$$Y_{11} = \frac{1}{R_j} + j\omega C_t + \frac{1}{j\omega L_s} \tag{3.49}$$

$$Y_{12} = Y_{21} = -\frac{1}{j\omega L_s} \tag{3.50}$$

$$Y_{22} = \frac{1}{R_s} + \frac{1}{j\omega L_s} \tag{3.51}$$

这样就可以解决等效电路模型中由于等效电阻 R_s 引起的热噪声对激光器噪声分析的影响。电端口噪声可以直接由激光器的电路噪声模拟得到,而相对强度噪声由下式给出:

$$RIN = \frac{q^2 S_p(\omega)}{\alpha^2 S_o^2} \tag{3.52}$$

式中,$S_p(\omega)$ 为半导体激光器输出端口的噪声功率谱。

利用上述噪声网络模型对隐埋异质结单模半导体激光器的噪声特性进行模拟,使用的速率方程模型参数为

$\alpha = 6.56 \times 10^{-36}$ A·m³·s，$\beta = 2 \times 10^{-4}$，$g_o = 1.2 \times 10^{-12}$ s⁻¹·m⁻³，$\Gamma = 0.17$，$\tau_n = 2.0$ ns，$\tau_p = 1.2$ ps，$N_{om} = 1.45 \times 10^{24}$ m⁻³。

图3.11(a)和(b)分别给出了在注入有源区电流与阈值电流比率 I/I_{th} = 1.0、1.5和2.0时，电端口噪声和相对强度噪声随频率变化曲线。

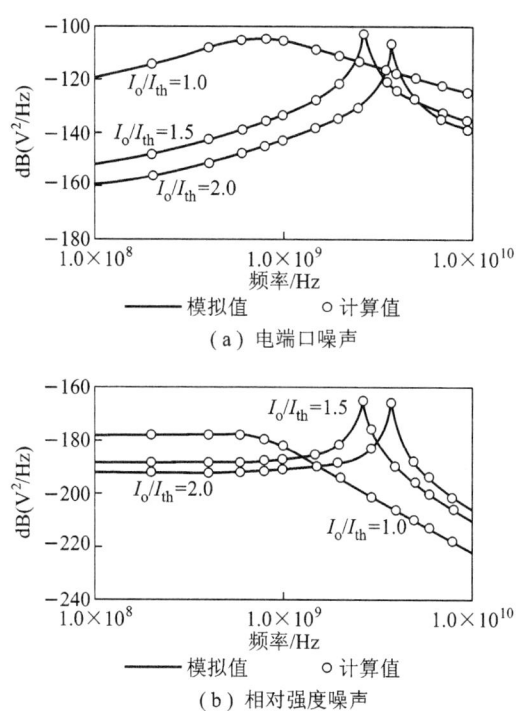

图 3.11 电端口噪声随频率变化曲线

从图 3.11 可以看到，随着激光器注入电流的增加，张弛振荡频率逐渐增大(在 I_o/I_{th} = 1.0、1.5 和 2.0 时，约分别为 0.71 GHz、2.73 GHz、3.93 GHz)。在接近张弛振荡频率时，电端口噪声和相对强度噪声均达到峰值，其波峰是由耦合光子——载流子系统的本征响应所引起的。而当频率远高于张弛振荡频率时，由于激光器不能对如此高频的噪声抖动产生响应，所以相对强度噪声急剧下降，因此激光器相对强度噪声相当于一个带通滤波器。

表 3.2 给出了激光器电端口噪声随注入电流变化的模拟数据和测量数据。在模拟激光器电端口噪声时，由于考虑了寄生网络效应，因此得到的数据包含了寄生电阻产生的热噪声。从表 3.2 中可以看到，在注入电流 I_A(约 18 mA)稍微超过阈值电流(17.5 mA)时，电端口噪声达到峰值，超过激射阈值时 TEN 数值的减小是由于信号(激光)功率迅速增加的缘故。

表 3.2　电端口噪声 TEN 随注入电流变化数据

I_o/I_{th}	模拟值/dBm	测量值/dBm
≤1.0	-176	-165
=1.05	-168	-158
≥1.1	-174	-163

3.2　量子阱激光器建模技术

与双异质结半导体激光器相比，量子阱激光器具有更高的微分增益和更好的调制特性[15-21]。图 3.12 给出了一个单量子阱结构示意图，电子和空穴到量子阱需要首先穿过分离限制异质结，然后载流子才能被量子阱吸收，而且载流子会发生热离子辐射，它和载流子吸收相对立，降低了量子阱的吸收效率。

描述量子阱区域和 SCH 区域的载流子密度和光腔内光子密度情况的单量子阱激光器速率方程在上一章已经给

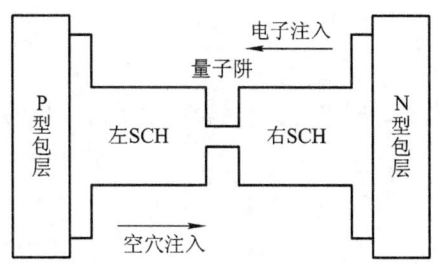

图 3.12　单量子阱结构示意图

出，为了方便读者阅读这里再次给出，但是注意考虑了自发辐射复合效应[17]：

$$\frac{dN_S}{dt} = \frac{I}{\alpha_W} - \frac{N_S}{\tau_s} + \frac{N_W\left(\frac{\alpha_W}{\alpha_S}\right)}{\tau_e} \tag{3.53}$$

$$\frac{dN_W}{dt} = \frac{N_S\left(\frac{\alpha_S}{\alpha_W}\right)}{\tau_s} - \frac{N_W}{\tau_n} - \frac{N_W}{\tau_e} - \frac{G(N_W,S)S}{1+\xi S} \tag{3.54}$$

$$\frac{dS}{dt} = \frac{\Gamma G(N_W,S)S}{1+\xi S} - \frac{S}{\tau_p} + \Gamma\beta\frac{N_W}{\tau_n} \tag{3.55}$$

值得注意的是与普通异质结激光器相比，速率方程由两个变为了三个，这是考虑了载流子在分离限制异质结的传输过程的缘故。

3.2.1　大信号模型

利用对速率方程的直接变换和基尔霍夫电流定律，可以得到如图 3.13 所示的单量子阱激光器大信号等效电路模型。

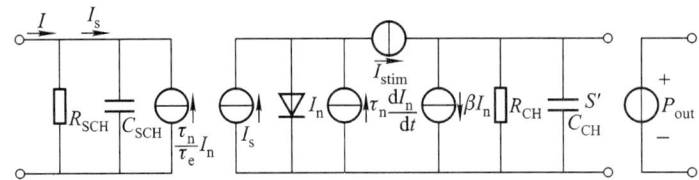

图 3.13 单量子阱激光器大信号等效电路模型

上述大信号等效电路模型端口电压和电流之间的关系为

$$I + \frac{\tau_n}{\tau_e} I_n = \frac{U_s}{R_{SCH}} + C_{SCH} \frac{dU_s}{dt} \tag{3.56}$$

$$I_s = \frac{U_s}{R_{SCH}} - \frac{\tau_n}{\tau_e} I_n = I_n + \tau_n \frac{dI_n}{dt} + I_{stim} \tag{3.57}$$

$$I_{stim} = \frac{S}{R_{CH}} + C_{CH} \frac{dS}{dt} + \beta I_n \tag{3.58}$$

式中,I_n 和 I_{stim} 分别表示量子阱区域的自发复合电流和激励发射电流:

$$I_n = \frac{\alpha N_W}{\tau_n} = I_s \exp\left(\frac{qU_j}{\eta kT}\right) \tag{3.59}$$

$$I_{stim} = \Gamma \alpha_W G(N_W, S) S_n S \tag{3.60}$$

式中,I_s 为量子阱区域异质结饱和电流,η 为结理想因子,$U_j = \frac{\eta kT}{q} \ln\left(\frac{N_W}{N_{om}}\right)$ 为结电压,S_n 为光子密度归一化参数:$S = \Gamma S' S_n$,U_s 表征 SCH 区域的结电压:$U_s = \frac{qN_S}{C_n}$,R_{SCH} 和 C_{SCH} 分别表征 SCH 区域的电路损耗和电荷存储:

$$R_{SCH} = \frac{q\gamma\tau_s}{\alpha_W C_n}, \quad C_{SCH} = \frac{\alpha_W C_n}{q\gamma} \tag{3.61}$$

式中,C_n 为电容归一化参数,γ 为量子阱区和 SCH 区域的体积之比:

$$\gamma = \frac{\alpha_W}{\alpha_{SCH}} \tag{3.62}$$

R_{CH} 和 C_{CH} 分别表征量子阱区域的电路损耗和存储:

$$R_{CH} = \frac{\tau_p}{\alpha_W S_n}, \quad C_{CH} = \alpha_W S_n \tag{3.63}$$

值得注意的是该模型用 R_{SCH} 和 C_{SCH} 来表征 SCH 区域的电荷存储和损耗,并且用一个受控源 $\frac{\tau_n}{\tau_e} I_n$ 来表征热辐射效应的影响,使得模型结构变得十分简单。

另外一个值得注意的问题是与双异质结激光器相比,量子阱激光器的光增益(G)不仅是 QW 区载流子密度(N_W)的函数,而且是光子密度(S)的函数。在这里假设量子阱区域电荷平衡,这样光增益仅为载流子密度的函数,通过拟合光增益和载流子密度关系的实验曲线(见图 3.14),得到了一个简单而且物理含义明确的表达式[20]:

$$G(N_W,S) = \frac{g_o(N_W - N_{om})}{\sqrt{\frac{N_W}{10^{24}}} + \sqrt{\frac{N_{om}}{10^{24}}}} \tag{3.64}$$

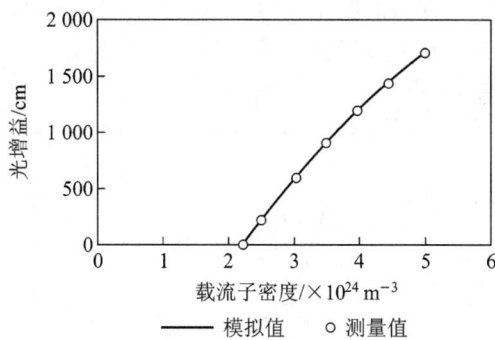

图 3.14 光增益和载流子密度关系

式中,g_o 为微分增益,N_{om} 为穿通载流子密度,载流子密度的单位为 m^{-3}。从表达式中可以看到当 $N_W > N_{om}$ 时,光增益函数的梯度由大变小,逐渐趋于平缓。

模型参数的含义和数值见表 3.3[20],利用在 SPICE 中建立的 QW LD 大信号等效电路模型可以对激光器进行直流光输出功率($P-I$)特性、归一化频率响应特性和瞬态特性分析。

表 3.3 模型参数的含义和数值

参 数	含 义	单 位	数 值
α_W	电子电荷和量子阱区体积的乘积	$A \cdot m^3 \cdot s$	9.6×10^{-37}
γ	量子阱区和 SCH 区体积之比		0.1
τ_s	SCH 区载流子渡越时间	ps	6
τ_e	热离子辐射寿命	ps	200
τ_n	双分子复合寿命	ns	0.125
τ_p	光子寿命	ps	1
Γ	光限制因子		0.4
ξ	增益压缩因子	m^3	1.5×10^{-23}
β	自发辐射系数		1×10^{-4}
g_o	微分增益系数	$s^{-1} \cdot m^3$	7.2×10^{-12}
N_{om}	穿通载流子密度	m^{-3}	1×10^{24}

利用电路模型软件(如 SPICE)对量子阱激光器的大信号瞬态特性进行分析,图 3.15 给出了开关延迟特性随脉冲电流幅度(I_p)变化曲线,其中脉冲电流占空比为 50% 以及速率为 200 Mb/s,偏置电流 $I_b = 0$;图 3.16 给出了在注入脉冲电流幅度为 $1.1I_{th}$ 和 $1.5I_{th}$,偏置电流 $I_b = I_{th} \sim 2I_{th}$ 条件下的开关电平比随脉冲电流幅度的变化曲线。从图中可以看到随着 I_p 的增加,开关延迟和开关电平比随之减小,而且随着偏置电流 I_b 的增加,开关电平比亦变得越来越小。因此可以得出一个有用的结论:对于直接调制半导体激光器,要想得到较小的开关延迟和较大的开关电平比,就必须尽可能地增大脉冲电流幅度,但是需要选择合适的偏置电流。

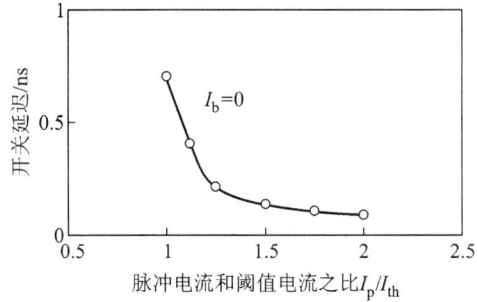

图 3.15 开关延迟特性随脉冲电流幅度变化曲线

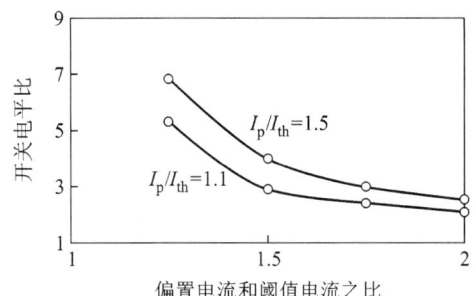

图 3.16 开关电平比随脉冲电流幅度的变化

3.2.2 小信号模型

利用微分方程式(3.53)~式(3.55)的傅里叶变换进行微扰分析[21],假设

$$
\begin{aligned}
I &= I_o + i\mathrm{e}^{j\omega t} \\
N_W &= N_{Wo} + n_w \mathrm{e}^{j\omega t} \\
N_S &= N_{So} + n_s \mathrm{e}^{j\omega t} \\
S &= S_o + s\mathrm{e}^{j\omega t} \\
G &= G_o + g'_o n_w \mathrm{e}^{j\omega t}
\end{aligned}
\qquad (3.65)
$$

3.2 量子阱激光器建模技术

式中，I_o 为激光器注入电流的稳态值，N_{Wo} 为量子阱区载流子密度的稳态值，N_{So} 为 SCH 区载流子密度的稳态值，S_o 为量子阱区光子密度的稳态值，G_o 为光增益函数的稳态值，而 i、n_w、n_s 和 g'_o 分别为相应的小信号数值。

虽然光增益函数是 N_W 的准线性函数，但是仍然可以在稳态情况下进行线性化，这里 g'_o 为稳态情况下光增益函数的微分增益，在 N_W 固定情况下是常数，但是不同的 N_W 下 g'_o 的数值是不同的。

利用稳态情况下的速率方程：

$$\frac{I_o}{\alpha_W} - \frac{N_{So}}{\tau_s} + \frac{N_{Wo}\left(\frac{\alpha_W}{\alpha_S}\right)}{\tau_e} = 0 \tag{3.66}$$

$$\frac{N_{So}\left(\frac{\alpha_S}{\alpha_W}\right)}{\tau_s} - \frac{N_{Wo}}{\tau_n} - \frac{N_{Wo}}{\tau_e} - \frac{G(N_{Wo}, S_o)S_o}{1+\xi S_o} = 0 \tag{3.67}$$

$$\frac{\Gamma G(N_{Wo}, S_o)S_o}{1+\xi S_o} - \frac{S_o}{\tau_p} + \Gamma\beta\frac{N_{Wo}}{\tau_n} = 0 \tag{3.68}$$

可以得到端口电压和电流之间的方程：

$$i = j\omega C_{SCH} u_{SCH} + i'_s \tag{3.69}$$

$$u_j = i_s(R_s + j\omega L_s) \tag{3.70}$$

$$i_s = \frac{\alpha_W G_o s}{(1+\xi S_o)^2} \tag{3.71}$$

$$i'_s = \frac{u_{SCH}}{R_{SCH}} - \frac{\tau_n}{\tau_e} u_j \tag{3.72}$$

$$i'_s = u_j\left(\frac{1}{R_T} + j\omega C_T\right) + i_s \tag{3.73}$$

根据上述方程得到的量子阱激光器小信号等效电路模型如图 3.17 所示，图中各元件数值由下式决定：

$$L_s = \frac{R_D \tau_p (1+\xi S_o)^2}{g'_o S_o \tau_n} \tag{3.74}$$

$$R_s = \frac{\xi S_o L_s}{\tau_p (1+\xi S_o)} \tag{3.75}$$

$$R_T = \frac{R_D}{1 + \frac{g'_o S_o \tau_n}{1+\xi S_o}} \tag{3.76}$$

$$C_T = \frac{\tau_n}{R_D} \tag{3.77}$$

$$R_D = \frac{2\tau_n kT}{q\alpha_W N_{Wo}} \tag{3.78}$$

式中，u_j、u_{SCH} 分别为量子阱区和 SCH 区的小信号结电压。

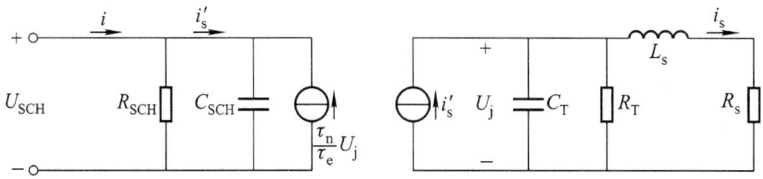

图 3.17 量子阱激光器小信号等效电路模型

利用速率方程的线性化可以直接求得小信号强度调制频率响应特性，具体公式如下[17]：

$$M(\omega) = \frac{1}{1 + j\omega\tau_s} \frac{A}{B - \omega^2 C + j\omega(D + E)} \quad (3.79)$$

式中，A、B、C、D 和 E 的表达是分别为

$$A = \frac{\Gamma g'_o S_o}{\alpha_W} \quad (3.80)$$

$$B = \left(\frac{g'_o S_o}{1 + \xi S_o} + \frac{1}{\tau_n}\right)\frac{\xi S_o}{\tau_p} + \frac{g'_o S_o}{\tau_p(1 + \xi S_o)} \quad (3.81)$$

$$C = \left(1 + \frac{\frac{\tau_s}{\tau_e}}{1 + j\omega\tau_s}\right)(1 + \xi S_o) \quad (3.82)$$

$$D = \left(1 + \frac{\frac{\tau_s}{\tau_e}}{1 + j\omega\tau_s}\right)\frac{\xi S_o}{\tau_p} \quad (3.83)$$

$$E = (1 + \xi S_o)\left(\frac{g'_o S_o}{1 + \xi S_o} + \frac{1}{\tau_n}\right) \quad (3.84)$$

式中，S_o 为稳态光子密度，g'_o 为和稳态载流子密度有关的光微分增益，表达式如下：

$$g'_o = \frac{g_o}{2\sqrt{\frac{N_{Wo}}{10^{24}}}} \quad (3.85)$$

从上述公式可以看到，随着稳态载流子密度的增加，光微分增益 g'_o 随之减少，这和异质结激光器有很大的区别。

图 3.18 给出了直流偏置电流在 $1.1I_{th}$、$1.5I_{th}$ 和 $2.0I_{th}$ 情况下的强度调制频率响应特性模拟结果和速率方程的直接求解结果的比较曲线（g'_o 分别为：2.67×10^{-12}、2.65×10^{-12} 和 2.62×10^{-12}），从图中可以看到测量数据和模拟数据吻合很好，验证了模型的正确性。

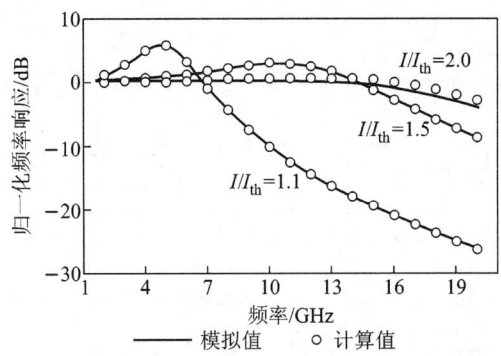

图 3.18 强度调制归一化频率响应特性

3.3 半导体激光器模型参数提取技术

半导体激光器模型参数提取技术主要是指利用测试获得的器件外部特性来获取器件速率方程物理模型参数,器件外部特性如光功率直流输出特性、归一化频率响应特性、电端口反射系数(Reflection Coefficient)以及各种非线性特性。半导体激光器模型参数提取技术主要包括直接提取技术、半分析提取技术和优化提取技术三种,仅仅利用优化提取技术虽然可以很容易获得模型参数,但是获得的器件模型参数往往依赖初始数值的选取,而且不能保证提取的模型参数符合物理意义,因此采用直接提取技术和半分析提取技术是比较好的选择[22-28]。

3.3.1 直接提取技术

直接提取技术是指利用测试获得的外部特性直接获取器件模型参数的方法,无需任何优化过程,因此该方法是参数提取重点研究的对象。

当微波调制信号通过微带线进入半导体激光器时,信号的源阻抗以及芯片和封装引起的寄生参量将会对测量结果产生很大的影响[2-6],因此在建模过程中,除了考虑本征部分以外还需要考虑寄生参量的影响。下面以一个多量子阱半导体激光器为例来描述模型参数的提取过程,该激光器工作在 1 310 nm,常温下阈值电流为 I_{th} = 4.4 mA。

1. 等效电路模型

图 3.19 给出了考虑寄生元件的半导体激光器等效电路模型,图中 C_p 为 PAD 焊盘电容,L_p 为键合引线电感,C_s 和 R_s 分别表示接触电容和电阻,C_{sc} 表示异质结空间电荷区电容,R_{IN} 为源阻抗,L_c 表示源和微带线之间连接线的

等效电感。

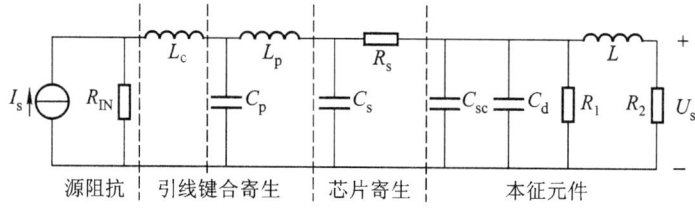

图 3.19 考虑寄生元件的半导体激光器等效电路模型

考虑激光器寄生效应的归一化频率响应表达式为

$$T(\omega) = \frac{H(\omega)}{H(0)} \cdot \frac{F(\omega)}{F(0)} \quad (3.86)$$

式(3.86)中 $H(\omega)$ 为寄生网络的频率响应表达式,具体表达式为

$$H(\omega) = \frac{Z_1 Z_3 Z_5}{Z_2 Z_4 R_s} \quad (3.87)$$

式(3.87)中的各个阻抗表达式为

$$Z_1 = \frac{R_s}{1 + j\omega R_s C_s} \quad (3.88)$$

$$Z_2 = j\omega L_p + Z_1 \quad (3.89)$$

$$Z_3 = \frac{Z_2}{1 + j\omega Z_2 C_p} \quad (3.90)$$

$$Z_4 = j\omega L_c + Z_3 \quad (3.91)$$

$$Z_5 = \frac{Z_4 R_{IN}}{Z_4 + R_{IN}} \quad (3.92)$$

式(3.86)中 $F(\omega)$ 为寄生网络的频率响应表达式,具体公式为

$$F(\omega) = \frac{R_1}{R_1 + R_2 - \omega^2 L R_1 C_t + j\omega(L + R_1 R_2 C_t)} \quad (3.93)$$

式中

$$C_t = C_{sc} + C_d$$

式(3.93)中 $H(0)$ 和 $F(0)$ 分别为直流情况下的寄生网络和本征网络的传递函数,它们分别为

$$H(0) = \frac{R_s}{R_s + R_{IN}} \quad (3.94)$$

$$F(0) = \frac{R_1}{R_1 + R_2} \quad (3.95)$$

根据上述公式和各种外部特性的特点,利用直接提取技术的参数获取步骤具体如下:首先利用微波反射系数测量提取 PAD 电容、串联电感和芯片寄生

元件，接着消去寄生网络（Extrinsic Network）的影响并计算本征网络（Intrinsic Network）的频率响应，利用多偏置情况下的本征网络的频率响应曲线来获取速率方程的模型参数。

2. 寄生网络模型参数提取

很显然源阻抗 R_{IN} 通常取为 50 Ω，L_c 可以利用 S 参数直接测得，剩下的寄生参数 C_p，L_p，R_s 和 C_s 可以由阈值以上和零偏情况下的微波反射系数计算得到。图 3.20 给出了半导体激光器测试结构示意图，为了和测试探针相匹配，需要制作和微波测试探针相匹配的焊盘。

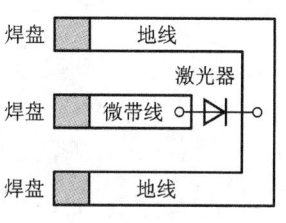

图 3.20 半导体激光器测试结构示意图

当偏置电流在阈值以上时（亦即 $I \gg I_{th}$），异质结电容具有很小的阻抗以及动态电阻会将其近似短路，激光器本征部分可以看做短路状态。值得注意的是上述描述仅仅适合量子阱和普通异质结半导体激光器，不适合垂直腔面半导体激光器。这样半导体激光器电端口的导纳参数（Admittance Parameter）可以近似为

$$Y_{11} = \frac{1 + j\omega R_s C_s}{R_s(1 - \omega^2 C_s L_p) + j\omega L_p} + j\omega C_p \tag{3.96}$$

利用在低频情况下电感和电容可以忽略的假设，由上述公式可以直接提取寄生电阻 R_s：

$$R_s = \frac{1}{\text{Re}(Y_{11}^A)}\bigg|_{\omega \to 0} \tag{3.97}$$

当 R_s 确定后，寄生电感和电容 L_p 和 C_p 可以直接由高频情况下的导纳 Y 参数获得：

$$L_p = \frac{1}{\omega}\sqrt{\frac{R_s}{\text{Re}(Y_{11}^A)} - R_s^2} \tag{3.98}$$

$$C_p = \frac{\text{Im}(Y_{11}^A)}{\omega} + \frac{L_p}{\omega^2 L_p^2 + R_s^2} \tag{3.99}$$

在零偏置情况下，半导体激光器本征网络可以由零偏异质结电容 C_{sco} 描述（近似开路），利用相应的电端口 Y 参数可以获得寄生电容 C_s 和 C_{sco}：

$$C_{sco} = \frac{1}{\omega}\sqrt{\frac{\text{Re}(Y_{11}^o)}{R_s[1 - R_s \text{Re}(Y_{11}^o)]}} \tag{3.100}$$

$$C_s = \frac{1}{\omega}\text{Im}\left(Y_{11}^o - \frac{j\omega C_{sco}}{1 + j\omega R_s C_{sco}}\right) \tag{3.101}$$

上述公式中 Y_{11}^A 和 Y_{11}^o 分别为阈值以上和零偏置情况下的激光器电端口 Y 参

数。图 3.21~图 3.25 给出了寄生元件的提取结果,值得注意的是 R_s 需要在低频情况下提取,而其他寄生元件则需要在高频情况下获得。从图中可以看到,提取的元件数值随频率变化很小,说明数据符合物理意义。表 3.4 总结了提取的寄生网络元件数值。

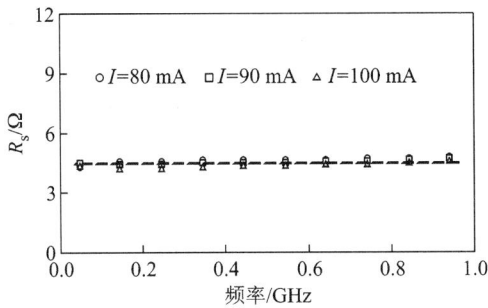

图 3.21　阈值以上偏置情况下寄生电阻 R_s 提取结果($I \gg I_{th}$)

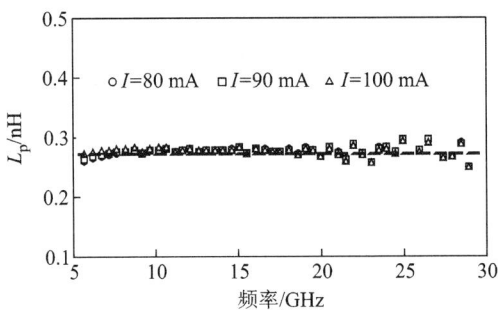

图 3.22　阈值以上偏置情况下引线电感 L_p 提取结果($I \gg I_{th}$)

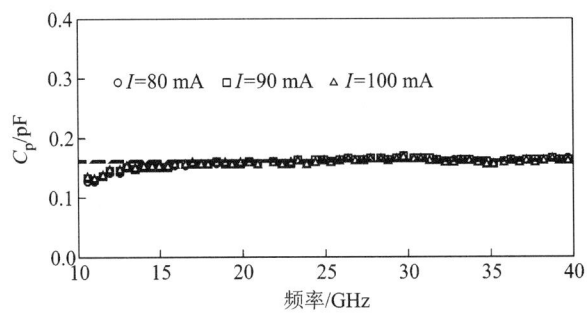

图 3.23　阈值以上偏置情况下焊盘电容 C_p 提取结果($I \gg I_{th}$)

3.3 半导体激光器模型参数提取技术

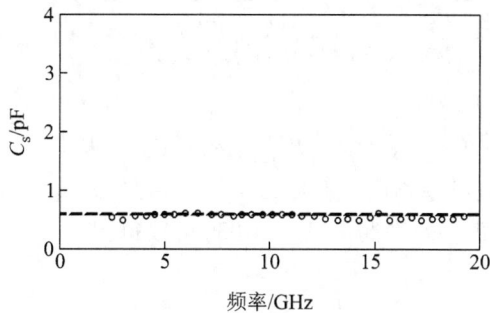

图 3.24 零偏情况下接触电容 C_s 提取结果

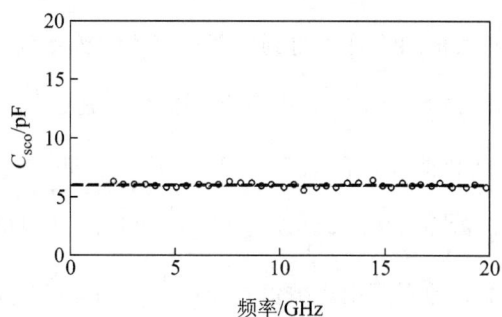

图 3.25 零偏情况下本征电容 C_{sco} 提取结果

表 3.4 寄生网络元件数值

参　数	数　值	参　数	数　值
R_s/Ω	4	C_s/pF	0.65
C_p/pF	0.15	C_{sco}/pF	6.5
L_p/nH	0.28		

3. 速率方程模型参数提取

在提取了寄生网络的所有元件以后,将其影响从正常偏置下的归一化频率响应中消去寄生网络的影响,就可以开始提取速率方程的模型参数了。半导体激光器的速率方程模型参数共有八个($\alpha,\beta,\Gamma,\tau_n,\tau_p,g_o,N_{om}$ 和 ξ),其中 α 为电子电荷和有源区体积的乘积,因此可以直接根据有源区物理尺寸计算得到,而光限制因子 Γ 可以根据器件的物理结构计算获得[26],因此下面主要讨论其他六个模型参数的提取过程。

首先观察本征元件之间的关系(R_2/R_1 和 R_1C_d)[29]:

$$\frac{R_2}{R_1} = \sqrt{\left(\frac{1}{G^2} - \frac{\omega^2}{G_p^2 \omega_p^2}\right)\frac{\omega_p^2}{\omega_p^2 - \omega^2} + \frac{\omega^2}{\omega_p^2}} - 1 \qquad (3.102)$$

$$R_1 C_d = \frac{R_1}{2R_2}\left(\frac{1}{\omega_p}\sqrt{\frac{1}{G_p^2} - \left(\frac{R_2}{R_1}\right)^2} - \frac{1}{\omega_p}\sqrt{\frac{1}{G_p^2} - \left(\frac{R_2}{R_1}\right)^2 - 4\frac{R_1}{R_2 \omega_p^2}}\right) \qquad (3.103)$$

式中，G 表示归一化频率响应的幅度，G_p 为张弛振荡频率 ω_p 下的频率响应幅度。将式(3.18)~式(3.23)带入式(3.103)可以得到

$$\frac{1}{R_1 C_d} = \frac{1}{\tau_n} + \omega_p^2 \tau_p \qquad (3.104)$$

这样光子密度 τ_p 和载流子密度 τ_n 就可以由 $\frac{1}{R_1 C_d}$ 和 ω_p^2 之间的关系得到，其中 $4\pi^2 \tau_p$ 可以由直线的斜率计算得到，而从直线的截距可以得到 $\frac{1}{\tau_n}$。

图 3.26 给出了三个不同偏置状态下(注入电流分别为 25 mA, 35 mA, 45 mA) $\frac{R_2}{R_1}$ 随频率的变化曲线，而图 3.27 给出了 $\frac{1}{R_1 C_d}$ 随 $\frac{\omega_p^2}{4\pi^2}$ 变化曲线，从图中可以直接获得 $\tau_n = 0.84$ ns 和 $\tau_p = 6.0$ ps。值得注意的是测量较低偏置状态下的数据是非常重要的，原因是由于数值较小的 $\frac{\omega_p^2}{4\pi^2}$ 有助于改善提取光子密度 τ_p 和载流子密度 τ_n 的精度。

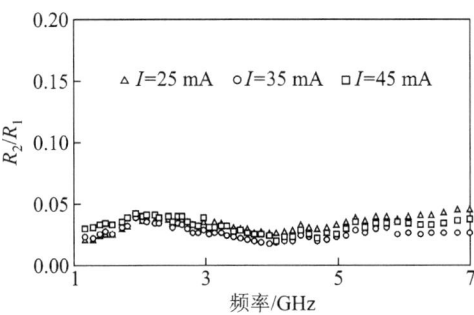

图 3.26 $\frac{R_2}{R_1}$ 随频率变化曲线

根据小信号等效电路模型可以写出张弛振荡频率的公式：

$$f_p = \frac{1}{2\pi}\frac{1}{\sqrt{(C_d + C_{sc})L}} \approx \frac{1}{2\pi}\sqrt{\frac{\Gamma g_o}{\alpha}(I - I_{th})} \qquad (3.105)$$

根据上述公式可以直接获得光增益因子 g_o：

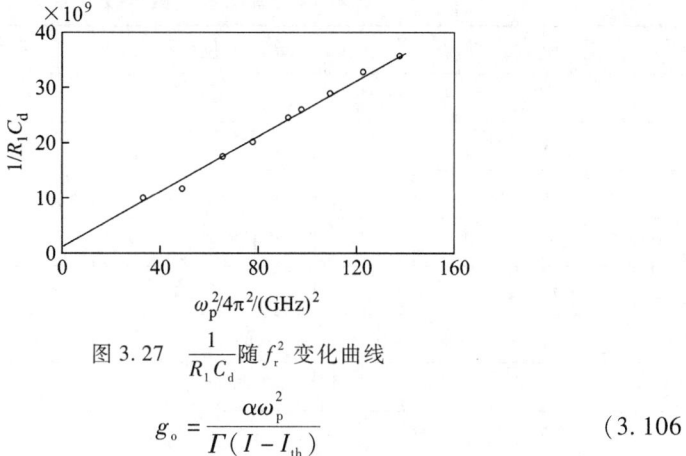

图 3.27 $\dfrac{1}{R_1 C_d}$ 随 f_r^2 变化曲线

$$g_o = \frac{\alpha \omega_p^2}{\Gamma(I - I_{th})} \tag{3.106}$$

根据阈值电流的表达式(3.24)可以直接确定透明载流子密度 N_{om}

$$N_{om} = \frac{I_{th}\tau_n}{\alpha} - \frac{1}{\Gamma g_o \tau_p} \tag{3.107}$$

增益压缩因子可以由本征元件 R_2 确定

$$\xi = \frac{g_o \tau_n R_2}{R_d} \tag{3.108}$$

自发辐射系数 β 的计算公式为

$$\beta = \left(R_2 - \frac{\xi R_d}{g_o \tau_n}\right) \frac{\alpha \tau_n \omega_r^4 \tau_p}{\Gamma g_o I_{th} R_d} \tag{3.109}$$

表 3.5 和表 3.6 给出了本征参数和速率方程模型参数的提取结果,从表中可以知道,随着直流偏置电流的增加,本征电阻和电感快速下降,而异质结电容基本保持不变,这和计算公式十分一致。

表 3.5 本征参数提取结果

偏置电流 I/mA	R_1/Ω	R_2/mΩ	C_d/pF	L/pH
15	1.5	50	71	10
20	1.366	47	71	7
25	0.826	25	71	5.4
30	0.713	20	71	4.3
35	0.587	17	71	3.8
40	0.553	17	71	3.4
45	0.496	17	71	3
50	0.437	16	71	2.6
55	0.401	16	71	2.4

表 3.6 速率方程模型参数

参　数	单　位	数　值
α	$A \cdot m^3 \cdot s$	2.624×10^{-36}
β		4.0×10^{-3}
Γ		0.075
ξ	m^3	5.5×10^{-24}
τ_n	ns	0.85
τ_p	ps	6.0
g_o	$m^3 \cdot s^{-1}$	4.7×10^{-12}
N_{om}	m^{-3}	0.95×10^{24}

图 3.28 给出了电端口反射系数模拟和测量结果比较曲线,其中图(a)为阈值以上的情况,图(b)为零偏置的情况。从图中可以看出当偏置电流在阈值以上时,电端口反射系数从短路点开始按顺时针方向旋转,而在零偏置情况下电端口反射系数从开路点开始按顺时针方向旋转,频率从 1 GHz 到 40 GHz。图 3.29 给出了归一化频率响应曲线模拟和测量比较曲线,图 3.30 给出了张弛振荡频率随偏置电流变化曲线,从图上可以看出,测量数据和模拟数据吻合很好。

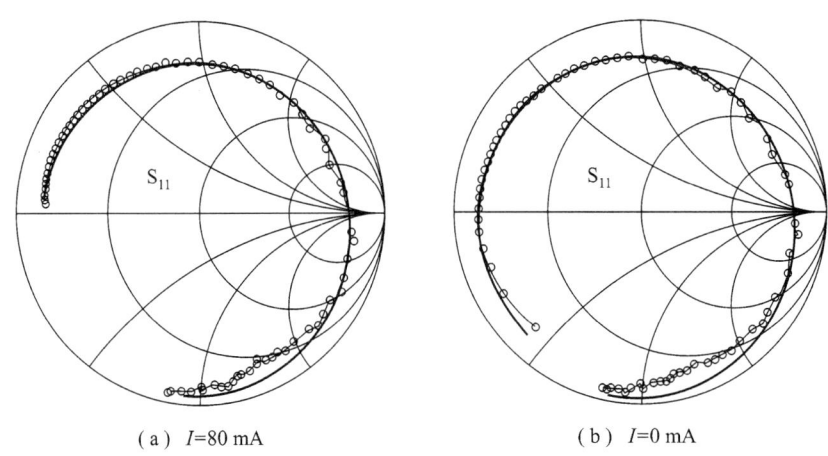

(a) $I=80$ mA　　　　　(b) $I=0$ mA

图 3.28　电端口反射系数模拟和测量结果比较曲线

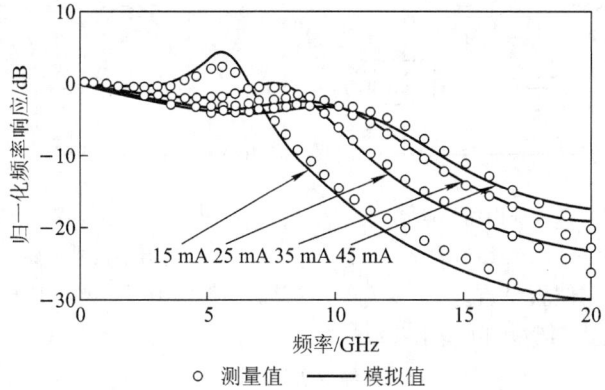

图 3.29 归一化频率响应曲线模拟和测量比较曲线

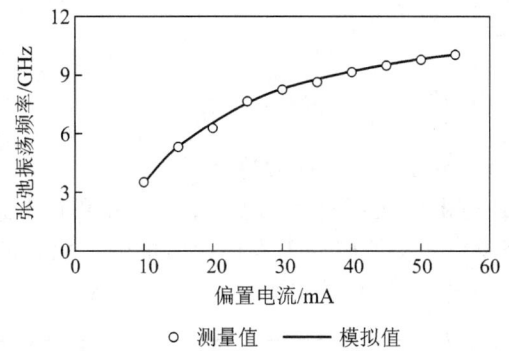

图 3.30 张弛振荡频率随偏置电流的变化曲线

3.3.2 半分析提取技术

半分析提取技术是指利用直接提取技术和优化提取技术相结合的方法,通常用于无法利用直接提取技术提取全部参数的情况首先将部分参数提取出来,而无法提取的参数需要利用优化提取技术获得,下面介绍该方法在半导体激光器参数提取中的应用。

1. 初始值估计

值得注意的是在直接提取技术中,基于了一个重要的假设——在阈值以上偏置情况下,半导体激光器本征部分可以看做一个近似短路的网络,实际上只有在偏置电流很大的情况下,本征部分才满足上述假设,当偏置电流不够大时需要考虑本征部分网络的影响[30]。图 3.31 给出了考虑本征网络影响的激光器小信号电路模型,其中 Z_{in} 表示本征网络的阻抗,零偏置情况下的激光器小信号电路模型如图 3.32 所示。

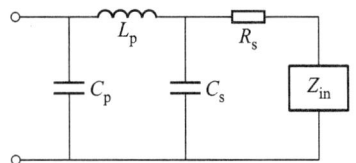 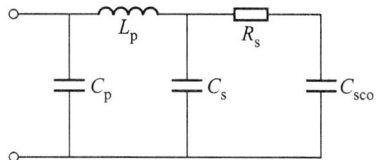

图 3.31 考虑本征网络影响的 　　　图 3.32 零偏置情况下的激光
激光器小信号电路模型 　　　　　　器小信号电路模型

在阈值以上偏置情况下 ($I \gg I_{th}$)，本征网络的阻抗主要由其实部决定，因此电端口导纳 Y 参数可以表示为

$$Y_{11}^A = \frac{1 + j\omega R_s' C_s}{R_s'(1 - \omega^2 C_s L_p) + j\omega L_p} + j\omega C_p \tag{3.110}$$

式中，R_s' 为寄生电阻 R_s 和 $\mathrm{Re}(Z_{in})$ 之和，可以由电端口在低频情况下的导纳 Y 参数的倒数获得：

$$R_s' = R_s + \mathrm{Re}(Z_{in}) = \frac{1}{\mathrm{Re}(Y_{11}^A)}\bigg|_{\omega \to 0} \tag{3.111}$$

式中，A 代表阈值以上偏置情况，ω 为角频率。

图 3.33 给出了电阻 R_s' 随频率变化曲线，从图中可以看到，随着偏置电流的增加，R_s' 随之下降，主要原因在于本征网络的输入阻抗的下降，因此很难从 R_s' 的曲线中将寄生电阻 R_s 区分出来。

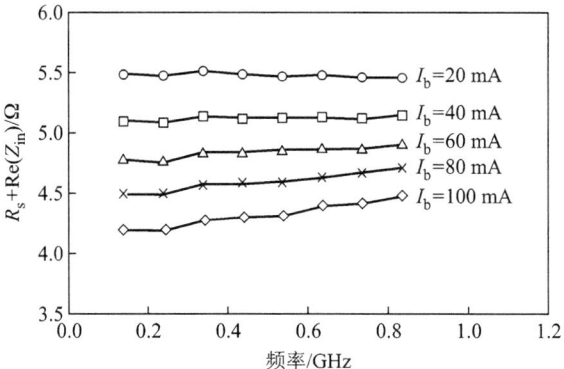

图 3.33 电阻 R_s' 随频率变化曲线

将式 (3.110) 代入式 (3.111)，并且忽略频率的高阶小项，可以得到 L_p 和 C_p 的近似表达式：

$$L_p \approx \frac{1}{\omega}\sqrt{\frac{R_s'}{\mathrm{Re}(Y_{11}^A)} - R_s'^2} \tag{3.112}$$

$$C_p \approx \frac{\text{Im}(Y_{11}^A)}{\omega} + \frac{L_p}{\omega^2 L_p^2 + R_s'^2} \tag{3.113}$$

图 3.34 给出了寄生引线电感 L_p 和 PAD 电容 C_p 的提取结果,从图中可以看到,随着偏置电流的增加,提取结果和最佳数据越来越接近,也就是说当偏置电流无穷大的时候,将会得到准确的模型参数,但是在实际测量过程中很难做到这一点。

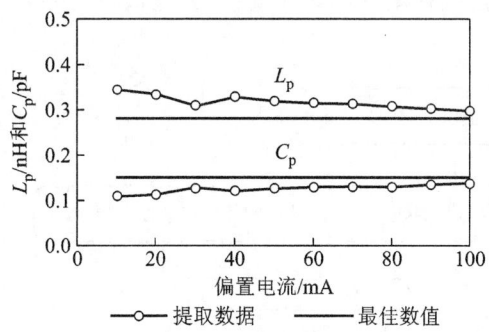

图 3.34 寄生引线电感 L_p 和 PAD 电容 C_p 的提取结果

在消去 L_p 和 C_p 的影响之后,接触电阻 R_s 和电容寄生电容 C_s 可以由零偏置情况下的电端口 Y 参数 Y_{11}^o 获得:

$$R_s = \frac{[\omega C_{\text{sum}} - \text{Im}(Y_{11}^o)]^2}{\text{Re}(Y_{11}^o)\{\text{Re}(Y_{11}^o)^2 + [\omega C_{\text{sum}} - \text{Im}(Y_{11}^o)]^2\}} \tag{3.114}$$

$$C_s = C_{\text{sum}} - \frac{\text{Re}(Y_{11}^o)^2 + [\omega C_{\text{sum}} - \text{Im}(Y_{11}^o)]^2}{\omega[\omega C_{\text{sum}} - \text{Im}(Y_{11}^o)]} \tag{3.115}$$

式中,C_{sum} 为电容 C_{sco} 和 C_s 之和,可以由零偏置情况下的低频 Y 参数获得:

$$C_{\text{sum}} = C_s + C_{\text{sco}} = \left.\frac{\text{Im}(Y_{11}^o)}{\omega}\right|_{\omega \to 0} \tag{3.116}$$

2. 优化算法

上一节获得的参数大部分依靠估计得来,因此需要进一步优化程序来获得精确的数据,优化程序的初始数据由上一节获得的参数确定,目标为测量获得的 S 参数,具体步骤如下:

(1) 测量阈值以上电端口微波反射系数。
(2) 提取寄生引线电感 L_p 和 PAD 电容 C_p。
(3) 测量零偏置下电端口微波反射系数。
(4) 计算接触电阻和电容初始数值。
(5) 计算误差判据 ε:

$$\varepsilon = \frac{1}{N-1} \sum_{i=0}^{N-1} \left| S_{11}^{m} - S_{11}^{c} \right|^{2} \tag{3.117}$$

式中的上标 c 表示计算得到的 S 参数，m 表示测量得到的 S 参数，$i = 0, \cdots, N-1$ 为取样点数。

（6）如果误差判据 ε 小于规定的误差，迭代结束，否则微调 L_p 和 C_p 数值，返回第三步重新迭代。

相应的优化算法流程图如图 3.35 所示，微波反射系数测量结构示意图如图 3.36 所示。

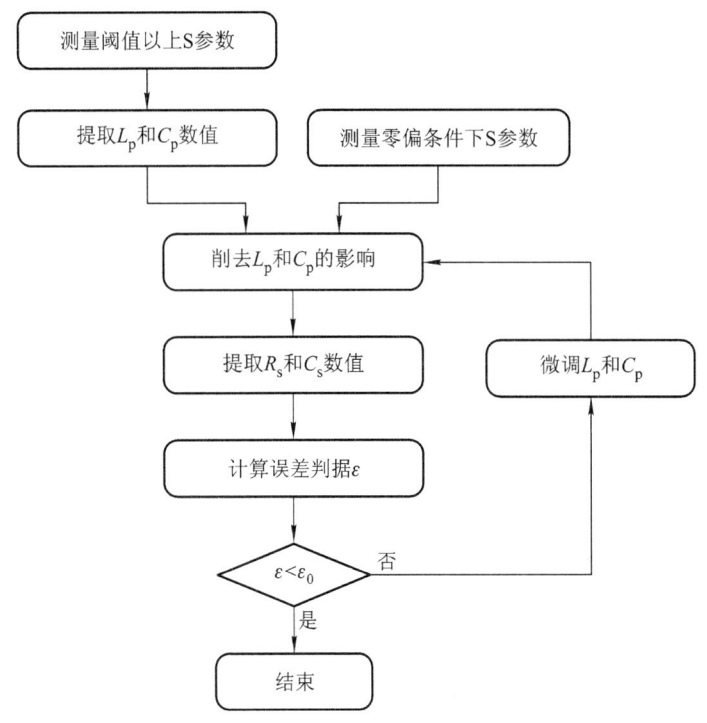

图 3.35　优化算法流程图

图 3.37 给出了寄生 R_s 随频率的变化曲线，从图中可以看到，在整个频段上提取的数值都很平坦，而直接提取技术只能在低频情况下获得准确的数据。图 3.38 给出了电容 C_{sco} 和 C_s 随频率变化曲线，同样提取的数据在整个频段上数据起伏很小（基本上可以忽略），说明参数提取符合物理意义。图 3.39 给出了在零偏置情况下模拟和测量微波反射系数比较曲线，频率范围为 1 ~ 40 GHz，从图中可以看出，模拟结果和测量结果吻合很好，验证了上述算法的正确性。

3.3 半导体激光器模型参数提取技术

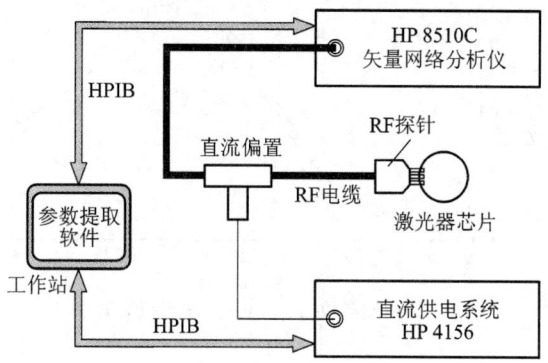

图 3.36 微波反射系数测量结构示意图

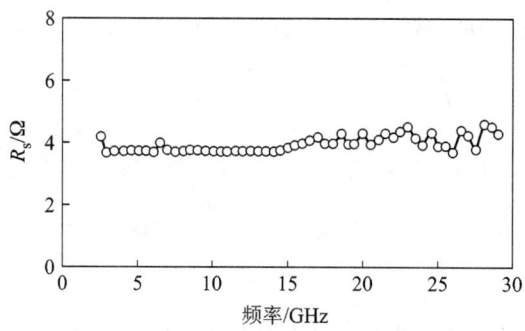

图 3.37 提取的 R_s 随频率变化曲线

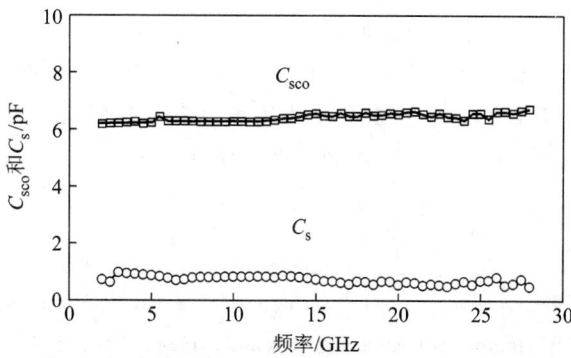

图 3.38 提取的 C_{sco} 和 C_s 随频率变化曲线

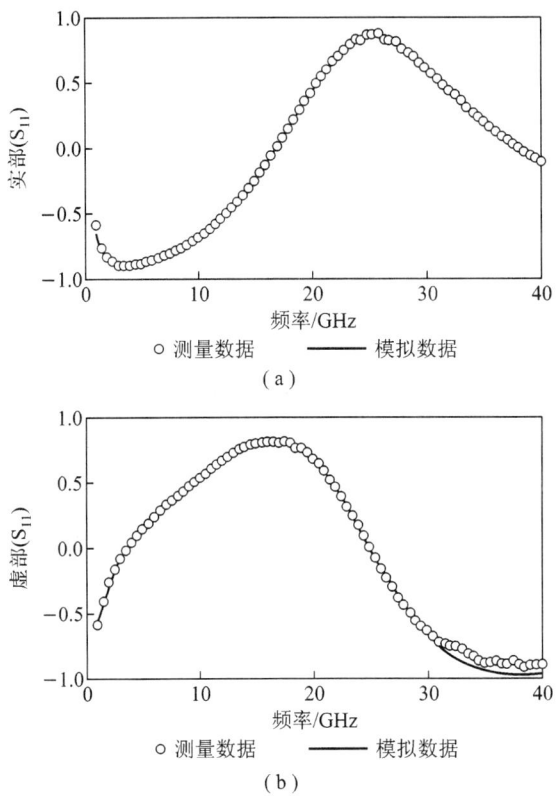

图 3.39 模拟和测量激光器电端口微波反射系数比较曲线

本章小结

本章主要介绍半导体激光器的建模技术和参数提取技术两大方面,涉及普通异质结半导体激光器和量子阱半导体激光器,建模技术包括小信号、大信号和噪声模型,参数提取技术包括寄生元件和速率方程模型参数提取技术的介绍,本章既可以独立成章,也可以和前面一章连成一体。

参考文献

[1] Katz J, Margalit S, Harder C, et al. The intrinsic electrical equivalent circuit of a laser diode[J]. IEEE Journal of Quantum Electronics, 1981, 17(1): 4-7.

[2] Tuker R S. Large – signal circuit model for simulation of injection laser modulation dynamics[J]. IEE Pro., 1981, 128(5): 180-184.

[3] Tuker R S, Kaminow I P. High – frequency characteristics of directly modulated InGaAsP

ridge waveguide and buried heterostructure lasers[J]. Journal of Lightwave Technology, 1984, 2(4): 385-393.

[4] Tuker R S. Circuit model for double – heterojunction laser below threshold[J]. IEE Pro., 1981, 128(3): 101-106.

[5] Tuker R S, Pope D J. Microwave circuit models of semiconductor injection lasers[J]. IEEE Trans. Microwave Theory Techniques, 1983, 31(3): 289-294.

[6] Way W I. Large signal nonlinear distortion prediction for a single – mode laser diode under microwave intensity modulation[J]. Journal of Lightwave Technology, 1987, 5(3): 385-393.

[7] 高建军, 高葆新, 梁春广. 大功率半导体激光器等效电路模型研究[C]//1997 全国微波会议论文集. 青岛: 中国电子学会微波分会, 1997: 488-491.

[8] 高建军, 梁成. 受相干反射波影响的单模半导体激光器非线性失真特性预测[J]. 固体电子学研究与进展, 1997, 17(1): 21-25.

[9] Harder C, Katz J, Margalit S, et al. Noise equivalent circuit of a semiconductor laser diode[J]. IEEE Journal of Quantum Electronics, 1982, 18(3): 333-337.

[10] 高建军, 高葆新, 梁春广. 单模半导体激光器噪声特性预测[J]. 电子科学学刊, 1998(5): 676-681.

[11] Andrekson P A, Abdersson P, Alping A, et al. In situ characterization of laser diodes from wide band electrical noise measurements[J]. Journal of Lightwave Technology, 1986, 4(7): 804-811.

[12] Orsal B, Signoret P, Peransin J M, et al. Correlation between electrical and optical photocurrent noises in semiconductor laser diode[J]. IEEE Trans. Electronic Device, 1994, 41(11): 2151-2160.

[13] Bich – Ha T T, Mollier J. Noise equivalent circuit of a two – mode semiconductor laser with the contribution of both the linear and the nonlinear gain[J]. IEEE J. Select. Topics Quantum Electron, 1997, 3(4): 304-308.

[14] Mortazy E, Ahmadi V, Moravvej – Farshi M K. An Integrated Equivalent Circuit Model for Relative Intensity Noise and Frequency Noise Spectrum of a Multimode Semiconductor Laser[J]. IEEE J. Quantum Electron, 2002, 38(10): 1366-1371.

[15] Gao D S, Kang S M, Bryan R P, et al. Modeling of quantum – well lasers for computer – aided analysis of optoelectronic integrated circuits[J]. IEEE J. Quantum Electron, 1990, 26(7): 1206-1215.

[16] Tsou B P C, Pulfrey D L. A versatile SPICE model for quantum – well lasers[J]. IEEE J. Quantum Electron, 1997, 33(2): 246-254.

[17] Nagarajan R, Ishikawa M, Fukushima T, et al. High speed quantum – well lasers and carrier transport effects[J]. IEEE J. Quantum Electron, 1992, 28(10): 1990-2007.

[18] Ahn D, Chuang S L. Optical gain and gain suppression of quantum – well lasers with

valence band mixing[J]. IEEE J. Quantum Electron, 1990, 26(1): 13-22.

[19] Lu M F, Deng J D, Juang C, et al. Equivalent circuit model of quantum – well lasers [J]. IEEE Journal of Quantum Electronics, 1995, 31(8): 1418-1421.

[20] Gao J, Gao B, Liang C. Large signal model of quantum – well lasers for spice[J]. Microwave and Optical Technology Letters, 2003, 39(4): 295-298.

[21] Gao J, Gao B, Liang C. A small – signal equivalent circuit model of quantum – well lasers based on three – level rate equations[J]. Microwave and optical Technology Letters, 2001, 30(4): 270-271.

[22] Cartledge J C, Srinivasan R C. Extraction of DFB laser rate equation parameters for system simulation purposes[J]. J. Lightwave Technol., 1997, 15(5): 852-860.

[23] Bruensteiner M, George C Papen. Extraction of VCSEL Rate – Equation Parameters for Low – Bias System Simulation[J]. IEEE J. Selected Quqntum Electronics, 1999, 15(3): 487-494.

[24] Majewski M L, Novak D. Method for characterization of intrinsic and extrinsic components of semiconductor laser diode circuit model[J]. IEEE Microwave Guided Wave Letter, 1991, 1(9): 246-248.

[25] Lee J, Nam S, Lee S H, et al. A complete small – signal equivalent circuit model of cooled Butterfly – Type 2.5 Gbps DFB laser modules and its application to improve high frequency characteristics [J]. IEEE Trans. Advanced Packaging, 2002, 25(4): 543-548.

[26] Shimizu J, Yamada H, Murata S, et al. Optical – confinement – factor dependencies of the K factor, differential gain, and nonlinear gain coefficient for 1.55 μm InGaAs/InGaAsP MQW and strained – MQW lasers[J]. IEEE Photo Technology Letter, 1991, 3(9): 773-776.

[27] Gao J, Gao B, Liang C. An Approach to Determining Parasitic Elements for Laser Diodes[J]. Microwave and Optical Technology Letters. 2002, 34(3): 191-193.

[28] Minoglou K, Kyriakis – Bitzaros E D, Syvridis D, et al. A compact nonlinear equivalent circuit model and parameter extraction method for packaged high – speed VCSELs [J]. IEEE Journal of Lightwave Technology, 2004, 22(12): 2823-2827.

[29] Gao J, Li X, Flucke J, et al. Direct Parameter – Extraction method for Laser Diode Rate Equation Model[J]. IEEE/OSA Journal of Lightwave Technique, 2004, 22(6): 1604-1609.

[30] Gao J, Li X. A Semianalytical Method to Determine Parasitic Elements of Quantum – Well Laser [J]. IEEE/OSA Journal of Lightwave Technique, 2007, 25(10): 3078-3081.

第四章 高速半导体光电探测器建模技术

光发射机(Optical Transmitter)发射出来的高速调制信号,经过光纤传递以后需要将衰减的光信号接收下来重新放大再进行传输或者进行后续处理。通常将光信号转换为电信号的器件称之为光电探测器,它也是光接收机(Optical Receiver)前端的主要部件[1-6]。由于光信号在光纤传递过程中会产生损耗和失真,因此对高速光电探测器有以下几点基本要求:

(1) 较高的响应度。
(2) 较高的量子效率。
(3) 较高的灵敏度。
(4) 较低的附加噪声。
(5) 响应速度快或者有足够的带宽。
(6) 低成本和高可靠性。

开展光电探测器建模和测试技术研究将会对光电集成电路计算机辅助设计提供有益的帮助[7-10],本章主要介绍常用的高速半导体光电探测器的工作原理和特性,先进的建模技术(包括物理基建模技术和经验基建模技术)以及相应的参数提取技术,为后续高速光接收集成电路的设计提供理论依据。

4.1 光电探测器的基本工作原理

图 4.1 给出了光电探测器的基本工作原理示意图,其中图 4.1(a)给出了光电探测器在光电集成电路中的功能,而图 4.1(b)给出了相应的物理机理。从图中可以看到,当光信号入射到半导体 PN 结时,处于价带的电子由于吸收光子的能量而跃迁到导带,从而产生电子-空穴对形成光生电流 I_p,值得注意的是仅且仅当注入光功率大于半导体带隙能量 E_g 时,才会产生光生电流,也就是说

$$\frac{hc}{\lambda} \geqslant E_g \tag{4.1}$$

式中,h 为普朗克常数($=6.63\times10^{-34}$ J·s),c 为光速,λ 为光波长,根据上述公式,则入射光波的最大截止波长(Cutoff Wavelength)为

$$\lambda_{\max}=\frac{hc}{E_g} \quad (4.2)$$

表 4.1 给出常用的光电探测器半导体材料的带隙能量[6],并给出了它们的波长使用范围,从表中可以看到 Si(硅)材料的带隙能量为 1.1 eV(电子伏特),其相应的截止波长为 1.13 μm,因此硅材料仅仅适合制作短波长(波长小于 1.31 μm)光电探测器,而 Ge(锗)和 InGaAs(铟镓砷)适合于制作长波长光电探测器(波长为 1.31 μm 和 1.55 μm)。

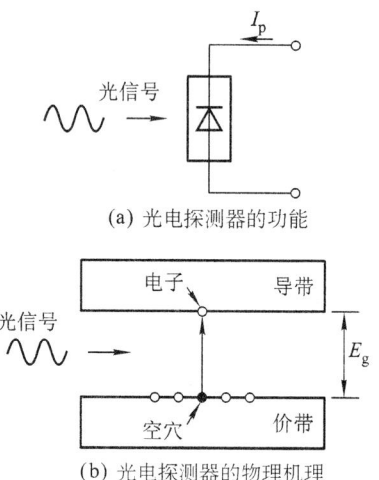

图 4.1 光电探测器基本工作原理

表 4.1 常用的光电探测器半导体材料的带隙能量(常温 300 K)

材 料	带隙能量/eV	短波长 <1.31 μm	长波长 1.31~1.55 μm
GaAs	1.43	√	×
InP	1.35	√	×
GaAs$_{0.88}$Sb$_{0.12}$	1.15	√	×
In$_{0.14}$GaAs$_{0.86}$	1.15	√	×
Si	1.14	√	×
In$_{0.53}$GaAs$_{0.47}$	0.75	√	√
GaSb	0.73	√	√
Ge	0.67	√	√
InAs	0.35	√	√

图 4.2 给出了 PN 结光生电流的形成机理[图(a)]和相应的静态特性曲线[图(b)],值得注意的是,只有在耗尽区被吸收的光产生的电子-空穴对才会在较强的电场作用下快速漂移到 P 区或者 N 区而形成与入射光强度成正比的光生电流,因此光电探测器需要工作在反向偏置状态下。从图 4.2(b)可以看到,在光照情况下光电探测器的光生电流与 PN 结电流相比发生了明显的

偏移。

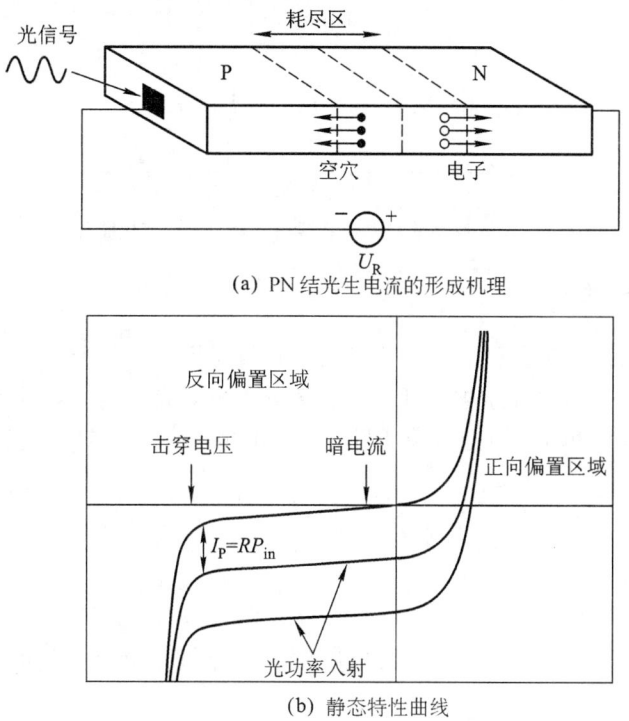

(a) PN 结光生电流的形成机理

(b) 静态特性曲线

图 4.2 PN 结光生电流的形成机理和相应的静态特性曲线

4.2　光电探测器的基本特性

光电探测器的基本特性主要包括响应度、量子效率、吸收系数、暗电流、带宽以及噪声等。下面分别讨论上述几个基本特性的定义和计算公式。

4.2.1　响应度

响应度(Responsivity)表征了光电探测器的入射光功率和光生电流之间的转换能力，具体定义为光生电流 I_p 与相应入射光功率 P_{in} 的比值：

$$R = \frac{I_p}{P_{in}} \tag{4.3}$$

其单位为 A/W(安培/瓦特)，图 4.3 给出了响应度随入射光波长变化的典型曲线，从图中可以看到，对于不同的入射光波长，响应度通常会有一个最佳区域，当入射光波长达到最大截止波长 λ_{max} 时，响应度快速下降变为零。

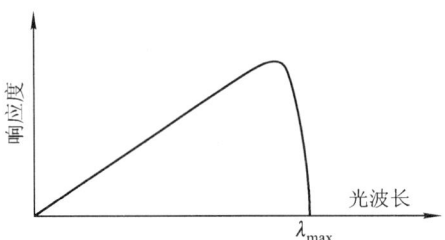

图4.3 典型的光电探测器随入射光波长变化曲线

4.2.2 量子效率

在理想情况下,每注入一个光子就会在耗尽区产生一个电子-空穴对,但是在实际情况下有些光子被损耗,只有部分光子对光生电流有贡献。因此量子效率(Quantum Effciency)定义为耗尽区产生的电子-空穴对的数目和入射光子数目的比值:

$$\eta = \frac{\dfrac{I_p}{q}}{\dfrac{P_{in}}{h\nu}} \tag{4.4}$$

将式(4.4)带入式(4.3),可以得到响应度和量子效率之间的关系:

$$R = \frac{\eta q}{h\nu} \approx \frac{\eta \lambda}{1.24} \tag{4.5}$$

式中,ν为光频率。

4.2.3 吸收系数

图4.4给出了PN结耗尽区内的光功率分布曲线,从图中可以看到光功率分布呈现指数衰减,当穿过宽度为W的耗尽区之后,光功率P_{in}变为$P_{in}e^{-\alpha W}$,这样在耗尽区内被吸收的光功率P_a为

$$P_a = P_{in}(1 - e^{-\alpha W}) \tag{4.6}$$

相应的功率转换效率亦即吸收系数(Absorption Coefficient)可以表示为

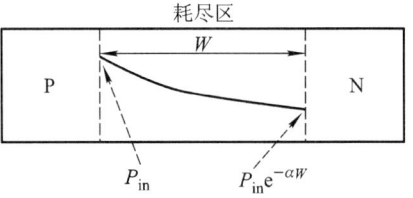

图4.4 光功率分布曲线

$$\eta = \frac{P_a}{P_{in}} = 1 - e^{-\alpha W} \tag{4.7}$$

4.2.4 暗电流和击穿电压

在没有入射光功率的情况下,光探测器的静态$I-U$特性和普通二极管没

有什么不同,即在正向偏置区域电流呈现指数上升,在反向偏置区域近似为一个很小的反向饱和电流

$$I_D = I_S \left[\exp\left(\frac{qU}{nkT}\right) - 1 \right] \quad (4.8)$$

式中,I_D 为光电探测器的暗电流(Dark Current),I_S 为反向饱和电流,n 为理想因子,k 为玻耳兹曼常数,T 为绝对温度。

当光电探测器反向偏置且有入射光功率时,总的电流可以表示为

$$I_T = I_S \left[\exp\left(\frac{qU}{nkT}\right) - 1 \right] - I_p \quad (4.9)$$

图4.2(b)给出了光电探测器电流随偏置电压的变化曲线,从图中可以看到光电探测器电流的幅度数值随着入射光功率的增加而线性增加。值得注意的是,当反向偏置电压达到某一数值的时候,光电探测器电流会突然很快地增加,这时的偏置电压称为击穿电压,这也是光电探测器的最大偏置电压。

4.2.5 上升时间和带宽

入射光脉冲响应的上升时间和带宽是表征光电探测器速度的两个重要指标,光脉冲响应的上升时间 t_r 是指输出脉冲幅度由10%达到90%所需要的时间(如图4.5所示),可以近似表示为[1]

$$t_r \approx 2.2\tau_D \quad (4.10)$$

式中,τ_D 为光生载流子渡越耗尽区所需要的时间,这个渡越时间由载流子漂移速率和耗尽区宽度所决定。值得注意的是只有对于全耗尽的光电探测器来说,上升时间 t_r 和下降时间 t_f 是相同的。

光电探测器的带宽定义为

$$\Delta f = \frac{1}{2\pi\tau_D} \quad (4.11a)$$

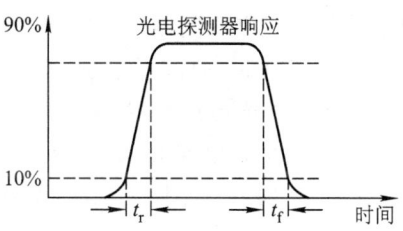

图 4.5 光电探测器的入射光脉冲响应曲线

4.2.6 噪声

光电探测器的噪声主要包括暗电流散弹噪声和光生电流散弹噪声:

$$<i_d^2> = 2qI_D\Delta f \quad (4.11b)$$

$$<i_p^2> = 2qI_p\Delta f \quad (4.12)$$

$$<i_t> = \sqrt{2q(I_D + I_p)\Delta f} \quad (4.13)$$

式中,$<i_d^2>$ 为暗电流散弹噪声,$<i_p^2>$ 为光生电流散弹噪声,$<i_t>$ 为光电探测器总输出噪声均方值。

4.3 光电探测器建模技术

上一节介绍了光电探测器的基本特性,本节主要介绍常用的光电探测器的建模技术和相应的参数提取技术。目前光电探测器建模技术通常采用物理基模型、半物理半经验模型和经验模型三种建模技术[11-21],图4.6给出了光电探测器建模技术采用的三种技术路线(图中①、②和③)。采用物理基模型的优势在于能准确描述器件的物理过程,而且模型的精度高,但是求解器件物理方程需要用到特殊的数值计算,计算时间长,且不能和电路模拟软件相兼容。而经验模型通过研究器件外部端口特性,建立合适的尽量能反映器件内部机理的模型,该模型虽然很容易和电路模拟软件相兼容,但是精度要低于物理基模型。而通过把上述两种建模技术相结合的半物理半经验模型,既可以反映器件的物理机制,又可以保证较高的精度,是常用的高速半导体光电探测器的建模方法。

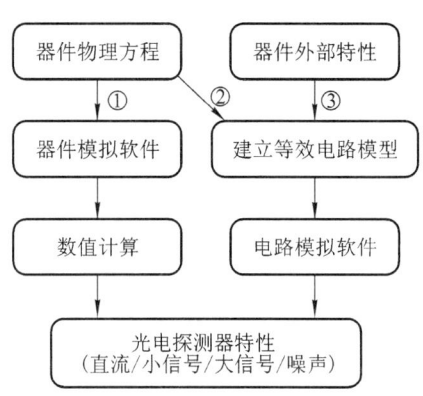

图4.6 光电探测器微波建模原理

目前流行的高速光电探测器主要有以下三种:
(1) PIN 光电探测器。
(2) 雪崩光电探测器(APD)。
(3) 金属-半导体-金属(MSM)光电探测器。

针对不同高速半导体光电探测器的特点,下面分别介绍上述三种器件的工作原理和建模技术。

4.3.1 PIN 光电探测器等效电路模型

由 PN 结构成的光电探测器是最为简单的探测器,但是由于带宽很小,主要应用于低速光电转换。其主要原因是 P 区光生电子在漂移到 N 区之前首先需要扩散到耗尽区的边界,同样 N 区光生空穴在漂移到 P 区之前也需要扩散到耗尽区的边界,这个过程相当缓慢,会引起光电探测器脉冲响应发生畸变。通过减小 P 区和 N 区宽度以及增加耗尽区宽度,使得大部分光功率为耗尽区所吸收可以解决上述问题。

PIN 光电探测器(PIN PD)是一个很好的解决方案,通过在高掺杂的 P 区和 N 区之间插入一层本征半导体材料(I 区)来增加耗尽区宽度,由于 I 区的电阻率很高,因此外加电压基本全部降落在本征区。当光子能量大于半导体禁带宽度的光入射到器件表面时,将产生电子-空穴对(Electron-Hole Pairs),在外加电场作用下形成光生电流。为了进一步消除扩散电流的影响,提高响应速度,可以采用双异质结的结构使得光吸收仅仅发生在本征区。

图4.7(a)给出了一个InP/InGaAs双异质结PIN光电探测器物理结构示意图,其中P区和N区由InP制成,而本征区由InGaAs构成,这样对于1.31~1.55 μm的入射光功率,P区和N区吸收率为零,可以全部被InGaAs本征区吸收,因此采用双异质结构可以消除扩散电流的影响。图4.7(b)给出了相应的电场分布曲线[11]。

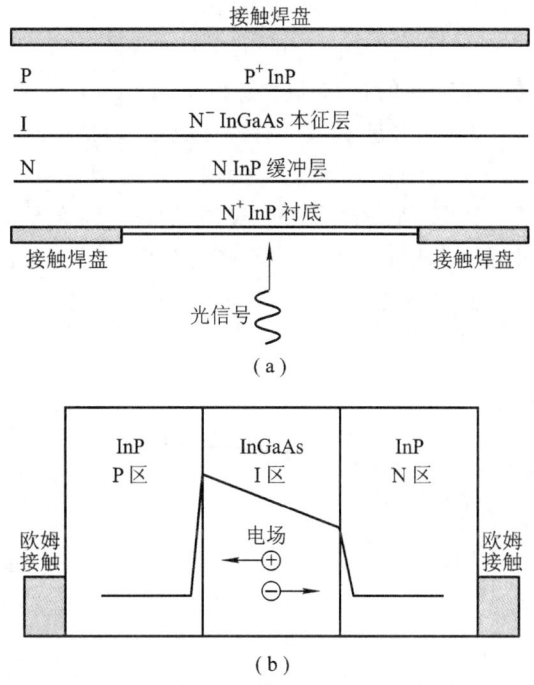

图4.7 InP/InGaAs双异质结PIN光电探测器
物理结构和电场分布

PIN光电探测器光生电流可以通过求解有源区速率方程获得,利用泊松方程、电流连续方程和电流密度方程得到的描述有源层载流子和入射光功率之间转换的速率方程为[9]

$$\frac{dN}{dt} = -\frac{N}{\tau_n} + \eta_o \frac{P_{in}}{h\nu} - \frac{N}{\tau_{nr}} \tag{4.14}$$

$$\frac{dP}{dt} = -\frac{P}{\tau_p} + \eta_o \frac{P_{in}}{h\nu} - \frac{P}{\tau_{pr}} \tag{4.15}$$

式中，N 和 P 分别为有源层的电子和空穴数目；P_{in} 为入射光功率（Incident Optical Power）；ν 为光频率；η_o 为量子效率：$\eta_o = (1-r)(1-e^{-\alpha_o W})$，$r$ 为空气与器件界面的反射损耗系数，α_o 为与光波长有关的光吸收系数，W 为耗尽层宽度；τ_n 和 τ_p 分别为 I 区电子和空穴的漂移时间，τ_{nr} 和 τ_{pr} 分别为 I 区电子和空穴复合寿命。τ_n 和 τ_p 的定义分别为 $\tau_n = W/v_n$，$\tau_p = W/v_p$，v_n 和 v_p 分别为电子、空穴的漂移速率，由于电场的作用两种载流子分别向相反的方向运动，在达到了热平衡的条件下，可以用下面的经验公式计算电子和空穴的漂移速率（Drift Velocity）[11]

$$v_n(E) = \frac{\mu_n E + \beta v_{nl} E^n}{1 + \beta E^n} \tag{4.16}$$

$$v_p(E) = v_{pl} \tanh(\mu_p E / v_{pl}) \tag{4.17}$$

式中，μ_n、μ_p 为电子和空穴的迁移率，v_{nl} 和 v_{pl} 分别为电子和空穴在高电场强度情况下的速率，β 和 n 为经验参数。有源区电场 E 强度的定义为：$E = (U - U_{bi})/W$，这里是 U 为反向偏置电压，U_{bi} 为内建电动势。对于 III-V 族半导体材料，当 E 小于某一阈值时，电子和空穴的漂移速率随 E 的变化起伏很大；而当 E 大于某一阈值时，电子和空穴的漂移速率基本不再改变，均趋于饱和速率约为 5×10^6 cm/s，图 4.8 给出了电子和空穴的漂移速率随有源区电场强度的变化曲线。

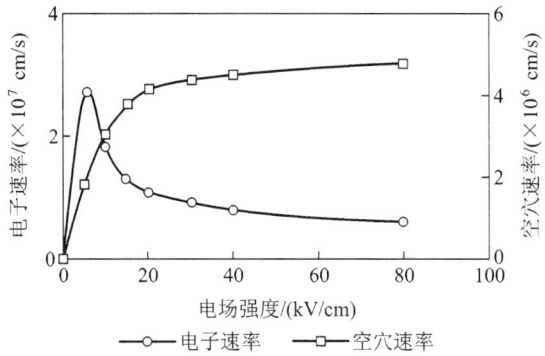

图 4.8　InGaAs 电子空穴速率随电场强度变化曲线

光生电流可以由下式获得：

$$I_p = I_D + \frac{q}{W}(Nv_n + Pv_p) \tag{4.18}$$

式中，I_D 为 PIN 光电探测器的暗电流。

将式(4.14)～式(4.15)代入式(4.18)，可以很方便地得到光生电流 I_p 和入射光功率 P_{in} 的直接关系式：

$$I_p = g_m P_{in} + I_D \tag{4.19}$$

其中

$$g_m = \frac{q\eta_o}{h\nu}\left(\frac{v_n}{W}\frac{1}{j\omega+\frac{1}{\tau'_n}} + \frac{v_p}{W}\frac{1}{j\omega+\frac{1}{\tau'_p}}\right)$$

$$\tau'_n = \frac{\tau_n \tau_{nr}}{\tau_n + \tau_{nr}}$$

$$\tau'_p = \frac{\tau_p \tau_{pr}}{\tau_p + \tau_{pr}}$$

这样将光生电流的求解可以看做一个具有负数跨导的压控电流源，由于类似 SPICE 的电路模拟软件中不含有该形式的压控电流源，因此可以利用一个无噪声二端口网络元件来进行等效，假设端口特性导纳为 Y_o，相应的散射参数 (Scattering Parameter) 为[12]

$$S = \begin{bmatrix} 1 & 0 \\ \dfrac{2g_m}{Y_o} & 1 \end{bmatrix} \tag{4.20}$$

PIN 光电探测器的噪声电流主要由光生电流和暗电流产生的散弹噪声 $<i_n^2>$ 和寄生电阻 R_s 产生的热噪声组成 $<I_{R_s}^2>$：

$$<i_n^2> = 2q(I_p + I_D)\Delta f \tag{4.21}$$

$$<i_{R_s}^2> = \frac{4KT}{R_s}\Delta f \tag{4.22}$$

由于 SPICE 电路模拟软件中电阻隐含有热噪声，因此仅需建立散弹噪声源模型即可。等效电路宏模型如图 4.9 所示，其原理是利用 $R_T = 16.85\ \mathrm{k\Omega}$ 的标准电阻产生的热噪声 $<i_{R_T}^2>$ 为基准 (电流谱密度为 $1\ \mathrm{pA}/\sqrt{\mathrm{Hz}}$)，借助受控源的形式来实现散弹噪声源，流控电流源系数 F_{in} 由下式决定：

$$F_{in} = \frac{\sqrt{2qI_p\Delta f}}{\dfrac{1\mathrm{pA}}{\sqrt{\mathrm{Hz}}}} \tag{4.23}$$

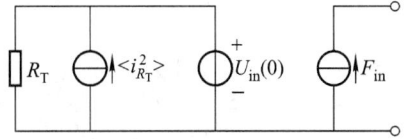

图 4.9 散弹噪声源等效电路宏模型

通过光生电流的求解和等效以及噪声电流在模型中的实现，可以得到 PIN 光电探测器的信号噪声一体化等效电路模型如图 4.10 所示。其中 R_s 和 C_s 分别为引线电阻和寄生电容，C_j 为 PIN 光电探测器的结电容，可以简单地用下式表示：$C_j = \xi A/W$。其中 ξ 为介电常数，A 为结面积，$<I_n^2>$ 为散弹噪声电流。

从图 4.10 中可以看到，该模型既反映了器件的物理特性和端口特性，又包含了器件的各种噪声源，因此和电路模拟程序相结合可以进行信号噪声特性

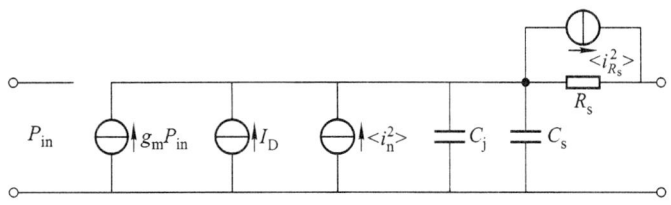

图 4.10 PIN 光电探测器的等效电路模型

分析,并可用于光接收机计算机辅助设计。下面利用上述等效电路模型对 PIN 光电探测器进行光脉冲响应特性、非线性谐波特性以及噪声特性进行分析,所利用的 PIN 光电二极管物理参数及电参数如表 4.2 所示。

表 4.2 PIN 光电探测器参数表

模型参数	数值	模型参数	数值
有源层厚度 W	1 μm	光波波长 λ	1.3 μm
器件直径 D	20 μm	入射光功率 P_o	0 dBm
串联电阻 R_s	30 Ω	信号频率 f	5 GHz
寄生电容 C_p	0.2 pF	调制系数 m	0.5
偏置电压 U	3 V	负载电阻 R_L	50 Ω
光吸收系数 α_o	1 μm^{-1}	反射损耗系数 r	0

其入射光功率为

$$P_{in} = P_o [1 + m\sin(2\pi f)] \tag{4.24}$$

当入射光功率 $P_o = 0$ dBm,负载电阻 $R_L = 50$ Ω 时,得到的输出电流信号和输入光功率曲线如图 4.11 所示,其中虚线为电流输出曲线,实线为输入光功率。其输出电流基波幅度为 0.77 mA,利用量子效率公式可知,器件的量子

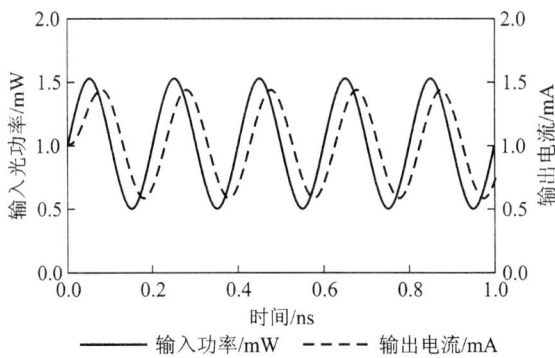

图 4.11 PIN 光电探测器输出电流信号和
输入光功率对比曲线

效率为73%，和文献给出的数据基本一致。

PIN 光电探测器在微波及更高频段工作条件下会产生非线性现象，即有高次谐波和互调产物出现，从而使器件的光频动态范围变小，基波输出功率降低，影响系统的信噪比，因此准确预测高速光电二极管的非线性响应将对系统设计提供帮助。表 4.3 给出了 PIN 光电探测器输出电流基波、二次谐波和三次谐波随入射光功率变化的电路模拟数据及文献给出的数值计算数据，数据对比表明，电路模拟结果和数值计算结果吻合很好，在高次谐波和低输入光功率时的数据误差主要来自于 PIN 光电探测器有源区宽度的估算造成的模型参数精度的下降。经过研究表明，三次谐波和多信道下的三阶交调项具有相同的数量级，因此可选取三次谐波来替代器件的三阶交调失真。

表 4.3 输出电流谐波模拟结果

输入光功率/dBm		0	−2.5	−5	−7.5	−10
基波功率	电路模拟	−24.5	−29.0	−35.0	−40.0	−44.54
	数值计算	−26.0	−32.0	−37.0	−42.0	−47.0
二次谐波功率	电路模拟	−61.0	−66.0	−72.0	−76.0	−81.0
	数值计算	−64.0	−78.0	−92.0	<−100.0	<−100.0
三次谐波功率	电路模拟	−64.0	−69.0	−75.0	−80.0	−84.0
	数值计算	−77.0	−100.0	<−100.0	<−100.0	<−100.0

由于该模型中包含了噪声模型，因此可以同时进行信号-噪声分析，假设光生电流为 1 μA，图 4.12 给出了 PIN 光电探测器等效输入噪声谱密度曲线。对于 2.5 Gb/s 光接收机（等效噪声带宽 1.7 GHz）来说，该 PIN 光电探测器对总等效输入噪声谱密度的贡献小于 1 pA/$\sqrt{Hz}$，与晶体管（双极晶体管和场效应晶体管）和跨阻的噪声贡献相比是很小的。

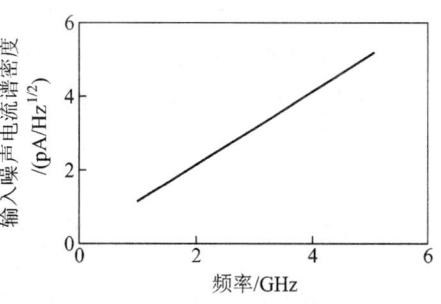

图 4.12 PIN 光电探测器等效输入噪声谱密度曲线

4.3.2 雪崩光电探测器等效电路模型

对雪崩光电探测器（Avalanche Photodiode，APD）等效电路模型的研究有很多文献[22-33]，下面首先介绍其工作机理，然后介绍其建模原理。

从 PIN 光电探测器的工作原理可以知道，一个光子最多产生一个电子－空穴对，充其量其量子效率最大为 100%，因此 PIN 光电探测器是一个无增益器件。为了获得更高的响应度，就必须使光生载流子的数目增加。通常的做法是让光生载流子穿过一个具有非常高的电场强度的高场区，在这里光生载流子可以获得更高的能量，高速碰撞在价带的电子后产生新的电子－空穴对，新的电子－空穴对又可以在电场加速情况下导致更多的碰撞电离，这就是所谓的雪崩效应。

图 4.13 给出了一个典型的 PIN 结构的雪崩光电探测器（PIN－APD）的物理结构和电场分布[5]，与 PIN 光电探测器不同的是，P 区和 N 区都进行了重掺杂，并在 I 区和 N 区之间引入一层 P 区作为碰撞电离区。光子由 P+ 区进入，并在本征区被吸收并产生电子－空穴对，其中电子通过本征区漂移到 PN+ 结，PN+ 结区的高电场使得电子产生雪崩倍增。

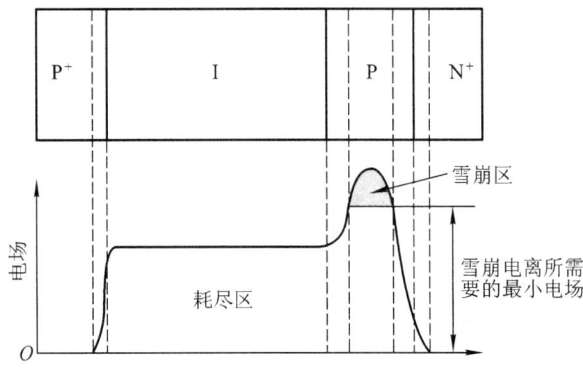

图 4.13　APD 光电探测器物理结构和电场分布

图 4.14 给出了碰撞电离区空穴和电子分布示意图，从图中可以看到坐标轴的方向是电子移动的方向，根据电流连续性方程[22]

$$\frac{1}{v_n}\frac{\partial I_n}{\partial t} + \frac{\partial I_n}{\partial x} = \alpha I_n + \beta I_p \tag{4.25}$$

$$\frac{1}{v_p}\frac{\partial I_p}{\partial t} - \frac{\partial I_p}{\partial x} = \alpha I_n + \beta I_p \tag{4.26}$$

式中，α 和 β 分别为电子和空穴的电离速率，I_n 和 I_p 分别为电子和空穴的电流，v_n 和 v_p 分别为电子和空穴的漂移速率。

在直流情况下，电子和空穴电流对时间的偏导数为零，即

$$\frac{1}{v_n}\frac{\partial I_n}{\partial t} = 0 \tag{4.27}$$

$$\frac{1}{v_p}\frac{\partial I_p}{\partial t} = 0 \tag{4.28}$$

将式（4.27）和式（4.28）代入式（4.25）和式（4.26），可以得到

4.3 光电探测器建模技术

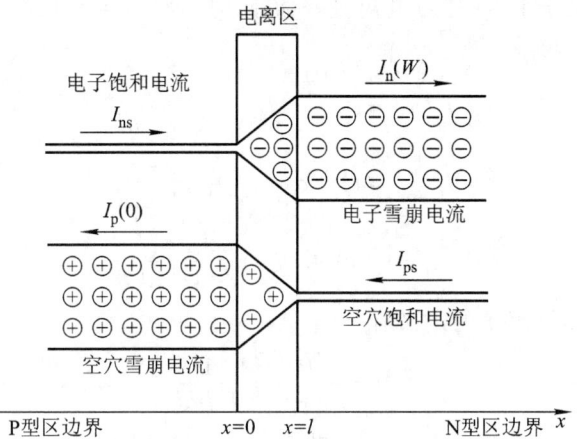

图 4.14 碰撞电离区空穴和电子分布图

$$\frac{\partial I_n}{\mathrm{d}x} - \alpha I_n - \beta I_p = 0 \tag{4.29}$$

$$-\frac{\partial I_p}{\mathrm{d}x} - \alpha I_n - \beta I_p = 0 \tag{4.30}$$

根据直流情况下的边界条件

$$I_n(0) = I_{ns} \tag{4.31}$$

$$I_p(W) = I_{ps} \tag{4.32}$$

可以得到直流情况下的电子和空穴的雪崩电流

$$I_n(x) = I_{ns} + (\alpha I_{ns} + \beta I_{ps}) \frac{\mathrm{e}^{(\alpha-\beta)x} - 1}{\alpha - \beta \mathrm{e}^{(\alpha-\beta)l}} \tag{4.33}$$

$$I_p(x) = I_{ps} + (\alpha I_{ns} + \beta I_{ps}) \frac{\mathrm{e}^{(\alpha-\beta)l} - \mathrm{e}^{(\alpha-\beta)x}}{\alpha - \beta \mathrm{e}^{(\alpha-\beta)l}} \tag{4.34}$$

式中，I_{ns} 为由电离区 P 边界进入电离区的电子饱和电流，I_{ps} 为由电离区 N 边界进入电离区的空穴饱和电流。

这样总的雪崩电流为

$$\begin{aligned} I_t &= I_n(x) + I_p(x) \\ &= I_{ns} + I_{ps} + (\alpha I_{ns} + \beta I_{ps}) \frac{\mathrm{e}^{(\alpha-\beta)l} - 1}{\alpha - \beta \mathrm{e}^{(\alpha-\beta)l}} \end{aligned} \tag{4.35}$$

根据雪崩倍增因子的定义，可以由上述公式计算得到相应的雪崩倍增因子计算公式

$$M = \frac{I_t}{I_{ns} + I_{ps}} = 1 + \frac{\alpha I_{ns} + \beta I_{ps}}{I_{ns} + I_{ps}} \cdot \frac{\mathrm{e}^{(\alpha-\beta)l} - 1}{\alpha - \beta \mathrm{e}^{(\alpha-\beta)l}} \tag{4.36}$$

值得注意的是上面的公式仅仅适用于电子和空穴的电离速率不同的情况，

即 $\alpha \neq \beta$。当电子和空穴的电离速率相同时，将 $\alpha = \beta$ 代入式(4.29)和式(4.30)，可以得到

$$I_n(x) = I_{ns} + \alpha(I_{ns} + I_{ps})\frac{x}{1-\alpha l} \tag{4.37}$$

$$I_p(x) = I_{ps} + \alpha(I_{ns} + I_{ps})\frac{l-x}{1-\alpha l} \tag{4.38}$$

$$I_t = I_n(x) + I_p(x) = \frac{I_{ns} + I_{ps}}{1-\alpha l}$$

根据雪崩倍增因子的定义有

$$M = \frac{I_t}{I_{ns} + I_{ps}} = \frac{1}{1-\alpha l} \tag{4.39}$$

将式(4.36)和式(4.39)合并，可以得到下面的公式

$$M = \frac{I_t}{I_{ns} + I_{ps}} = \begin{cases} 1 + \dfrac{\alpha I_{ns} + \beta I_{ps}}{I_{ns} + I_{ps}} \cdot \dfrac{e^{(\alpha-\beta)l} - 1}{\alpha - \beta e^{(\alpha-\beta)l}} & \alpha \neq \beta \\ \dfrac{1}{1-\alpha l} & \alpha = \beta \end{cases} \tag{4.40}$$

值得注意的是上述公式都基于一个重要的假设：$\alpha \geq \beta$。图 4.15 给出了雪崩倍增因子 M 随雪崩电离区宽度的变化曲线，从图中可以看到：

(1) 当 $\alpha = \beta$ 时，在 $l = \dfrac{1}{\alpha}$ 情况下，雪崩倍增因子 M 趋于无穷大。

(2) 当 $\alpha \neq \beta$ 时，在 $l = \dfrac{1}{\alpha - \beta}\ln\left(\dfrac{\alpha}{\beta}\right)$ 情况下雪崩倍增因子 M 趋于无穷大。

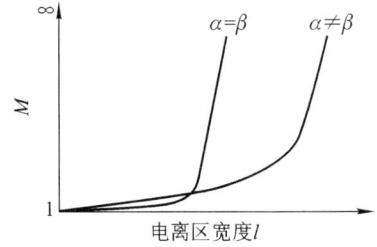

图 4.15 雪崩倍增因子 M 随雪崩电离区宽度的变化曲线

表 4.4 对 PIN 光电探测器和 APD 的响应度进行了比较，从表中可以看到，由于雪崩倍增效应，APD 光电探测器的响应度大大提高了。

表 4.4 PIN 光电探测器和 APD 比较

参数	符号	单位	器件	Si	Ge	InGaAs
波长	λ	μm	PIN/APD	0.4~1.1	0.8~1.8	1.0~1.7
响应度	R	A/W	PIN	0.4~0.6	0.5~0.7	0.6~0.9
			APD	80~130	3~30	5~20

与 PIN 光电探测器相比，APD 的噪声电流表达式要相对复杂，需要引入雪崩倍增因子 M 和附加噪声因子(Excess Noise Figure, ENF) $F(M)$，光生电流

和暗电流产生的散弹噪声 $<i_n^2>$ 表达式为

$$<i_n^2> = 2q(I_p + I_D)M^2 F(M) \Delta f \tag{4.41}$$

值得注意的是雪崩倍增因子 M 是一个统计平均值,而附加噪声因子 $F(M)$ 则是雪崩倍增因子 M 的函数(如图 4.16 所示),同时也与空穴和电子的电离速率的比值相关,具体表达式为[23]

$$F(M) = kM + \left(1 - \frac{1}{M}\right)(1 - k) \tag{4.42}$$

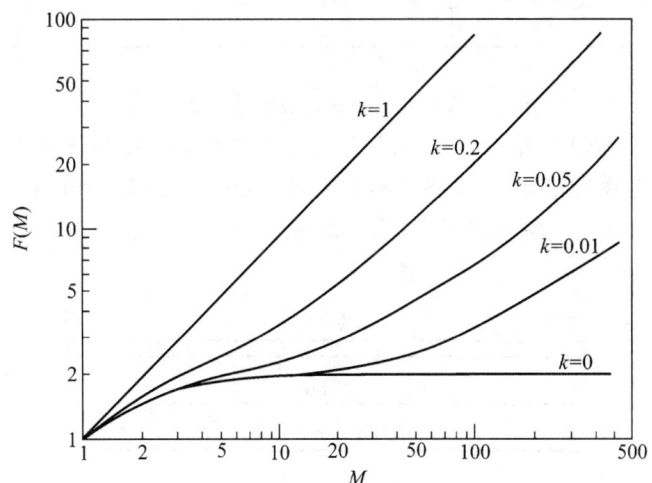

图 4.16　附加噪声因子 $F(M)$ 随雪崩倍增因子 M 的变化曲线

这里 k 为空穴和电子的电离速率的比值,具体表达式为

$$k = \begin{cases} \dfrac{\alpha_e}{\alpha_h} & \alpha_e \leqslant \alpha_h \\ \dfrac{\alpha_h}{\alpha_e} & \alpha_e \geqslant \alpha_h \end{cases} \tag{4.43}$$

式中,α_e 和 α_h 分别为空穴和电子的电离速率。

对于雪崩光电探测器来说,尽量减小 k 的数值可以保持较低的噪声性能,对于 $k = 0$ 的情况下,附加噪声因子 $F(M)$ 几乎为常数 2。

附加噪声因子 $F(M)$ 也可以采用下面简便的计算公式:

$$F(M) = M^x \tag{4.44}$$

表 4.5 给出了 Si、Ge 和 InGaAs 材料的典型 k 值和相应的 x 值。

表 4.5　Si、Ge 和 InGaAs 材料的典型 k 值和 x 值

材　料	k	x
Si	0.02 ~ 0.04	0.3 ~ 0.5
Ge	0.7 ~ 1.0	1.0
InGaAs	0.3 ~ 0.5	0.5 ~ 0.8

图 4.17 给出了基于上述分析的 APD 等效电路模型，APD 光电探测器等效电路模型和 PIN 基本一致[19-21]，值得注意的是噪声源和增益的表达式更加复杂，而寄生网络元件则需要根据器件的结构来具体分析。

$<i_{R_s}^2>$
L_p
R_s
P_{in}
$g_m P_{in}$
I_D
$<i_n^2>$
C_j
C_s
C_p

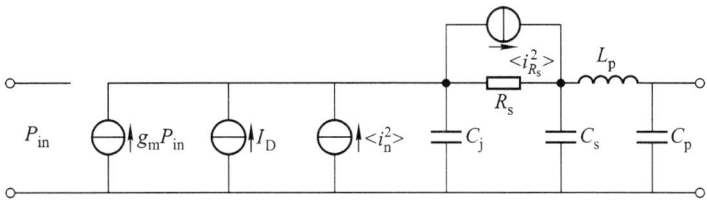

图 4.17　APD 等效电路模型

为了改善 APD 的噪声和带宽性能，可以将本征区和电场分离区域的材料分开，形成吸收和倍增分离（Separate - Absorption - and - Multiplication，SAM）雪崩光电探测器，其物理结构示意图如图 4.18，相应的一维物理分析模型如图 4.19 所示。

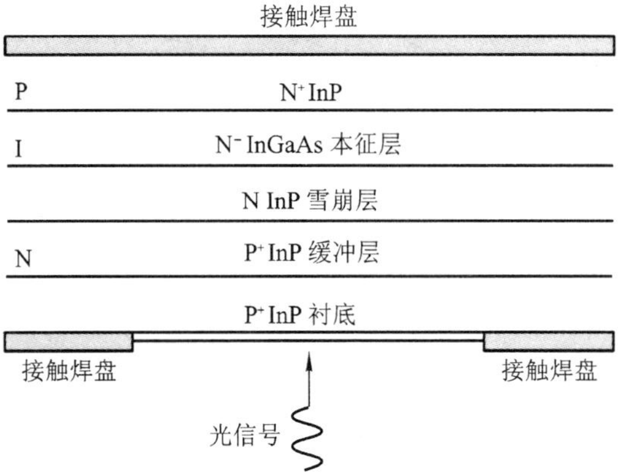

接触焊盘
P
N⁺InP
I
N⁻InGaAs 本征层
N InP 雪崩层
N
P⁺InP 缓冲层
P⁺InP 衬底
接触焊盘
接触焊盘
光信号

图 4.18　SAM APD 物理结构示意图

P^+
ΔW_m
N^+
电子
空穴
$h\nu$
本征区
雪崩区
W_a
W_m

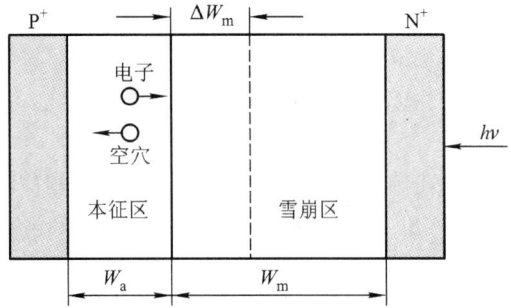

图 4.19　SAM APD 一维物理分析模型

4.3 光电探测器建模技术

从图 4.19 中可以看到,本征区宽度为 w_a,雪崩倍增区宽度为 w_m,假设雪崩产生的电子和空穴均在雪崩倍增区内、离本征区宽度为 Δw_m 的平面内,当本征区和雪崩倍增区完全耗尽时,其耗尽区等效宽度为 $w_d = w_a + w_m$。

光生电流可以由下式获得(不考虑暗电流情况下)

$$I_p = \frac{q}{W_d}[N(t)v_n + P(t)v_p + N_s(t)v_n + P_s(t)v_p] \quad (4.45)$$

式中,$N(t)$ 和 $P(t)$ 分别为耗尽层的初级电子和空穴数目,$N_s(t)$ 和 $P_s(t)$ 分别为有源层的二级电子和空穴数目(雪崩效应产生的电子和空穴),注入光信号在负载电阻 R_L 上产生的频域响应为[26]

$$i_s(\omega) = \frac{q}{W_d} \frac{[N(\omega)v_n + P(\omega)v_p + N_s(\omega)v_n + P_s(\omega)v_p]}{1 - \omega^2 LC + j\omega C(R_s + R_L)} \quad (4.46)$$

式中,R_s 为寄生电阻,R_L 为负载电阻,L 为寄生引线电感,C 为总的结电容。$N(\omega)$、$P(\omega)$、$N_s(\omega)$ 和 $P_s(\omega)$ 分别为 $N(t)$、$P(t)$、$N_s(t)$ 和 $P_s(t)$ 的傅里叶变换,具体表达式为

$$N(\omega) = \frac{\eta P_o}{h\nu} \left\{ \frac{1 - \exp(-\alpha w_a)}{j\omega} + \exp\left(-j\omega \frac{w_m}{v_n}\right) \right.$$
$$\left. \times \left[1 - \exp\left(-\alpha w_a - j\omega \frac{w_a}{v_n}\right)\right] \left(\frac{1}{j\omega + \alpha v_n} - \frac{1}{j\omega}\right) \right\} \quad (4.47)$$

$$p(\omega) = \frac{\eta P_o}{h\nu} \left[\frac{1 - \exp\left(-j\omega \frac{w_a}{v_p}\right)}{j\omega} + \frac{\exp\left(-j\omega \frac{w_a}{v_p}\right) - \exp(-\alpha w_a)}{j\omega - \alpha v_p}\right] \quad (4.48)$$

$$P_s(\omega) = (M_o - 1)\frac{\eta P_o}{h\nu} \exp\left(-j\omega \frac{\Delta w_m}{v_n}\right)\left[1 - \exp\left(-\alpha w_a - j\omega \frac{w_a}{v_n}\right)\right]$$
$$\times \left[1 - \exp\left(-j\omega \frac{w_a + \Delta w_m}{v_p}\right)\right]$$
$$\times \left(\frac{1}{j\omega} - \frac{1}{j\omega + \alpha v_n}\right)\frac{1}{1 + j\omega(M_o - 1)\tau_m} \quad (4.49)$$

$$N_s(\omega) = (M_o - 1)\frac{\eta P_o}{h\nu} \exp\left(-j\omega \frac{\Delta w_m}{v_n}\right)\left[1 - \exp\left(-\alpha w_a - j\omega \frac{w_a}{v_n}\right)\right]$$
$$\times \left[1 - \exp\left(-j\omega \frac{w_m - \Delta w_m}{v_n}\right)\right]$$
$$\times \left(\frac{1}{j\omega} - \frac{1}{j\omega + \alpha v_n}\right)\frac{1}{1 + j\omega(M_o - 1)\tau_m} \quad (4.50)$$

式中,α 为吸收系数,M_o 为 APD 的直流增益,τ_m 为雪崩电场形成的时间常数。

4.3.3 金属-半导体-金属光电探测器等效电路模型

与其他类型的光电探测器相比,金属-半导体-金属(Metal-Semiconductor-Metal)光电探测器(MSM PD)具有以下三个方面的特点:

(1) 极低的分布电容,更高的工作速度。渡越时间限制的 MSM 光电探测器其 3 dB 带宽可以达到 300 GHz[34]。

(2) 小的暗电流。

(3) 在物理结构和工艺方面与 MESFET、HEMT 等高速微波晶体管兼容,这对建立 PD-FET 结构的 OEIC 光接收机非常重要。

MSM 光电探测器可以在多种基片上(如 GaAs 和 InP 等材料)完成,主要包括有源区层和其上方的缓冲层。有源区厚度的选择需要折中考虑,原因是有源区厚度的增加虽然可以使量子效率提高,但是会使有源区底部电场强度下降,导致载流子速率下降,频率响应带宽下降,因此有源区厚度需要在响应度和带宽之间折中。有源区上方的缓冲层可以降低界面上的电荷存储效应,提高势垒高度,降低暗电流,从而减小光接收机中暗电流的噪声贡献,当势垒高度达到 0.7 V 时,暗电流的影响可以忽略不计,有源区下方的缓冲层可以减小从基片到有源区的方向传输损失。

从结构上来说,MSM 光电探测器是由两个背靠背(Back to Back)的肖特基势垒(Schottky Barrier)二极管构成的。从外形看,它由半导体基片上的两个金属电极(肖特基接触)之间的夹层组成光敏区。图 4.20 给出了 MSM 光电探测器物理结构示意图。

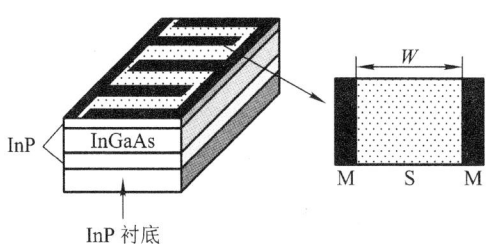

图 4.20 MSM 光电探测器物理结构示意图

当对 MSM 光电探测器施加电压后,两个结一个正偏、一个反偏。随着电压的增加,最终达到穿通电压 U_{RT} 时,正向和反向偏置结耗尽区相遇,耗尽区宽度总和为 W。随着电压的进一步增加,正偏结能带变平,此时的偏置电压称为平带电压 U_{FB},定义如下[35-36]:

$$U_{RT} = U_{FB} - 2\sqrt{U_{FB} U_D} \tag{4.51}$$

$$U_{FB} = q\frac{NL^2}{2\xi} \tag{4.52}$$

式中，U_D 为势垒高度，q 为电子电荷，L 为电极之间的间距，N 为有源区载流子浓度，ξ 为半导体介电常数。

当外加偏压 $U_{RT} < U < U_{FB}$ 时，暗电流密度计算公式为

$$J = J_{ns}\exp\left(\frac{q\Delta\phi_n}{kT}\right) + J_{ps}\left\{\exp\left[-\frac{q(U-U_{FB})}{4kTU_{FB}}\right] - \exp\left(\frac{-q}{kTU_D}\right)\right\} \tag{4.53}$$

当外加偏压 $U > U_{FB}$ 时，暗电流密度计算公式为

$$J = J_{ns}\exp\left(\frac{q\Delta\phi_n}{kT}\right) + J_{ps}\exp\left(\frac{q\Delta\phi_p}{kT}\right) \tag{4.54}$$

式中，J_{ns} 和 J_{ps} 分别为电子和空穴饱和电流密度。

平带电压 U_{FB} 越大，需要的外加偏置电压越大，因此为降低功耗，尽量采用低掺杂的有源区。

当入射光入射到 MSM 光电探测器顶端的吸收层时，光生电子和空穴在高电场的驱动下分别流向 MSM 光电探测器的正极和负极，形成光生电流，图 4.21 给出了 MSM 光电探测器光生电流流向示意图。

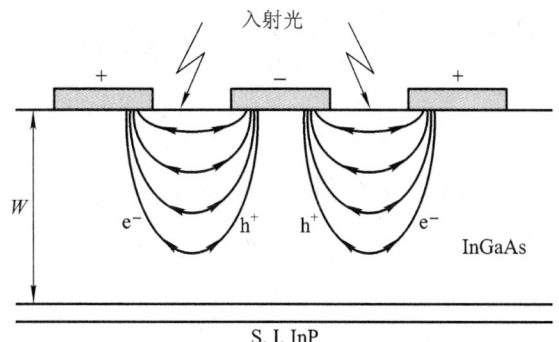

图 4.21　MSM 光电探测器光生电流流向示意图

1. 物理基半经验模型

通过求解泊松方程、电流连续方程和速率方程，可以得到一个简单的等效电路模型，该模型由一个电导和电容的并联结构组成[37]，由于电路模型参数由物理结构直接计算获得，因此此类模型称为物理基的半经验模型[38]。

根据速率方程推导得到的电导表达式为

$$G(t) = \frac{q\alpha F_g[N(t)v_n(\alpha F_g) + P(t)v_p(\alpha F_g)]}{U_g^2} + G_{dark} \tag{4.55}$$

式中，U_g 为电极之间的电压；F_g 为电极之间的平均电场强度（$F_g = U_g/L_g$），L_g 为电极之间的距离；G_{dark} 为暗电流电导；$N(t)$ 和 $P(t)$ 分别为电子和空穴的数

量，其随时间变化的具体表达式为

$$N(t) = N(t-\Delta t)\exp\left[-\frac{\Delta t}{\tau_n(t-\Delta t)}\right] + \frac{P(t-\Delta t)}{h\nu}\Delta t \qquad (4.56)$$

$$P(t) = P(t-\Delta t)\exp\left[-\frac{\Delta t}{\tau_p(t-\Delta t)}\right] + \frac{P(t-\Delta t)}{h\nu}\Delta t \qquad (4.57)$$

式中，τ_n 和 τ_p 分别为电子和空穴渡越时间，P 为注入光功率，Δt 为计算机模拟时的时间间隔。

固定电场强度 F 下的载流子速率公式为

$$v_n(F) = \frac{\mu_n F + v_{sn}\left(\dfrac{F}{F_{th}}\right)^4}{1 + \left(\dfrac{F}{F_{th}}\right)^4} \qquad (4.58)$$

$$v_p(F) = \frac{\mu_p F}{1 + \left(\dfrac{\mu_p F}{v_{sp}}\right)} \qquad (4.59)$$

式中，F 为固定电场强度，F_{th} 为阈值电场强度，v_{sn} 和 v_{sp} 分别为电子、空穴的漂移速率，电子和空穴的迁移率 μ_n 和 μ_p 由具体扩散工艺确定。

空间电荷区的形成用下述电容表征

$$C(t) = \frac{C_{gc}(t)C_{ga}(t)}{C_{gc}(t)+C_{ga}(t)} + C_{dark} \qquad (4.60)$$

第一项表示由于空间电荷区的形成导致电容的增加，第二项是暗条件下的 PD 缝隙电容，类似金属－半导体结电容，公式为

$$C_{ga}(t) = \beta A_a \sqrt{\frac{qn(t-\tau_d)\xi_s}{V_g(t)}} \qquad (4.61)$$

$$C_{gc}(t) = \beta A_c \sqrt{\frac{qp(t-\tau_d)\xi_s}{V_g(t)}} \qquad (4.62)$$

式中，A_a、A_c 分别为金属阳极和阴极的面积，$p(\cdot)$ 和 $n(\cdot)$ 分别为空穴和电子浓度，τ_d 为空间电荷区形成所需时间，β 为拟合参数，ξ_s 为介电常数。

2. 等效电路模型

上述物理基半经验模型的不足之处在于：

（1）在求解物理方程时基于多种假设得到的近似表达式，影响了模型的精度。

（2）需要获取众多的物理参数数据，如载流子速度、寿命等，这会使模型在实际应用中遇到困难。

在基于外端口直流、交流特性的基础上，下面给出一个完整的 MSM PD 等效电路模型，同时给出了直流模型和电容模型参数的物理含义。其特点在于既

反映了器件内部特性,又避免了求解物理方程所遇到的问题,该模型可以在类似 SPICE 的电路模拟程序中实现,用于 MSM PD 的直流、交流和瞬态分析[39-40]。值得注意的是虽然 MSM 光电探测器为电单端口器件,但是为了模拟器件光端口的特性,需要把器件当作电两端口器件来进行建模,即把光端口当作电压控制端口来对待。

图 4.22(a)给出了金属电极宽度和电极之间的间距均为 2 μm(即 2×2)、有源区(材料为 InGaAs)面积为 50×50 μm² 的 MSM 光电探测器的 $I-U$ 特性测量曲线,其输入功率范围为 0.6~2.0 mW。图 4.22(b)给出了金属电极宽度和电极之间的间距均为 3 μm(即 3×3)、有源区(材料 GaAs)面积为 100×100 μm² 的 MSM 光电探测器的 $I-U$ 特性测量曲线。从图中可以看到,当电压低于穿通电压(正向和反向偏置结耗尽区接触时的电压)时,有源区没有全部耗尽,电流受到正向偏置结势垒的限制,电流很小;当电压高于穿通电压而低于平带电压(正向偏置结处能带变平时的电压)时,正向偏置结势垒消失,电流上升很快;当电压高于平带电压时,金属下方有源区全部耗尽且电场强度均为负值,电流趋于常数。

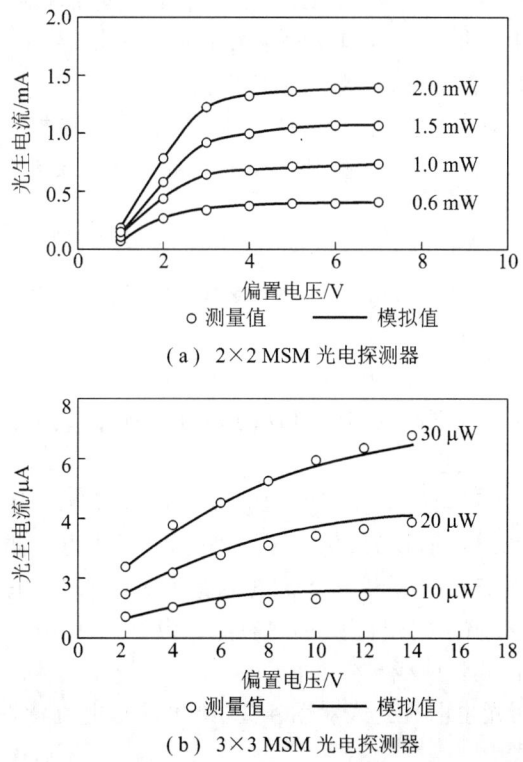

(a) 2×2 MSM 光电探测器

(b) 3×3 MSM 光电探测器

图 4.22 MSM $I-U$ 特性模拟结果和测量结果对比曲线

MSM 光电探测器的 $I-U$ 特性和微波晶体管非常相似,利用类似 GaAs MESFET 直流公式来对其建模,并赋予模型参数新的物理含义。

$$I_\text{p} = \beta\left(\frac{P_\text{in}}{P_\text{o}}\right)[1+\lambda(U-U_\text{RT})]\tanh[\alpha(U-U_\text{RT})] \tag{4.63}$$

式中,I_p 为光生电流,P_in 为输入光功率,P_o 为归一化常数,U 为偏置电压。下面分别讨论模型参数的物理含义。

假设在 $U \geqslant U_\text{FB}$ 情况下,光生电流 I_p 不随偏置电压变化,且和输入光功率之比为常数,即光生电流可定义为 $I_\text{p} = RP_\text{in}$,$R$ 为响应度。此时式(4.63)必有 $\lambda = 0$,$\tanh[\alpha(U-U_\text{D})] \approx 1$,则 $I_\text{p} = \beta P_\text{in}/P_\text{o}$。因此定义 β 为饱和响应度参数,单位和响应度的单位一致:安培/瓦特(A/W)。

当 $U \geqslant U_\text{FB}$ 时,有源区全部耗尽且电场强度均为负值,载流子速度达到饱和,光生电流应该保持常数,但是 $I-U$ 特性显示 I_p 仍然在随着偏置电压的增加而缓慢增加,这说明存在随偏置电压变化的内部电流增益,从实际测试和内部量子效率大于 100% 均可得到证明,因此定义参数 λ 为内部电流增益系数,单位为:伏$^{-1}$(V^{-1})。

当平带电压 U_FB 较大时,光生电流 I_p 上升比较缓慢,而平带电压 U_FB 较小时,光生电流 I_p 上升很快,这和 α 的作用相反,因此参数 α 由 U_FB 大小决定且和 U_FB 成反比,称为平带电压参数。单位为:伏$^{-1}$(V^{-1})。

利用式(4.62)对测量得到的 $I-U$ 特性进行拟合,模拟结果分别在图 4.22(a)和(b)上用实线表示,可以看到模拟结果和测量结果吻合很好。相应的模型参数如下:

对于 2×2 MSM PD:

$\beta = 7.11 \times 10^{-4}$,$\alpha = 0.563$,$\lambda = 8.5 \times 10^{-12}$,$U_\text{RT} = 0.75$

对于 3×3 MSM PD:

$\beta = 1.01 \times 10^{-3}$,$\alpha = 0.390$,$\lambda = 0.0783$,$U_\text{RT} = 0$

两条典型的有源区不同的 MSM PD 的 $I-U$ 特性曲线的拟合成功,说明上述公式的合理性和正确性。

图 4.23(a)给出了金属电极宽度和电极之间的间距均为 2 μm(即 2×2)、有源区(材料为 InGaAs)面积为 50×50 μm^2 的 MSM 光电探测器[36]的暗电流特性测量曲线;图 4.23(b)给出了金属电极宽度为 3 μm,电极之间的间距为 2 μm(即 3×2)、有源区(材料为 InGaAs)面积为 10×10 μm^2 的 MSM 光电探测器[41]的暗电流特性测量曲线。

同样可以利用光生电流公式对图 4.23 给出的暗电流特性($P_\text{in} = 0$)进行建模,具体计算公式为

$$I_\text{D} = \beta_\text{D}[1+\lambda_\text{D}(U-U_\text{RT})]\tanh[\alpha_\text{D}(U-U_\text{RT})] \tag{4.64}$$

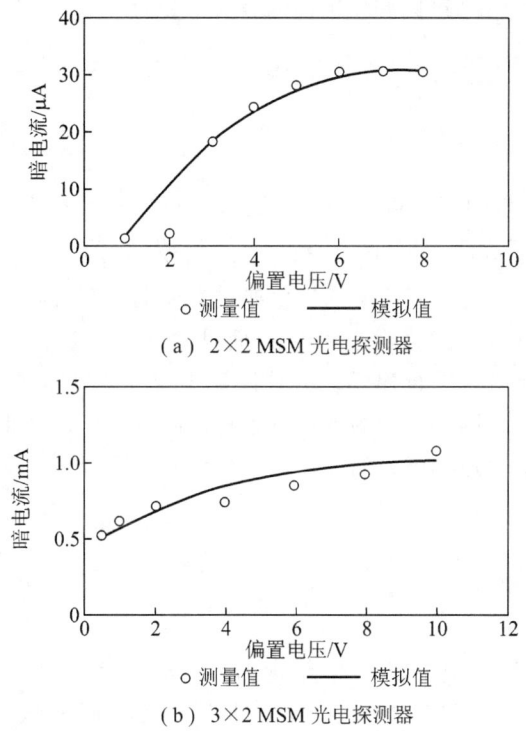

图 4.23　MSM 光电探测器暗电流特性模拟结果和
测量结果对比曲线

式中，β_D、λ_D 和 α_D 分别定义为暗电流条件下的响应度参数、内部电流增益系数和平带电压参数。对于同一种器件，$\lambda_d = \lambda$，$\alpha_D = \alpha$，但是由于暗电流很小，测量数据和有光功率情况下的数据差别很大，因此有所差别。

利用式(4.63)对测量得到的暗电流特性进行拟合，模拟结果分别在图 4.23(a) 和 (b) 上用实线表示，从图和测量结果吻合很好。

相应的暗电流模型参数如下：

对于 2×2 MSM 光电探测器：

$\beta_D = 3.2 \times 10^{-8}$，$\alpha_D = 0.277$，$\lambda_D = 0$，$U_{RT} = 0.8$

对于 3×2 MSM 光电探测器：

$\beta_D = 1.01 \times 10^{-7}$，$\alpha_D = 2.0$，$\lambda_D = 0.0771$，$U_{RT} = 0$

两条典型的有源区不同的 MSM PD 的暗电流特性的拟合成功，说明上述公式的合理性和正确性。

MSM PD 本征电容由两部分组成：即无光照条件下的耗尽层电容和光照条件下光生电荷引起的存储电容。在假设电场是一维的情况下，无光照条件下的耗尽层电容（即暗电容）可以利用下面的公式计算[36]：

当 $U < U_{RT}$ 时，$C_d = \dfrac{\xi A}{W_1 + W_2}$；

当 $U \geqslant U_{RT}$ 时，$C_d = \dfrac{\xi A}{L}$。

式中，A 为金属电极面积；W_1 和 W_2 分别为正偏结和反偏结的耗尽层宽度，定义为：$W_1 = \sqrt{2\xi U_D/(qN_D)}$，$W_2 = \sqrt{2\xi(U_D + U)/(qN_D)}$。

在光照条件下，光生载流子的极化亦对本征电容有贡献，它与暗电容不同的是需要更高的电压才能达到饱和[43]，而且与入射光功率有关。利用速率方程可以对电荷存储电容进行建模，但是计算比较复杂，需要求解有源区电子、空穴浓度。通过拟合测量得到的本征电容特性曲线，可以获得一个简单的电容公式，仅利用一个普通二极管的反偏电容模型来就可以表征 MSM PD 本征电容特性，具体公式如下：

$$C = \frac{C_{jo}}{\left(1 - \dfrac{U - U_{RT}}{U_j}\right)^m} \tag{4.65}$$

式中，C_{jo} 为该等效二极管的零偏结电容（$U = U_{RT}$ 时），U_j 为结电动势，m 为电容指数。本公式仅和有无入射光功率有关，而和入射光功率的大小无关。

图 4.24(a)给出了金属电极宽度和电极之间的间距均为 2 μm（即 2×2）、有源区（材料为 InGaAs）面积为 50×50 μm² 的 MSM 光电探测器[36]的本征电容特性测量曲线；图 4.24(b)给出了金属电极宽度为 1 μm、电极之间的间距为 3 μm（即 1×3）、有源区（材料为 InGaAs）面积为 100×100 μm² 的 MSM 光电探测器[38]的本征电容特性测量曲线。图 4.24 同时给出了本征电容模拟结果和测量结果对比曲线，数据吻合很好。具体模型参数如下：

对于 2×2 MSM PD：

$C_{jo} = 1.38$ pF，$U_j = 3$ V，$m = 2.4$，$U_{RT} = 0.8$

对于 3×2 MSM PD：

$C_{jo} = 1.024$ pF，$U_j = 0.8$ V，$m = 0.64$，$U_{RT} = 0.75$

图 4.25(a)给出了 MSM PD 随偏置变化的等效电路模型，I_p 为响应电流，反偏二极管 D 用以模拟本征电容，R_s 为串联电阻，L_p 和 C_p 分别为寄生电感和电容。对随偏置变化的等效电路模型线性化可以得到如图 4.25(b)所示的线性等效电路模型，其中压控电流源系数 g_m 和电导 g_{sp}、g_d 的表达式分别为

4.3 光电探测器建模技术

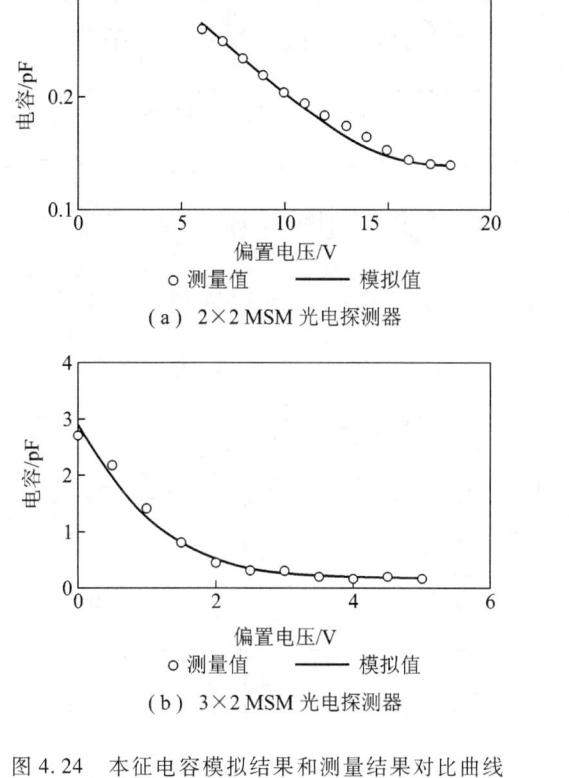

(a) 2×2 MSM 光电探测器

(b) 3×2 MSM 光电探测器

图 4.24 本征电容模拟结果和测量结果对比曲线

$$g_{m} = \frac{dI_{p}}{dP_{in}} = \beta\left(\frac{1}{P_{o}}\right)[1+\lambda(U-U_{RT})]\tanh[\alpha(U-U_{RT})] \quad (4.66)$$

$$g_{sp} = \frac{dI_{p}}{dV} = \beta\left(\frac{P_{in}}{P_{o}}\right)\{\lambda\tanh[\alpha(U-U_{RT})]$$
$$+ \alpha[1+\lambda(U-U_{RT})]\operatorname{sech}^{2}[\alpha(U-U_{RT})]\} \quad (4.67)$$

$$g_{d} = \frac{dI_{dark}}{dV} = \beta_{D}\{\lambda\tanh[\alpha_{D}(U-U_{RT})]$$
$$+ \alpha[1+\lambda_{D}(U-U_{RT})]\operatorname{sech}^{2}[\alpha_{D}(U-U_{RT})]\} \quad (4.68)$$

通过拟合小信号 S 参数可以获得图 4.25(b) 中的所有寄生和本征模型参数。上述 MSM PD 随偏置变化的等效电路模型可以类似在 SPICE 等电路模拟软件中完成。图 4.26 给出了偏置电压为 2.8 V、4.8 V、6.8 V 时的 MSM PD 归一化频率响应曲线,从图中可以看到 3 dB 带宽分别为 5.6 GHz、8.5 GHz、10.8 GHz,和测量结果基本一致。本节利用的负载电阻为 50 Ω,串联电阻和寄生电容分别为 50 Ω 和 0.053 pF,本征模型参数由 2×2 MSM PD 的参数决定。

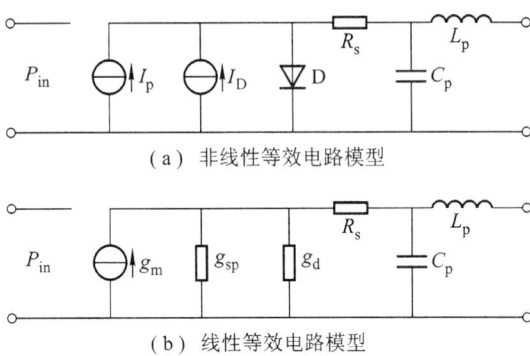

(a) 非线性等效电路模型

(b) 线性等效电路模型

图 4.25 MSM PD 等效电路模型

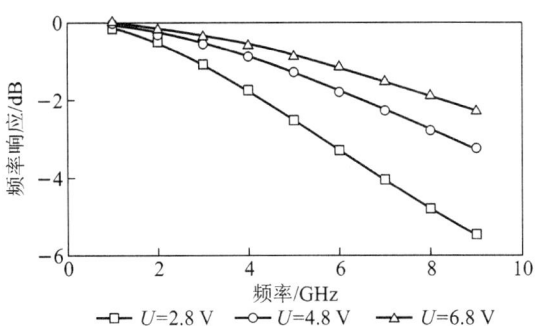

图 4.26 小信号频率响应模拟结果

本章小结

本章首先介绍光电探测器的基本工作原理和基本特性,并着重研究目前常用的高速光电探测器(PIN、APD 和 MSM 探测器)的物理基建模技术和经验基建模技术,结合微波有源器件建模原理对高速光电探测器进行了深入分析。

参考文献

[1] Agrawa G P. Fiber – optics communication systems[M]. [S.l.]: John Wiley & Sons, Inc., 2002.

[2] Buchwald A, Martin K W. Integrated fiber – optics receivers[M]. [S.l.]: Kluwer Academic Publishers. 1994.

[3] Sackinger E. Broadband circuits for optical fiber communication[M]. [S.l.]: Agere Systems, 2002.

[4] Razavi B. Design of integrate circuits for optical communications[M]. [S.l.]: McGraw –

Hill Higher Education, 2003.

[5] Keiser G. Optical fiber communication[M]. [S.l.]: McGraw – Hill Higher Education, 2000.

[6] Palais J C. Fiber optics communication[M]. New York: Prentice Hall, 1998.

[7] Chapelle M L. Computer – aided analysis and design of microwave fiber – optic links[J]. Microwave Journal, 1989(9). 179-186.

[8] Desai N R, Hoang K V, Sonek G J. Application of Pspice simulation software to the study of optoelectronic integrated circuits and devices[J]. IEEE Trans. Education, 1993, 36(4): 257-362.

[9] Sano E, Yoneyama M. A mixed photonic/electronic circuit simulation including transient noise sources[J]. IEICE Trans. 1995, E-78C(4): 447-453.

[10] 高建军, 高葆新, 梁春广. 光电器件模型在微波电路模拟器中的实现[J]. 通信学报, 1997, 19(2): 73-79.

[11] Dentan M, Cremoux B. Numerical simulation of the nonlinear response of a p – i – n photodiode under high illumination [J]. J. Lightwave Technol, 1990, 8 (8): 1137-1144.

[12] Gao J, Gao B, Liang C. PIN PD Microwave Equivalent Circuit Model for Optical Receiver Design [J]. Microwave and Optical Technology Letters. 2003, 38 (2): 102-104.

[13] Hayes R R, Persechini D L. Nonlinearity of p – i – n photodetectors[J]. IEEE Photonics Technology Letters, 1993, 5(1): 70-72.

[14] Williams K J, Esman R D. Observations of photodetector nonlinearities[J]. Electronic Letters, 1992, 28(8): 731-732.

[15] Schlafer J and Teare M. Photodetector design and packing for optimum digital and microwave receiver performance[C]. Proc. SPIE, 1986, 722: 217-221

[16] Harari J, Jin G H, Journet F, et al. Modeling of microwave top illuminated PIN photodetector under very high optical power[J]. IEEE Trans. Microwave Theory and Technique, 1996, 44(8): 1484-1487.

[17] Fardi H Z, Winston D W, Hayes R E, et al. Numerical modeling of energy balance equations in quantum well AlxGa1 xAs/GaAs p – i – n photodiodes[J]. IEEE Trans. Electron Devices, 2000, 47(5): 915-921.

[18] Jou J J, Liu C K, Hsiao C M, et al. Time – Delay Circuit Model of High – Speed p – i – n Photodiodes[J]. IEEE Photonics technology Letters, 2002, 14(4): 525-527.

[19] Wang G, Tokumitsu T, Hanawa I, et al. Analysis of high speed p – i – n photodiodes S – parameters by a novel small signal equivalent circuit model[J]. IEEE Microwave Wireless Comp. Letters., 2002. 12(10): 378-380.

[20] Wang G, Tokumitsu T, Hanawa I, et al. A Time – Delay Equivalent – Circuit Model

of Ultrafast p‐i‐n Photodiodes[J]. IEEE Trans. Microwave Theory and Technique, 2003, 51(4): 1227-1223.

[21] Malyshev S A, Chizh A L. P‐I‐N Photodiodes for Optical Control of Microwave Circuits[J]. IEEE J. Selected topics in Quantum Electronics, 2004, 10(4): 679-685.

[22] Fisher S T. Small‐signal impedance of avalanching junctions with unequal electron and hole ionization rates and drift velocities[J]. IEEE Trans. Electron Devices, 1967(6): 313-322.

[23] Teich M C, Matsuo K, Saleh A. Excess noise factors for conventional and superlattice avalanche photodiodes and photomultiplier tubes[J]. IEEE J. Quantum Electron, 1986, 22(8): 1184-1193.

[24] Chen W, Liu S. PIN avalanche photodiodes model for circuit simulation[J]. IEEE J. Quantum Electron., 1996, 32(12): 2105-2111.

[25] Xiao Y G, Deen M J. Temperature dependent studies of InP/InGaAs avalanche photodiodes based on time domain modeling[J]. IEEE Trans. Electron Devices, 2001, 48(4): 661-670.

[26] Wu W, Hawkins A R, Bowers J E. Frequency Response of Avalanche Photodetectors with Separate Absorption an Multiplication Layers[J]. Journal of Lightwave Technology, 1996, 14(12): 2778-2785.

[27] Shiba T, Ishimura E, Takahashi K, et al. New approach to the frequency response analysis of an InGaAs avalanche photodide[J]. Journal of Lightwave Technology, 1988, 6(10): 1502-1506.

[28] Anselm K A, Nie H, Hu C, et, al. Performance of thin separate absorption, charge, and multiplication avalanche photodiodes[J]. IEEE Journal of Quantum Electronics, 1998, 34(3): 482-490.

[29] Ghose A, Bunz B, Weide J, et al. Extraction of nonlinear parameters of dispersive avalanche photodiode using pulsed RF measurement and quasi‐DC optical excitation[J]. IEEE Trans. Microwave Theory Techniques, 2005, 53(6): 2082-2087.

[30] Bandyopadhyay A, Deen M J, Tarof L E, et al. Simplified approach to time‐domain modeling of avalanche photodiodes[J]. IEEE Journal of Quantum Electronics, 1998, 34(4): 691-699.

[31] Shi J W, Wu Y S, Li Z R, et al. Impact‐Ionization‐Induced Bandwidth‐Enhancement of a Si‐SiGe‐Based avalanche photodiode operating at a wavelength of 830 nm with a gain‐bandwidth product of 428 GHz[J]. IEEE Photonics Technology Letters, 2007, 19(7): 474-476.

[32] Moloney A M, Morrison A P, Jackson J C, et al. Small signal equivalent circuit for Geiger‐mode avalanche photodiodes[J]. Electronics Letters, 2002, 38(6): 285-286.

[33] Campbell J C. Recent Advances in Telecommunications Avalanche Photodiodes[J]. Journal Lightwave Technology, 2007, 14(5): 109-121.

[34] Chou S Y, Liu MY. Nanoscale Tera–Hert metal–semiconductor–metal photodetectors[J]. IEEE J. Quantum Electron, 1992, 28(10): 2358-2368.

[35] Se S M, Coleman D J, Loya A. Current transport in metal–semiconductor–metal (MSM) structure[J]. Solid–State Electronics, 1971, 14(14): 1209-1218.

[36] Song K C, Matin M A, Robinson, B, et al. High performance InP/InGaAs–based MSM photodetector operating at 1.3~1.5 μm[J]. Solid–State Electronics, 1996, 39(9): 1283-1287.

[37] Sano E. A device model for metal–semiconductor–metal photodetectors and its applications to optoelectronic integrated circuit simulation[J]. IEEE Trans. Electron Device, 1990, 37(9): 1964-1968.

[38] Lu J, Surridge R, Pakulski G, et al. Studies of high speed metal–semiconductor–metal photodetector with a GaAs/AlGaAs/GaAs heterostructure[J]. IEEE Trans. Electron Devices, 1993, 40(6): 1087-1091.

[39] Xiang A, Wohlmuth W, Fay P, et al. Modeling of InGaAs MSM photodetector for circuit–level simulation[J]. Journal Lightwave Technology, 1996, 14(5): 716-723.

[40] Gao J, Gao B, Liang C. Modeling of MSM PD for SPICE[J]. Microwave and Optical Technology Letters, 2000, 26(6): 390-394.

[41] 李志奇, 王庆康, 史常忻. GaAs MSM 结构光电探测器的光电特性研究[J]. 固体电子学研究与进展, 1992, 12(3): 225-229.

[42] H. Stat, P. Newman, I. W. Smith, et al. GaAs device and circuit simulation in spice[J]. IEEE Trans. Electron Devices, 1990, 37(9): 1964-1968.

[43] Sugeta T, Urisu T, Sakata S, et al. Metal–semiconductor–metal photodetector for high speed optoelectronic circuits[J]. Japanese of J. Applied Physics, 1980, 19(19–1): 459-464.

第五章 高速半导体晶体管建模技术

5.1 微波射频半导体晶体管

有多种固态器件技术适合光纤通信系统(Optical Fiber Communication System),根据半导体材料系统,可将其分为硅基和Ⅲ-Ⅴ族化合物基半导体器件(Compound Semiconductor Device)[1-14]。硅基器件以其低成本和大规模生产,在过去的几年里频率特性得到了很大的改善,与此同时Ⅲ-Ⅴ族化合物基半导体器件凭借其本征材料的优势在高频高速电路得到了广泛的应用。根据器件工作原理,高速微波射频半导体器件又可以分为双极晶体管(BJT/HBT)和场效应晶体管(FET/HEMT)。

场效应晶体管可以被看做一个单极器件,只有电子参与载流子运动,栅电压通过控制沟道宽度来调制漏电流,跨导用以表征栅电压控制漏电流的放大能力。在双极晶体管中,电子和空穴都参与载流子运动,集电极电流由从基极注入的电流所控制,其电流放大能力由电流放大系数 β 来表征。

表 5.1 给出了场效应晶体管器件和双极晶体管之间的特性比较。首先,器件特征物理尺寸的限制决定了器件的速度特性,一个短栅长的场效应晶体管可以降低载流子的渡越时间,而减小双极晶体管基极和集电极的厚度同样可以达到降低载流子渡越时间的目的。场效应晶体管器件的栅长由器件工艺条件决定,高特性的 FET 器件离不开先进的工艺生产条件。目前栅长为 0.15 μm 的Ⅲ-Ⅴ族化合物场效应晶体管与 1 μm 工艺条件下制作的异质结双极晶体管 HBT 特性相当,特征频率在 100~300 GHz 之间。双极器件的开态特性主要由基极-发射极电压决定,而场效应晶体管则由源沟道层掺杂和厚度决定。场效应晶体管的阈值在工艺中较难控制,而双极晶体管的阈值均匀性很好,非常适合在差分电路中应用,而且由于 HBT 器件的输出电流密度比场效应器件要大,使得 HBT 在功率电路应用中有较高的承受能力。场效应晶体管的噪声源主要是沟道噪声、栅极感应噪声、热噪声和 1/f 噪声,1/f 噪声的拐角频率可以高达 500 MHz。与此相对应,双极器件的噪声源主要是散弹噪声、1/f 噪声和热噪声,其中 1/f 噪声的拐角频率大大低于场效应晶体管。从工艺复杂性来说,场效应晶体管显然要比双极器件简单,一般三到四层版图就可以了,而双极器

件相对比较复杂,需要多次的腐蚀和金属沉淀工艺。

表 5.1 双极晶体管和 FET 特性比较

参　数	FET/HEMT	BJT/HBT
物理尺寸限制	栅长	基极和集电极厚度
阈值特性	栅阈值电压	基极-发射极电压
输出电流密度	中等	高
噪声类型	热噪声、1/f 噪声、沟道噪声和栅极感应噪声	散弹噪声、1/f 和热噪声
工艺复杂性	中等	高
输入阻抗控制	栅电压	基极电流

目前应用与 RF 微波以及毫米波电路设计的有源半导体器件主要有以下几种类型:

① 硅双极晶体管(Si BJT)。
② 硅金属氧化物场效应晶体管(Si MOSFET)。
③ 硅基侧向扩散氧化物场效应晶体管(Si LDMOS)。
④ 砷化镓金属半导体场效应晶体管(GaAs MESFET)。
⑤ 砷化镓高电子迁移率晶体管(GaAs HEMT)。
⑥ 铟化磷高电子迁移率晶体管(InP HEMT)。
⑦ 砷化镓异质结双极晶体管(GaAs HBT)。
⑧ 铟磷异质结双极晶体管(InP HBT)。
⑨ 锗硅异质结双极晶体管(SiGe HBT)。

随着集成电路的发展,特征物理尺寸(晶体管的最小沟道长度或者芯片上可实现的互连线宽度)逐步减小,器件和电路的速度越来越快。集成电路的特征物理尺寸已经从 10 μm 减小到了 0.1 μm(甚至更小),相应的存储芯片所包含的晶体管数量呈现指数增长,因此集成电路的特征物理尺寸的减小,不仅增加了集成电路的密度,而且也使电子和空穴必须通过的距离缩短,从而提高了晶体管的速度。

每种器件都具有自身的优势,对于光电集成电路和射频微波电路来说,器件的最佳选择不仅仅是依赖于技术指标,而且要考虑经济效益,例如制作成本、功耗要求和研究开发时间等。下面主要介绍各种半导体器件的发展状况和相互之间的优势比较。

根据不同应用领域,衡量半导体器件的指标主要有以下几个方面:
① 最大功率增益带宽积(Gain-Bandwidth Product)。
② 最小噪声系数(Minimum Noise Figure)。
③ 最大功率附加效率(Power Added Efficiency)。

④ 热阻(Thermal Resiatnce)。
⑤ 线性度(Linearity)。
⑥ 功率耗散(Power Consumption)。
⑦ 1/f 噪声(1/f Noise)。
⑧ 电源供电(Power Supply)。

这些晶体管通常需要制作在不同的衬底基片上，用于 RF 微波半导体有源器件的衬底基片主要有以下几种：硅(Si)、碳化硅(SiC)、砷化镓(GaAs)、铟化磷(InP)和氮化硅(GaN)等。表 5.2 对上述几种衬底基片的主要物理特性进行了比较[4]，这些特性构成了半导体器件技术的基本限制。如半导体禁带宽度和击穿电场限制了器件的最大工作电压，载流子扩散和迁移速率限制了本征器件的速度，半导体基片的热阻决定了器件的功率承受能力。总之，这些物理特性成为决定该材料是否适合 RF 微波系统的关键因素[5-14]。

表5.2 RF 微波半导体有源器件的衬底基片特性比较

参　　数	Si	SiC	GaAs	InP	GaN
半绝缘性能	不好	好	好	好	好
电阻率/$\Omega \cdot cm$	$10^3 \sim 10^5$	$>10^{10}$	$10^7 \sim 10^9$	~	$>10^{10}$
介电常数	11.7	40	12.9	14	8.9
电子迁移率/$(cm^2/(V \cdot s))$	1 450	500	8 500	6 000	800
饱和电子速率/(cm^2/V)	9×10^6	2×10^7	1.3×10^7	1.9×10^7	2.3×10^7
热电导性/$(W/cm \cdot ℃)$	1.45	4.3	0.46	0.68	1.3
工作温度/℃	250	>500	350	300	>500
能带/eV	1.12	2.86	1.42	1.34	3.39
击穿特性	300	2 000	400	500	5 000
密度/(g/cm^3)	2.3	3.1	5.3	4.8	—

对于Ⅲ-Ⅴ族化合物半导体来说，GaAs 材料的电子迁移率比 Si 要高 7 倍，而且漂移速度快，因此 GaAs 比 Si 具有更好的高频特性，相应的集成电路损具有耗小、噪声低、频带宽、功率大和附加效率高等特点。而且 GaAs 是直接带隙，禁带宽度大，器件的抗电磁辐射能力强，工作温度范围宽，更适合在恶劣的环境下工作。目前构成 GaAs IC 的主要器件为 MESFET、HFET、HEMT 和 HBT。MESFET 以其噪声低、频带宽等特点在微波领域中得到了广泛的应用，其单片微波集成电路(Monolithic Microwave Integrated Circuit, MMIC)水平已经接近高电子迁移率晶体管集成电路(PHEMT IC)，在移动通信低电压电路设计方

面取得很大的进展,而且通过材料结构的改善,在高温环境下可以稳定工作。异质结晶体管 HFET 引入异质结掺杂沟道,具有较高的有效饱和速度,兼备了 HEMT 和 MESFET 两者的优点,应用前景十分广阔,已经商业化的短栅低噪声 HFET 在直播卫星系统中得到了应用。另外用 HFET 可以获得较大的电荷密度,并能设计成高击穿电压,这对微波功率应用十分有吸引力。HEMT 被公认为是微波/毫米波器件和电路领域中最有竞争力的三端器件,不仅具有比 MESFET 更低的噪声,而且具有优异的功率性能,目前利用 HEMT 制作的低噪声放大器和功率放大器已经广泛应用于卫星接收系统、电子雷达系统和光纤通信系统。HBT 的应用领域不断拓宽,包括数字蜂窝电话、光纤网络用的数字及模拟 IC,由于 HBT 具有高功率密度、高工作电压、高效率和高线性度的特点,因此成为替代在 X~K 波段 RF 功率行波管的最佳候选,HBT 体积小、成本低,可成为卫星通信系统中极具优势的器件。

InP 材料与 GaAs 材料相比,击穿电场、热导率、电子平均速度更高,而且在异质结 InAlAs/InGaAs 界面处存在较大的导带不连续性、二维电子气密度大、沟道中电子迁移率高等优点,决定了 InP 基器件在化合物半导体器件中的地位。目前 InP HEMT 已经成为毫米波高端应用的支柱产品,器件的特征频率 f_T 和最大振荡频率 f_{max} 分别达到 340 GHz 和 600 GHz,InP HBT 有望在大功率、低电压等方面开拓应用市场。

GaN 是一种宽带隙的半导体材料,具有优异的物理化学性质,如大的热导率和介电常数,高的电子饱和速率和化学稳定性,因此有望制成在高温、辐射等恶劣条件下工作的半导体器件。近年来由于半导体薄膜生长技术的发展,已经能在蓝宝石、SiC 以及 GaAs 上生长出高质量的 GaN 薄膜,并用于制备大功率微波器件、高温电子器件和探测器件发光器件。

上述制作在不同的衬底基片上的半导体器件性能比较和应用领域见表 5.3。不同的光电集成电路需要不同的半导体器件,功率放大器需要使用高功率密度的晶体管,低噪声放大器需要利用晶体管的低噪声特性,开关电路则要求器件具有低的开态电阻和闭态电容。各种晶体管的优势将作为相互之间的比较标准,如最大资用功率增益(Maximum Available Gain,MAG)、截止频率(Cut-off Frequency,f_t)、最大振荡频率(Maximum Frequency of Oscillation,f_{max})、最小噪声系数(f_{min})、输出功率密度和附加功率效率(PAE)等。

表 5.3 RF 微波半导体器件性能和应用领域

参　数	GaAs MESFET	GaAs HBT	GaAs HEMT	Si RF CMOS	SiGe HBT	InP HBT
器件速度	好	好	好	一般	好	极好

续表

参　　数	GaAs MESFET	GaAs HBT	GaAs HEMT	Si RF CMOS	SiGe HBT	InP HBT
芯片密度	低	高	低	低	高	高
跨导	中等	高	高	低	高	高
器件匹配	差	好	差	差	好	好
1/f 噪声	差	好	差	差	好	好
附加功率效率	中等	高	高	中等	中等	高
线性度	高	高	高	低	高	高
输出电导	中等	低	中等	高	低	低
集成度	大规模	大规模	大规模	大规模	大规模	大规模
击穿电压	高	高	高	中等	中等	高
应用领域	开关 振荡器 混频器	功放 前放 振荡器	低噪声放大器 开关	开关 振荡器	低噪声放大器 功放	低噪声功放 振荡器

下面主要介绍用于构成光电集成电路设计的高速半导体晶体管的建模技术和模型参数提取技术。

5.2　GaAs MESFET/HEMT 建模技术

5.2.1　小信号等效电路模型

图 5.1 给出了Ⅲ-Ⅴ族化合物半导体基（GaAs 或者 InP）MESFET/HEMT 器件小信号等效电路模型，其中图（a）为立体结构，图（b）为平面结构，等效电路模型元件大体上可以分为以下两部分：

（1）和偏置相关的本征元件：g_m、g_{ds}、C_{gs}、C_{gd}、C_{ds}、R_i 和 τ。

（2）和偏置无关的寄生元件：L_g、L_d、L_s、R_g、R_s、R_d、C_{pg}、C_{pd} 和 C_{pgd}。

其中，L_g、L_d 和 L_s 分别表示栅极、漏极和源极的引线寄生电感；C_{pg}、C_{pd} 和 C_{pgd} 分别表示栅极、漏极以及栅极和漏极之间的寄生焊盘 PAD 电容；R_s 和 R_d 为源极和漏极寄生电阻，R_g 为分布栅极寄生电阻，C_{gs}、C_{gd} 和 C_{ds} 分别为栅极-源极、栅极-漏极和漏极-源极本征电容，R_i 为本征沟道电阻，g_m 为跨导，g_{ds} 为漏极输出电导，τ 为时间延迟。

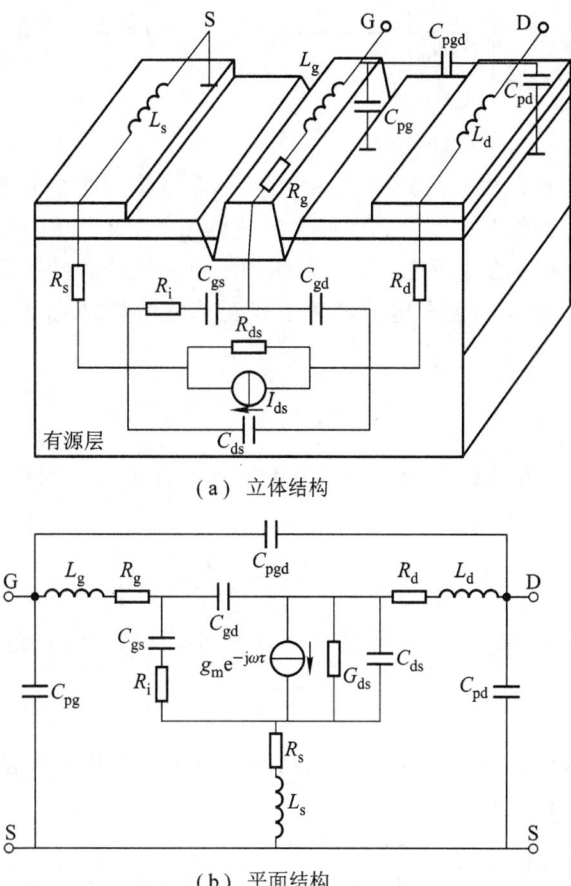

图 5.1 GaAs MESFET/HEMT 小信号等效电路模型

场效应晶体管小信号等效电路模型的导纳 Y 矩阵可以表示为

$$Y = Y_{PAD} + [Z_{RL} + Y_{INT}^{-1}]^{-1} \tag{5.1}$$

其中 Y_{PAD} 表示 PAD 电容导纳矩阵

$$Y_{PAD} = \begin{bmatrix} j\omega(C_{pg} + C_{pgd}) & -j\omega C_{pgd} \\ -j\omega C_{pgd} & j\omega(C_{pd} + C_{pgd}) \end{bmatrix} \tag{5.2}$$

Z_{RL} 表示寄生电感和电阻网络 Z 参数矩阵

$$Z_{RL} = \begin{bmatrix} R_g + R_s + j\omega(L_g + L_s) & R_s + j\omega L_s \\ R_s + j\omega L_s & R_d + R_s + j\omega(L_g + L_s) \end{bmatrix} \tag{5.3}$$

本征部分导纳 Y 矩阵可以表示为

$$Y_{\text{INT}} = \begin{bmatrix} \dfrac{j\omega C_{\text{gs}}}{1+j\omega R_i C_{\text{gs}}} + j\omega C_{\text{gd}} & -j\omega C_{\text{gd}} \\ \dfrac{g_m e^{-j\omega\tau}}{1+j\omega C_{\text{gs}} R_i} - j\omega C_{\text{gd}} & g_{\text{ds}} + j\omega(C_{\text{ds}} + C_{\text{gd}}) \end{bmatrix} \quad (5.4)$$

特征频率 f_T 和最大振荡频率 $f_{\max}$ 是半导体晶体管的两个最重要参数，由于特征频率 f_T 决定器件开关速度，而最大振荡频率 $f_{\max}$ 决定功率增益的能力，因此设计数字电路需要着重考虑 f_T，而射频功率电路设计需要着重考虑 $f_{\max}$。

特征频率 f_T 定义为正向电流增益下降到单位增益时的频率，正向电流增益 h_{21} 定义为

$$h_{21} = \frac{Y_{21}}{Y_{11}} \quad (5.5)$$

假设忽略寄生参数的影响，即仅考虑器件本征部分，则正向电流增益 h_{21} 可以写为

$$|h_{21}| = \left|\frac{Y_{21}}{Y_{11}^1}\right| \approx \frac{g_m}{2\pi f C_{\text{gs}}} \quad (5.6)$$

利用 $f=f_\text{T}$ 时有 $|h_{21}|=1$ 的条件，可以得到特征频率 f_T 的近似表达式

$$f_\text{T} = \frac{g_m}{2\pi C_{\text{gs}}} \quad (5.7)$$

最大振荡频率 $f_{\max}$ 定义为最大资用功率增益下降到单位增益时的频率，根据最大资用功率增益 MAG 的定义

$$\text{MAG} = \left(\frac{f_\text{T}}{f}\right)^2 \frac{1}{4R/R_{\text{ds}} + 4\pi f_\text{T} C_{\text{gd}}(R + R_g + \pi f_\text{T} L_s)} \quad (5.8)$$

其中

$$R = R_g + R_i + R_s + \pi f_\text{T} L_s$$

根据 $f=f_{\max}$ 时 MAG=1 的条件，可以得到 $f_{\max}$ 的表达式

$$f_{\max} = \frac{f_\text{T}}{\sqrt{4R/R_{\text{ds}} + 4\pi f_\text{T} C_{\text{gd}}(R + R_g + \pi f_\text{T} L_s)}} \quad (5.9)$$

5.2.2 大信号等效电路模型

本节主要讨论在商用微波 CAD 软件中可以获得的和在电路设计中常用的 FET 非线性等效两种电路模型：Statz 模型和 Curtice 模型。

1. Statz 非线性等效电路模型

Statz 模型中所使用的源漏直流电流公式为[15]

$$I_{\text{ds}} = \frac{\beta(U_{\text{gs}} - U_{\text{to}})^2}{1+b(U_{\text{gs}} - U_{\text{to}})}(1+\lambda U_{\text{ds}})K_t \quad (5.10)$$

式中，K_t 为正切 tanh 函数的近似表达式：

对于工作在线性区的器件 $(0 < U_{ds} < 3/\alpha)$ 有

$$K_t = 1 - \left(1 - \frac{\alpha U_{ds}}{3}\right)^3 \qquad (5.11)$$

对于工作在饱和区的器件 $(U_{ds} \geq 3/\alpha)$ 有

$$K_t = 1$$

从源漏直流电流公式可以看到 Statz 直流模型共有五个参数：阈值电压 U_{to}（单位:V），器件跨导参数 β（单位:A/V^2），电压饱和参数 α（单位:1/V），掺杂拖尾因子 b（单位:1/V），沟道长度调制系数 λ（单位:1/V）。

相应的跨导和漏极输出电导计算公式为

$$g_m = \frac{\beta(U_{gs} - U_{to}) \cdot [2 + b(U_{gs} - U_{to})]}{[1 + b(U_{gs} - U_{to})]^2}(1 + \lambda U_{ds})K_t \qquad (5.12)$$

$$g_{ds} = \frac{\beta(U_{gs} - U_{to})^2}{[1 + b(U_{gs} - U_{to})]}\left[\lambda K_t + (1 + \lambda U_{ds})\alpha\left(1 - \frac{\alpha U_{ds}}{3}\right)^2\right] \qquad (5.13)$$

Statz 模型中所使用的电容模型公式为

$$C_{gs} = \frac{C_{gso}}{\sqrt{1 - \frac{U_{new}}{U_{bi}}}} \frac{1}{4}(1 + k_1)(1 + k_2) + \frac{1}{2}C_{gdo}(1 - k_2) \qquad (5.14)$$

$$C_{gd} = \frac{C_{gso}}{\sqrt{1 - \frac{U_{new}}{U_{bi}}}} \frac{1}{4}(1 + k_1)(1 - k_2) + \frac{1}{2}C_{gdo}(1 + k_2) \qquad (5.15)$$

其中

$$U_{new} = \frac{1}{2}\left[U_{eff1} + U_{to} + \sqrt{(U_{eff1} - U_{to})^2 + \delta^2}\right] \qquad (5.16)$$

$$U_{eff1} = \frac{1}{2}\left[U_{gs} + U_{gd} + \sqrt{(U_{gs} - U_{gd})^2 + \alpha^{-2}}\right] \qquad (5.17)$$

$$k_1 = \frac{U_{eff1} - U_{to}}{\sqrt{(U_{eff1} - U_{to})^2 + \delta^2}} \qquad (5.18)$$

$$k_2 = \frac{U_{gs} - U_{gd}}{\sqrt{(U_{gs} - U_{gd})^2 + \alpha^{-2}}} \qquad (5.19)$$

式中，C_{gs} 和 C_{gd} 为器件栅源和栅漏电容，C_{gso} 和 C_{gdo} 为零偏下器件栅源和栅漏电容。

2. Curtice 非线性等效电路模型

常用的 Curtice 模型主要有两种：一种是 Curtice 平方模型，另外一种是 Curtice 立方模型，下面分别介绍这两种非线性等效电路模型的计算公式。

(1) Curtice 平方模型[16]。

Curtice 平方模型与 Statz 相比少了一个参数 b，其源漏直流电流计算公式为

$$I_{ds} = \beta(1 + \lambda U_{ds})(U_{gs} - U_{to})^2 \tanh(\alpha U_{ds}) \quad (5.20)$$

为了使 Curtice 平方模型可以模拟 I_{ds} 的非平方变化特性，通常在微波 CAD 软件中使用一个改进的 Curtice 平方模型：

$$I_{ds} = \beta_n(1 + \lambda U_{ds})(U_{gs} - U_{ton})^Q \tanh(\alpha U_{ds}) \quad (5.21)$$

其中

$$\beta_n = \frac{\beta}{1 + U(U_{gs} - U_{to})} \quad (5.22)$$

$$U_{ton} = U_{to} + \gamma U_{ds} \quad (5.23)$$

这样一来增加了 Q、γ 和 U 三个参数，和 Statz 模型非常相似，其中 U 为迁移率下降因子。

(2) Curtice 立方模型[17]。

1987 年，Curtice 又提出了一个新的非线性等效电路模型——立方模型，其特点是引入一个三次经验多项式来表征 I_{ds} 和 U_{gs} 之间的非线性关系

$$I_{ds} = (A_0 + A_1 U_1 + A_2 U_1^2 + A_3 U_1^3) \tanh[\gamma U_{ds}(t)] \quad (5.24)$$

其中，U_1 为输入电压，可以表示为

$$U_1 = U_{gs}(t - \tau) \cdot [1 + \beta(U_{ds}^o - U_{ds}(t))] \quad (5.25)$$

式中，β 为阈值电压系数，U_{ds}^o 为计算 A_0、A_1、A_2 和 A_3 时的输出电压。Curtice 立方模型的缺点是和阈值电压的关系不像 Curtice 平方模型那样明显，即当 U_{gs} 等于阈值电压时可以直接从公式中看到 I_{ds} 为零。

图 5.2 给出了 Curtice 模型所使用的等效电路模型，这里 C_f 和 R_c 用来模拟输出电导的频率相关特性，与其他模型不同的是，Curtice 模型引入了两个新的电压控制电流源 I_{dg} 和 I_{gs}，I_{dg} 表示当大信号工作时产生的漏栅雪崩电流，而

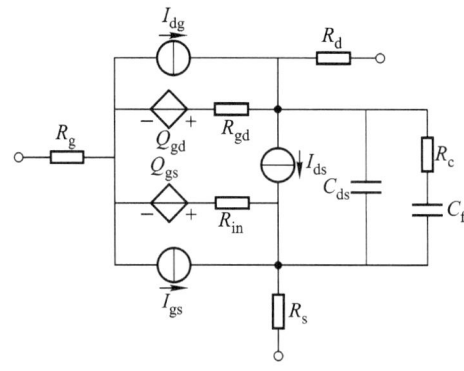

图 5.2 Curtice 非线性等效电路模型

I_{gs} 则表示当栅源结正向偏置时的栅源电流。

漏栅雪崩电流 I_{dg} 具体表达式为

$$I_{dg} = \begin{cases} \dfrac{U_{dg}(t) - U_B}{R_1} & U_{dg} > U_B \\ 0 & U_{dg} < U_B \end{cases} \quad (5.26)$$

式中，$U_B = U_{BO} + R_2 I_{ds}$，$R_1$ 为近似击穿电阻，R_2 为击穿电压和沟道电流相关电阻。U_{BO} 为反向击穿电压。

栅源电流 I_{gs} 具体表达式为

$$I_{gs} = \begin{cases} \dfrac{U_{gs}(t) - U_{bi}}{R_F} & U_{gs} > U_{bi} \\ 0 & U_{gs} < U_{bi} \end{cases} \quad (5.27)$$

式中，U_{bi} 为内建电动势（Build-in Voltage），R_F 为正向偏置时的电阻。

Curtice 模型中电荷模型采用类似二极管的电荷公式，具体表达式为

$$Q_{gs} = 2 U_{bi} C_{gso} \left(1 - \sqrt{1 - \dfrac{U_{gs}}{U_{bi}}} \right) \quad (5.28)$$

$$Q_{gd} = 2 U_{bi} C_{gdo} \left(1 - \sqrt{1 - \dfrac{U_{gd}}{U_{bi}}} \right) \quad (5.29)$$

5.2.3 噪声等效电路模型

为了准确预测和描述半导体器件的噪声性能，建立精确的反映器件噪声特性的等效电路模型十分必要，因为它是设计低噪声电路（如低噪声放大器和振荡器等）的基础。值得注意的是，半导体器件噪声等效电路模型是建立在半导体器件小信号等效电路模型基础之上的，其建模原理如图 5.3 所示。

半导体器件噪声等效电路模型通常由本征噪声电流（电压）源、寄生噪声

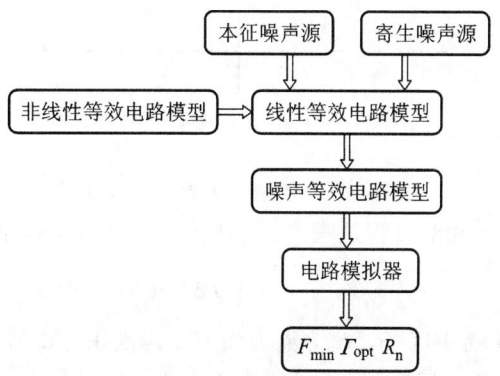

图 5.3 半导体器件建模原理

电流(电压)源和小信号等效电路模型元件组成,对于场效应晶体管(PHEMT或者 MESFET)来说,器件本征噪声源(Noise Source)主要是指器件内部产生的栅极感应噪声、漏极沟道噪声以及低频噪声,寄生噪声源主要是指寄生电阻产生的热噪声。下面主要介绍两种常用的 FET 噪声等效电路模型:PUCEL 噪声模型和 POSPIESZALSKI 噪声等效电路模型。

1. PUCEL 噪声模型

PUCEL 噪声模型是场效应晶体管最常用的噪声模型之一[18-19](也称之为 PRC 模型),如图 5.4 所示,其本征噪声源栅极感应噪声 $\overline{i_g^2}$ 和漏极沟道噪声 $\overline{i_d^2}$ 的表达式为

$$\overline{i_g^2} = 4kT\Delta f\omega^2 C_{gs}^2 \frac{R}{g_m} \tag{5.30}$$

$$\overline{i_d^2} = 4kT\Delta f g_m P \tag{5.31}$$

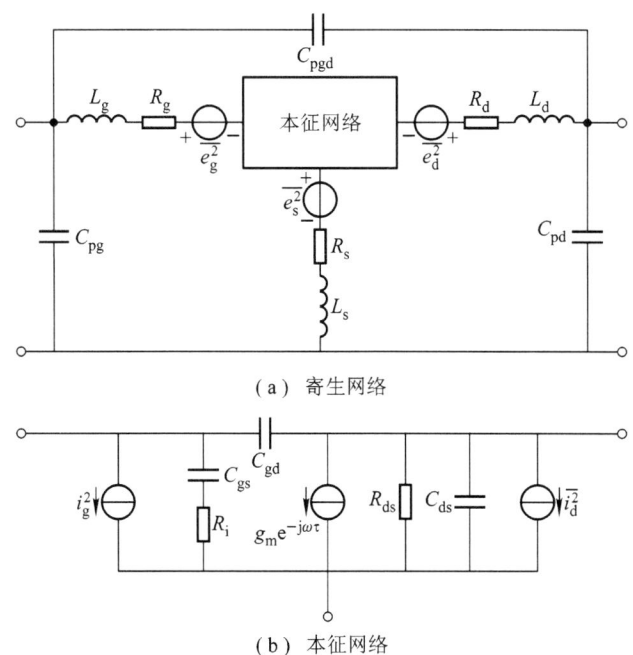

图 5.4 PRC 噪声等效电路模型

栅极感应噪声 $\overline{i_g^2}$ 和漏极沟道噪声 $\overline{i_d^2}$ 的相关噪声项可以表示为

$$\overline{i_g^* i_d} = C\sqrt{\overline{i_g^2}\,\overline{i_d^2}} = 4kT\Delta f\omega C_{gs} C\sqrt{PR} \tag{5.32}$$

其中 P 为栅极感应噪声因子,R 为漏极沟道噪声因子,C 为相关噪声因子,Δf 为噪声带宽,T 为绝对温度(通常设置为 290 K)。

与 PRC 模型相对应的器件噪声参数(Noise Parameter)可以表示为[20]

$$F_{\min} = 1 + 2\sqrt{P + R - 2C\sqrt{PR}}\frac{f}{f_c}\sqrt{g_m(R_s + R_g) + \frac{PR(1 - C^2)}{P + R - 2C\sqrt{PR}}} \quad (5.33)$$

$$g_n = g_m\left(\frac{f}{f_c}\right)^2(P + R - 2C\sqrt{PR}) \quad (5.34)$$

$$R_{opt} = \sqrt{\frac{g_m(R_s + R_g) + \frac{PR(1 - C^2)}{P + R - 2C\sqrt{PR}}}{P + R - 2C\sqrt{PR}}}\frac{1}{\omega C_{gs}} \quad (5.35)$$

$$X_{opt} = \frac{1}{\omega C_{gs}}\frac{P - C\sqrt{PR}}{P + R - 2C\sqrt{PR}} \quad (5.36)$$

在常用的电路模拟程序 SPICE 中，FET 器件的栅极感应噪声 $\overline{i_g^2}$ 通常被忽略，相对应的器件噪声参数简化为

$$F_{\min} = 1 + 2\sqrt{P}\frac{f}{f_c}\sqrt{g_m(R_s + R_g)} \quad (5.37)$$

$$g_n = Pg_m\left(\frac{f}{f_c}\right)^2 \quad (5.38)$$

$$R_{opt} = \sqrt{\frac{g_m(R_s + R_g)}{P}}\frac{1}{\omega C_{gs}} \quad (5.39)$$

$$X_{opt} = \frac{1}{\omega C_{gs}} \quad (5.40)$$

其中，$f_c = \frac{g_m}{2\pi C_{gs}}$ 为截止频率，从式(5.33)～式(5.36)可以看出器件噪声模型的几个特点：

(1) 栅极感应噪声考虑与否不影响最佳噪声系数 $F_{\min}$ 和频率的线性关系。

(2) 即使在较低的频率范围内，栅极感应噪声步可以忽略。

(3) 栅极感应噪声 $\overline{i_g^2}$ 和漏极沟道噪声 $\overline{i_d^2}$ 为相关噪声源，一部分栅极感应噪声将和一部分漏极沟道噪声相抵消，具体表现在公式中为 $P + R - 2C\sqrt{PR}$ 和 $PR(1 - C^2)$ 两项。

在器件饱和区域，域栅极感应噪声因子 P 可以近似为 $P = \frac{I_{ds}}{E_c Lg_m}$[21]，这里 I_{ds} 为漏源电流，L 为栅长，E_c 为临界电场强度。

2. POSPIESZALSKI 温度噪声模型

POSPIESZALSKI 噪声等效电路模型如图 5.5 所示，相应的本征等效噪声模型见图 5.6[22]，三个寄生电阻 R_g、R_d 和 R_s 所产生的热噪声分别为

$$\overline{e_g^2} = 4kT_a R_g \Delta f \quad (5.41)$$

$$\overline{e_d^2} = 4kT_a R_d \Delta f \qquad (5.42)$$

$$\overline{e_s^2} = 4kT_a R_s \Delta f \qquad (5.43)$$

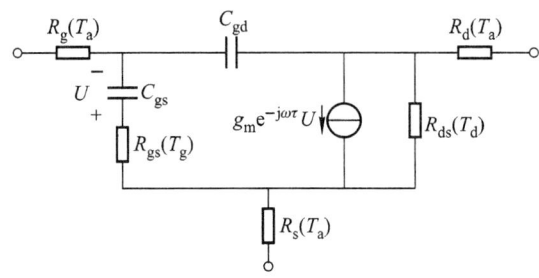

图 5.5　POSPIESZALSKI 噪声等效电路模型

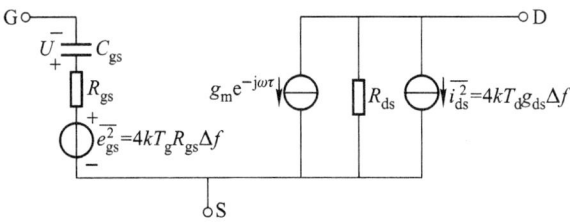

图 5.6　POSPIESZALSKI 本征噪声等效电路模型

式中，T_a 为寄生电阻工作温度，通常设为室温 290 K。而本征电阻 R_{gs} 和漏极输出电阻 R_{ds} 等效噪声温度分别为 T_g 和 T_d，其相应的噪声电压和电流均方值分别为

$$\overline{e_{gs}^2} = 4kT_g R_{gs} \Delta f \qquad (5.44)$$

$$\overline{i_{ds}^2} = 4kT_d g_{ds} \Delta f \qquad (5.45)$$

值得注意的是该模型假设上述两个本征噪声源 $\overline{e_{gs}^2}$ 和 $\overline{i_{ds}^2}$ 为不相关的噪声源，亦即

$$\overline{e_{gs}^* i_{ds}} = 0 \qquad (5.46)$$

POSPIESZALSKI 噪声等效电路模型和导纳噪声模型参数之间的关系为[23]

$$\overline{i_1^2} = 4kT_g \Delta f R_{gs} \left| \frac{j\omega C_{gs}}{1 + j\omega C_{gs} R_{gs}} \right|^2 \qquad (5.47)$$

$$\overline{i_2^2} = 4k\Delta f \left(\frac{T_d}{R_{ds}} + T_g R_{gs} \left| \frac{g_m}{1 + j\omega C_{gs} R_{gs}} \right|^2 \right) \qquad (5.48)$$

$$\overline{i_1 i_2^*} = 4kT_g \Delta f \frac{g_m^* \omega C_{gs} R_{gs}}{|1 + j\omega C_{gs} R_{gs}|^2} \qquad (5.49)$$

假设采用温度噪声形式来表示二口网络，亦即

5.2 GaAs MESFET/HEMT 建模技术

$$T_n = T_{min} + T_0 \frac{g_n}{R_g} |Z_g - Z_{opt}|^2$$

$$= T_{min} + NT_0 \frac{|Z_g - Z_{opt}|^2}{R_g R_{opt}} \quad (5.50)$$

或者

$$T_n = T_{min} + 4NT_0 \frac{|\Gamma_g - \Gamma_{out}|^2}{(1-|\Gamma_{opt}|^2)(1-|\Gamma_g|^2)} \quad (5.51)$$

则二口网络(Two-port Network)噪声参数可以表示为

$$X_{opt} = \frac{1}{\omega C_{gs}} \quad (5.52)$$

$$R_{opt} = \sqrt{\left(\frac{f_T}{f}\right)^2 \frac{R_{gs}}{g_{ds}} \frac{T_g}{T_d} + R_{gs}^2} \quad (5.53)$$

$$T_{min} = 2\frac{f}{f_T}\sqrt{g_{ds}R_{gs}T_g T_d + \left(\frac{f}{f_T}\right)^2 R_{gs}^2 g_{ds}^2 T_d^2} + 2\left(\frac{f}{f_T}\right)^2 R_{gs} g_{ds} T_d \quad (5.54)$$

$$R_n = \frac{T_g}{T_0}R_{gs} + \frac{T_d}{T_0}\frac{g_{ds}}{g_m^2}(1 + \omega^2 C_{gs}^2 R_{gs}^2) \quad (5.55)$$

3. 考虑栅极漏电流影响的噪声模型

上述器件噪声模型对于理想的 FET 器件(在正常工作状态下栅极漏电流为零)是准确的,也就是说栅极漏电流对器件噪声的影响可以忽略不计。但是对于 HEMT 器件来说,其栅极漏电流 I_{gL} 的范围大约在一微安到几十微安左右,对器件噪声的影响尤其在较低的频率情况下不能忽略,无论是 PRC 噪声模型还是温度噪声模型,都需要在栅极加入一个栅极漏电流噪声源来表征其影响[30]。

图 5.7 给出了一个考虑栅极漏电流影响的 PRC 噪声模型[24],该模型除了包括两个相关的噪声源 $\overline{i_g^2}$ 和 $\overline{i_d^2}$ 之外,还增加了一个独立的和其他两个噪声源不相关的栅极漏电流噪声源 $\overline{i_{gL}^2}$,其表达式为

$$\overline{i_{gL}^2} = 2qI_{gL}\Delta f \quad (5.56)$$

同样温度噪声模型也可以进行改进,图 5.8 给出一个考虑栅极漏电流影响

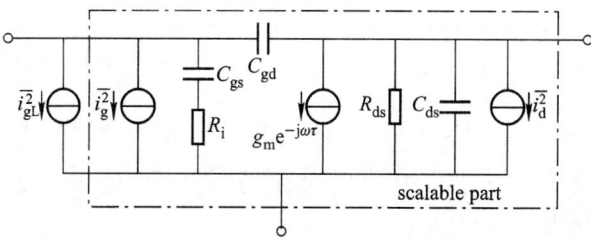

图 5.7 考虑栅极漏电流影响的 PRC 噪声模型

的温度噪声模型[25]，该模型通过增加一个栅极并联的大阻值电阻 R_{pgs}，利用其热噪声来表征栅极漏电流的影响

$$\overline{i_{\mathrm{pgs}}^2} = 4kT_{\mathrm{p}}R_{\mathrm{pgs}}\Delta f \tag{5.57}$$

值得注意的是，三个热噪声源均为不相关的噪声源。

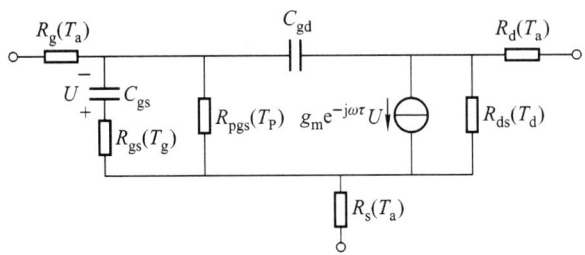

图 5.8　考虑栅极漏电流影响的温度噪声模型

5.2.4　模型参数提取技术

模型参数提取技术是器件建模的基础，只有向电路模拟软件提供相应的模型参数，才可以进行电路设计。因此器件模型所有用到的参数均需要精确的提取，下面简要介绍线性、非线性和噪声模型参数的提取过程。

1. 线性模型参数提取

图 5.9 给出了焊盘 PAD 电容提取测试版图和相应的等效电路模型，测试结构为不包含被测器件（Device Under Test，DUT）的空焊盘结构，等效电路模型由三个电容所组成。

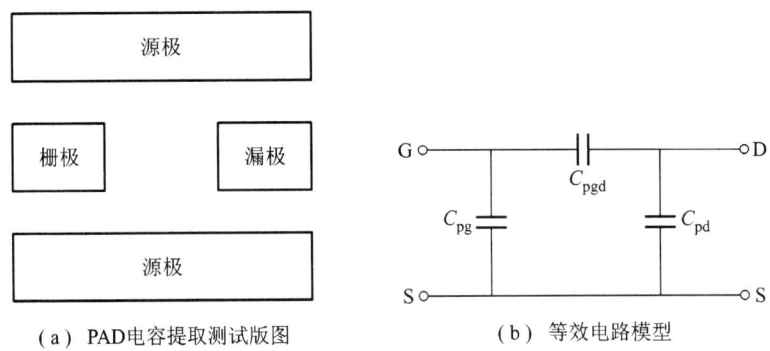

（a）PAD电容提取测试版图　　　　（b）等效电路模型

图 5.9　PAD 电容提取测试版图和相应的等效电路模型

测量开路测试结构（test structure）的 S 参数，利用转换可以得到由 Y 参数虚部构成的方程组

$$\mathrm{Im}(Y_{11}) = \mathrm{j}\omega(C_{\mathrm{pg}} + C_{\mathrm{pgd}}) \tag{5.58}$$

5.2 GaAs MESFET/HEMT 建模技术

$$\text{Im}(Y_{12}) = \text{Im}(Y_{21}) = -j\omega C_{pgd} \tag{5.59}$$

$$\text{Im}(Y_{22}) = j\omega(C_{pd} + C_{pgd}) \tag{5.60}$$

由式(5.58)~式(5.60)可以得到 PAD 电容 C_{pg}、C_{pd} 和 C_{pgd} 的计算公式分别为

$$C_{pg} = \frac{1}{\omega}\text{Im}(Y_{11} + Y_{12}) \tag{5.61}$$

$$C_{pd} = \frac{1}{\omega}\text{Im}(Y_{22} + Y_{12}) \tag{5.62}$$

$$C_{pgd} = -\frac{1}{\omega}\text{Im}(Y_{12}) = -\frac{1}{\omega}\text{Im}(Y_{21}) \tag{5.63}$$

提取寄生电感测试版图和等效电路模型如图 5.10 所示[26],其中图(a)为将器件内部短接的测试版图,图(b)为相应的等效电路模型。

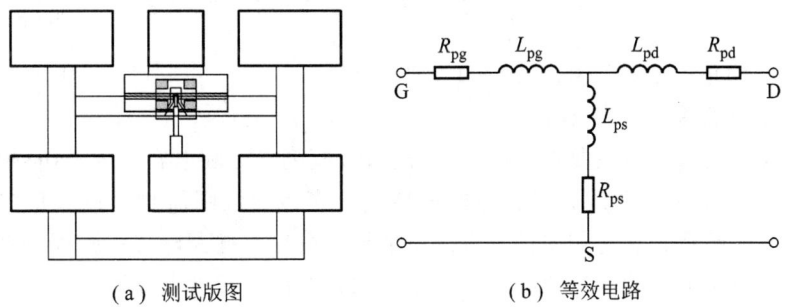

(a) 测试版图　　　　　　(b) 等效电路

图 5.10　确定键合引线寄生元件的测试版图和相应的等效电路

通过测试短路结构的 S 参数,在消去寄生电容的影响之后,利用 Z 参数可以直接确定三个引线电感和三个引线电阻:

$$L_{ps} = \frac{1}{\omega}I_m(Z_{12}) = \frac{1}{\omega}I_m(Z_{21}) \tag{5.64}$$

$$L_{pg} = \frac{1}{\omega}(Z_{11} - Z_{12}) \tag{5.65}$$

$$L_{pd} = \frac{1}{\omega}(Z_{22} - Z_{21}) \tag{5.66}$$

$$R_{pg} = R_e(Z_{11} - Z_{12}) \tag{5.67}$$

$$R_{pd} = R_e(Z_{11} - Z_{21}) \tag{5.68}$$

$$R_{ps} = R_e(Z_{12}) = R_e(Z_{12}) \tag{5.69}$$

在消去所有寄生元件的影响以后,按照下列公式可以直接提取本征元件[27-31]:

$$d(\omega_i) = \frac{\text{Re}(Y_{11}(\omega_i) + Y_{12}(\omega_i))}{\text{Im}(Y_{11}(\omega_i) + Y_{12}(\omega_i))} \tag{5.70}$$

$$c(\omega_i) = [Y_{21}(\omega_i) - Y_{12}(\omega_i)][1 + j\omega_i d(\omega_i)] \quad (5.71)$$

$$C_{gs}(\omega_i) = \frac{1 + d^2(\omega_i)}{\omega_i} \text{Im}(Y_{11}(\omega_i) + Y_{12}(\omega_i)) \quad (5.72)$$

$$R_i(\omega_i) = \frac{d^2(\omega_i)}{(1 + d^2(\omega_i))\text{Re}(Y_{11}(\omega_i) + Y_{12}(\omega_i))} \quad (5.73)$$

$$C_{gd}(\omega_i) = \frac{-\text{Im}(Y_{12}(\omega_i))}{\omega_i} \quad (5.74)$$

$$g_m(\omega_i) = \sqrt{c^2(\omega_i)} \quad (5.75)$$

$$\tau(\omega_i) = -\frac{1}{\omega_i}\arctan[\text{Im}(c(\omega_i)), \text{Re}(\omega_i)] \quad (5.76)$$

$$g_{ds}(\omega_i) = \text{Re}(Y_{22}(\omega_i) + Y_{12}(\omega_i)) \quad (5.77)$$

$$C_{ds}(\omega_i) = \frac{\text{Im}(Y_{22}(\omega_i) + Y_{12}(\omega_i))}{\omega_i} \quad (5.78)$$

式中，ω_i 为角频率，$i = 0,\cdots,N-1$ 为取样点。

2. 非线性模型参数提取

非线性模型参数主要包括两个部分：DC 模型参数和电容参数，DC 模型参数需要从 DC $I-U$ 曲线获得，而非线性电容模型参数则需要通过测量多偏置情况下的 S 参数，获得相应偏置情况下的栅源电容、栅漏电容和漏源电容随栅源电压和漏源电压的变化曲线，根据上述结果提取非线性电容模型参数[32]。

3. 噪声模型参数提取

根据测量的 S 参数获得小信号模型参数以后，本征噪声模型参数 P、R、C 和栅极漏电流噪声因子 α 可以利用下列步骤提取[33-34]：

（1）计算器件级联噪声相关矩阵 $\boldsymbol{C}_A$。

（2）消去 PAD 电容的影响，由于 PAD 电容网络为无源网络，导纳噪声相关矩阵保持不变。

（3）在消去寄生元件之后，噪声模型参数可以直接由导纳噪声相关矩阵计算得到

$$P = \frac{C_{Y22}}{4kTg_m\Delta f} \quad (5.79)$$

$$R = \frac{C_{Y11} - 2\alpha qI_{gL}}{4kT(\omega C_{gs})^2 \Delta f}g_m \quad (5.80)$$

$$C = \frac{\text{Im}(C_{Y12})}{4kT\omega C_{gs}\sqrt{PR}} \quad (5.81)$$

$$\alpha = \frac{1}{2qI_{gL}}C_{Y11}\bigg|_{\omega \to 0} \quad (5.82)$$

式中，C_{Y11}、C_{Y12} 和 C_{Y22} 为导纳噪声相关矩阵参数。

5.3 GaAs/InP HBT 建模技术

5.3.1 大信号等效电路模型

由于 HBT 和 BJT 器件结构相似，通常以 BJT 成熟的大、小信号模型为基础来对 HBT 器件进行建模，基于 BJT Gummel-Poon 模型的 HBT 大信号等效电路模型[35]，与 BJT 模型的主要不同在于考虑了基极电阻和基极-集电极电容的分布效应。

基于 BJT Gummel-Poon 模型的 HBT 大信号等效电路模型如图 5.11 所示。其中，i_{be1} 为正向扩散电流，i_{bc1} 为反向扩散电流，i_{be2} 为非理想基极-发射极电流，i_{bc2} 为非理想基极-集电极电流，它们的表达式分别为

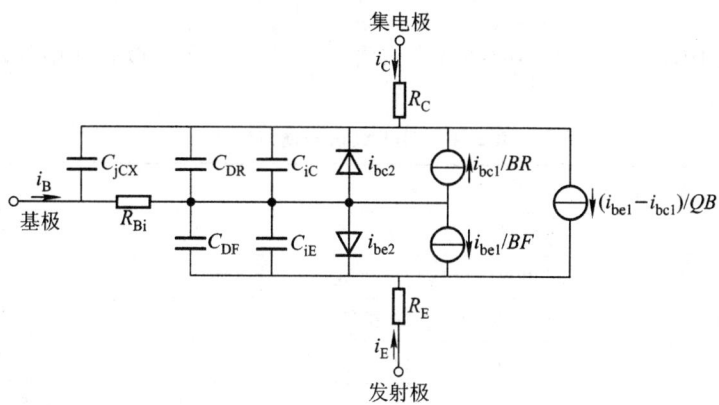

图 5.11 基于 BJT Gummel-Poon 模型的 HBT 大信号等效电路模型

$$i_{be1} = I_{sf} \left[\exp\left(\frac{qU_{be}}{n_f kT}\right) - 1 \right] \quad (5.83)$$

$$i_{be2} = I_{se} \left[\exp\left(\frac{qU_{be}}{n_e kT}\right) - 1 \right] \quad (5.84)$$

$$i_{bc1} = I_{sr} \left[\exp\left(\frac{qU_{be}}{n_r kT}\right) - 1 \right] \quad (5.85)$$

$$i_{bc2} = I_{sc} \left[\exp\left(\frac{qU_{bc}}{n_c kT}\right) - 1 \right] \quad (5.86)$$

则基极、集电极和发射极电流分别为

$$i_{\rm b} = A \cdot \left(\frac{i_{\rm be1}}{\beta_{\rm f}} + i_{\rm be2} + \frac{i_{\rm bc1}}{\beta_{\rm r}} + i_{\rm bc2} \right) \tag{5.87}$$

$$i_{\rm c} = A \cdot \left(\frac{i_{\rm be1}}{QB} - \frac{i_{\rm bc1}}{QB} - \frac{i_{\rm bc1}}{\beta_{\rm r}} - i_{\rm bc2} \right) \tag{5.88}$$

$$i_{\rm e} = A \cdot \left(\frac{i_{\rm be1}}{QB} - \frac{i_{\rm bc1}}{QB} - \frac{i_{\rm be1}}{\beta_{\rm f}} - i_{\rm be2} \right) \tag{5.89}$$

式中，QB 为基极电荷参数，A 为发射极面积。

基极-发射极(Base-Emitter, B-E)结和基极-集电极(Base-Collector, B-C)结电容模型公式如下：

$$C_{\rm jE}(U_{\rm BE}) = \frac{C_{\rm jE0}}{\left(1 - \dfrac{U_{\rm BE}}{U_{\rm jE}}\right)^{m_{\rm jE}}} \tag{5.90}$$

$$C_{\rm jC}(U_{\rm BC}) = \frac{C_{\rm jC0}}{\left(1 - \dfrac{U_{\rm BE}}{U_{\rm jC}}\right)^{m_{\rm jC}}} \tag{5.91}$$

上述 HBT 大信号模型的物理参数含义以及在电路模拟软件中的缺省数值见表 5.4。

表 5.4 HBT 大信号模型参数

模型参数	含义	单位	数值
$\beta_{\rm f}$	理想最大正向放大倍数		80
$\beta_{\rm r}$	理想最大反向放大倍数		0.2
$C_{\rm jC}$	零偏 B-C PN 结电容	fF	27
$C_{\rm jE}$	零偏 B-E PN 结电容	fF	120
$I_{\rm sf}$	正向饱和电流	A	1.5×10^{-24}
$I_{\rm sr}$	反向饱和电流	A	1.5×10^{-24}
$I_{\rm sc}$	B-C 结泄漏饱和电流	A	4.9×10^{-14}
$I_{\rm se}$	B-E 结泄漏饱和电流	A	1×10^{-18}
$M_{\rm jC}$	B-C 结电容梯度因子		0.5
$M_{\rm jE}$	B-E 结电容梯度因子		0.5
$n_{\rm c}$	B-C 结泄漏发射系数		1.65
$n_{\rm e}$	B-E 结泄漏发射系数		1.65
$n_{\rm r}$	反向电流发射系数		1.02
$n_{\rm f}$	正向电流发射系数		1
$R_{\rm B}$	基极体电阻	Ω	0

续表

模型参数	含义	单位	数值
R_C	集电极体电阻	Ω	2
R_E	发射极体电阻	Ω	0.9
U_{jC}	B-C结内建电动势	V	0.75
U_{jE}	B-E结内建电动势	V	0.75
TR	正向渡越时间	s	0
TF	反向渡越时间	ps	2.8

5.3.2 小信号等效电路模型

目前常用的 HBT 小信号等效电路模型有两种：一种是 T 形小信号等效电路模型，一种是 π 形小信号等效电路模型，实际上这两种模型都是源自 BJT 的小信号等效电路模型。图 5.12 和图 5.13 分别给出了上述两种小信号等效电路模型拓扑，由于第一种拓扑表征了 B-E 结和 B-C 结的实际物理结构，拓扑形状类似英文大写字母 T，因此称为 T 形小信号等效电路模型；第二种拓扑结构以输出电流随输入电压变化为基础构建，拓扑形状类似希腊字母 π，因此称为 π 形小信号等效电路模型。

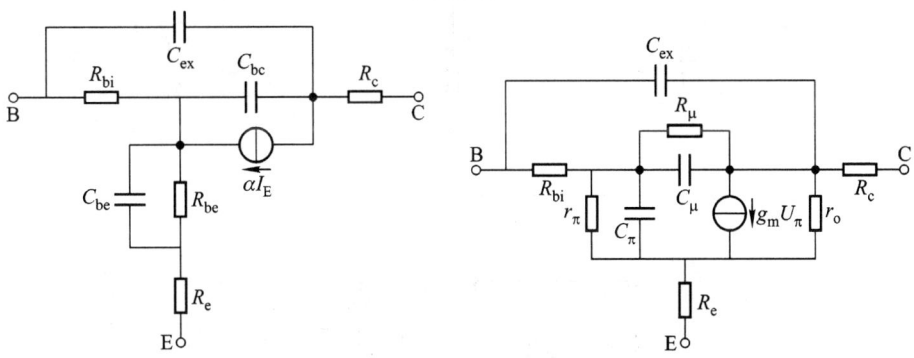

图 5.12 HBT T 形小信号等效电路模型　　图 5.13 HBT π 形小信号等效电路模型

图 5.12 中 B-E 结由动态电阻 R_{be} 和结电容 C_{be} 表示，而 B-C 结则由结电容 C_{bc} 来表示，值得注意的是动态电阻 R_{bc} 由于太大而被忽略不计。图中的 α 表示本征电流增益，具体公式为

$$\alpha = \frac{\alpha_o}{1 + \dfrac{j\omega}{\omega_\alpha}} e^{-j\omega\tau} \tag{5.92}$$

式中，α_o 为低频本征电流增益，ω_α 为本征电流增益下降 3 dB 时的角频率，τ 为时间延迟。

图 5.13 中 B-E 结由动态电阻 R_π 和结电容 C_π 表示，而 B-C 结则由动态电阻 R_μ 和结电容 C_μ 表示。g_m 表示跨导增益，具体表达式为

$$g_m = g_{mo} e^{-j\omega\tau} \tag{5.93}$$

式中，g_{mo} 为低频跨导增益，τ 为时间延迟。

实际上，上述两种模型均是人造模型，理论上所表征的器件特性是一致的，两种模型的参数之间的关系如下：

$$g_{mo} = \frac{\alpha_o}{R_{be}} \tag{5.94}$$

$$C_\pi = C_{be} + g_{mo}\tau \tag{5.95}$$

$$R_\pi = \frac{R_{be}}{1 - g_{mo}R_{be}} \tag{5.96}$$

5.3.3 噪声等效电路模型

HBT 器件噪声等效电路模型如图 5.14 所示，其中图(a)和图(b)分别为寄

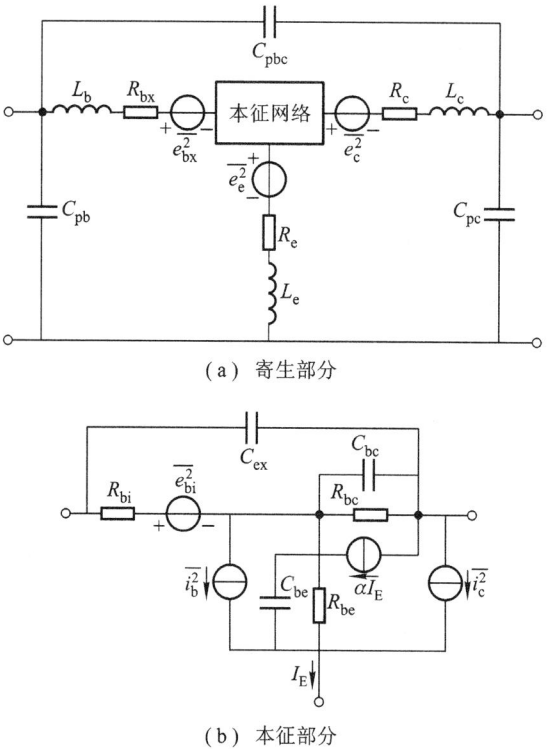

(a) 寄生部分

(b) 本征部分

图 5.14 HBT 器件噪声等效电路模型

生网络部分和本征网络部分。本征等效电路模型采用T形结构,其中包括$\overline{e_{\mathrm{bx}}^2}$、$\overline{e_{\mathrm{bi}}^2}$、$\overline{e_{\mathrm{c}}^2}$和$\overline{e_{\mathrm{e}}^2}$三个热噪声源以及$\overline{i_{\mathrm{b}}^2}$和$\overline{i_{\mathrm{c}}^2}$两个本征噪声源。

本征噪声电流源$\overline{i_{\mathrm{b}}^2}$和$\overline{i_{\mathrm{c}}^2}$的具体表达式为[36]

$$\overline{i_{\mathrm{b}}^2} = 2qI_{\mathrm{b}}\Delta f \tag{5.97}$$

$$\overline{i_{\mathrm{c}}^2} = 2qI_{\mathrm{c}}\Delta f \tag{5.98}$$

$\overline{i_{\mathrm{b}}^2}$和$\overline{i_{\mathrm{c}}^2}$为相关噪声源,其相关项为

$$\overline{i_{\mathrm{b}}^* i_{\mathrm{c}}} = 2qI_{\mathrm{c}}(\mathrm{e}^{-\mathrm{j}\omega\tau} - 1)\Delta f \tag{5.99}$$

式中,I_{b}和I_{c}分别为基极和集电极电流。

其余四个噪声源$\overline{e_{\mathrm{bx}}^2}$、$\overline{e_{\mathrm{c}}^2}$、$\overline{e_{\mathrm{e}}^2}$和$\overline{e_{\mathrm{bi}}^2}$分别表示寄生电阻$R_{\mathrm{bx}}$、$R_{\mathrm{c}}$、$R_{\mathrm{e}}$和本征基极电阻$R_{\mathrm{bi}}$的热噪声,具体表达式为

$$\overline{e_i^2} = 4kTR_i\Delta f \quad (i = \mathrm{bx,bi,c,e}) \tag{5.100}$$

式中,q为电子电荷,k为玻耳兹曼常数,T为绝对温度,R_i为电阻数值,τ为时间延时。

图5.14中R_{bx}和R_{bi}分别为寄生和本征基极电阻,R_{c}和R_{e}分别为集电极和发射极寄生电阻,C_{ex}为基极-集电极寄生电容,C_{be}和C_{bc}分别为基极-发射极和基极-集电极本征电容。

5.3.4 模型参数提取技术

1. 小信号模型参数提取

图5.15给出了一个完整的HBT小信号等效电路模型,其开路Z参数可以表示为[37-38]

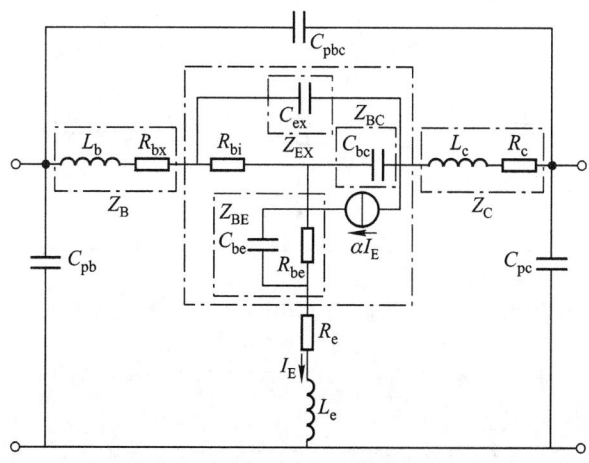

图5.15 完整的HBT小信号等效电路模型

$$Z_{11} = \frac{[(1-\alpha)Z_{BC} + Z_{EX}]R_{bi}}{Z_{BC} + Z_{EX} + R_{bi}} + Z_{BE} + Z_E + Z_B \quad (5.101)$$

$$Z_{12} = \frac{(1-\alpha)Z_{BC}R_{bi}}{Z_{BC} + Z_{EX} + R_{bi}} + Z_{BE} + Z_E \quad (5.102)$$

$$Z_{21} = \frac{[-\alpha Z_{EX} + (1-\alpha)R_{bi}]Z_{BC}}{Z_{BC} + Z_{EX} + R_{bi}} + Z_{BE} + Z_E \quad (5.103)$$

$$Z_{22} = \frac{(1-\alpha)Z_{BC}(Z_{EX} + R_{bi})}{Z_{BC} + Z_{EX} + R_{bi}} + Z_{BE} + Z_E + Z_C \quad (5.104)$$

其中

$$Z_B = R_{bx} + j\omega L_b$$

$$Z_C = R_c + j\omega L_c$$

$$Z_E = R_e + j\omega L_e$$

$$Z_{BC} = \frac{1}{j\omega C_{bc}}$$

$$Z_{EX} = \frac{1}{j\omega C_{ex}}$$

$$Z_{BE} = \frac{R_{BE}}{1 + j\omega R_{BE} C_{BE}}$$

当 HBT 器件在截止状态下(定义为基极 – 发射极结和基极 – 集电极结均为零偏置或者反偏置情况下),相应的等效电路模型如图 5.16 所示,电流增益 α 趋于零,器件呈现无源网络($Z_{12} = Z_{21}$),其 Z 参数可以表示为

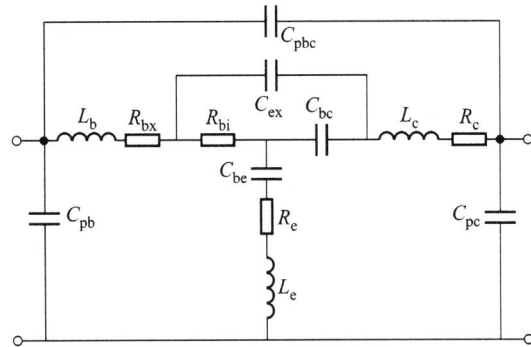

图 5.16 截止状态下的 HBT 小信号等效电路模型

$$Z_{11} - Z_{12} = \frac{Z_{EX}R_{bi}}{Z_{BC} + Z_{EX} + R_{bi}} + Z_B \quad (5.105)$$

$$Z_{12} = Z_{12} = \frac{Z_{BC}R_{bi}}{Z_{BC} + Z_{EX} + R_{bi}} + Z_{BE} + Z_E \quad (5.106)$$

$$Z_{22} - Z_{12} = \frac{Z_{BC} Z_{EX}}{Z_{BC} + Z_{EX} + R_{bi}} + Z_{C} \tag{5.107}$$

其中 PAD 电容 C_{pb}、C_{pc} 和 C_{pbc} 可以由开路测试结构获得,三个寄生电感 L_b、L_c 和 L_e 可以由短路结构提取,发射极寄生电阻 R_e 和 B-E 结动态电阻 R_{be} 之和可以由正常偏置情况下的 Z_{12} 实部确定

$$R_{be} + R_e = \mathrm{Re}(Z_{12}) \tag{5.108}$$

这里动态电阻 R_{be} 可以表示为

$$R_{be} = \frac{\eta k T}{q I_E} \tag{5.109}$$

从式(5.108)和(5.109)可以看到,只要绘出 $\mathrm{Re}(Z_{12})$ 随 $1/I_E$(I_E 为发射极电流)的变化曲线,直线的截距即为发射极寄生电阻 R_e。

下面介绍在截止状态下提取基极和集电极寄生电阻 R_{bx} 和 R_c 的方法,首先确定 B-C 结本征和寄生电容 C_{bc} 和 C_{ex}:

$$C_{bc} + C_{ex} = -\frac{1}{\omega B \left(1 + \frac{A^2}{C^2 F^2}\right)} \tag{5.110}$$

$$C_{ex} = -\frac{D^2}{\omega A \left[\left(1 + \frac{1}{F}\right)^2 + D^2\right]} \tag{5.111}$$

其中

$$A = \mathrm{Im}(Z_{11} - Z_{12})$$

$$B = \mathrm{Im}(Z_{22} - Z_{12})$$

$$C = \mathrm{Re}(Z_{12})$$

$$D = \frac{C}{B}$$

$$E = \frac{A}{B}$$

$$F = \frac{E + \sqrt{E^2 + 4ED^2}}{2D^2}$$

然后利用上述公式确定寄生电阻 R_{bx}、R_c 和本征电阻 R_{bi}:

$$R_{bi} = -\frac{D}{\omega C_{ex}} \tag{5.112}$$

$$R_{bx} = \mathrm{Re}\left(Z_{11} - Z_{12} - \frac{R_{bi} C_{bc}}{C_{ex} + C_{bc} + j\omega R_{bi} C_{bc} C_{ex}}\right) \tag{5.113}$$

$$R_c = \mathrm{Re}\left(Z_{22} - Z_{12} - \frac{1}{j\omega(C_{ex} + C_{bc}) - \omega^2 R_{bi} C_{bc} C_{ex}}\right) \tag{5.114}$$

$$C_{bc} + C_{ex} = \frac{1}{\omega}\text{Im}\left(\frac{1}{Z_{22} - Z_{21}}\right) \tag{5.115}$$

在消去所有寄生元件的影响以后，按照下列公式可以直接提取本征元件：

$$C_{ex} = -\frac{1}{\omega^2}\frac{\text{Re}\left(\frac{1}{Z_{22} - Z_{21}}\right)\text{Re}\left(\frac{1}{Z_{11} - Z_{12}}\right)}{\text{Im}\left(\frac{1}{Z_{22} - Z_{21}}\right)} \tag{5.116}$$

$$R_{bi} = \frac{\text{Im}\left(\frac{1}{Z_{22} - Z_{21}}\right)}{\omega C_{bc}\text{Re}\left(\frac{1}{Z_{11} - Z_{12}}\right)} \tag{5.117}$$

$$\alpha_o = |\alpha(\omega)|\Big|_{\omega \to 0} = \left|\frac{Z_{12} - Z_{21}}{Z_{22} - Z_{21}}\right|\Big|_{\omega \to 0} \tag{5.118}$$

$$\omega_\alpha = \frac{\omega|\alpha(\omega)|}{\sqrt{\alpha_o^2 - |\alpha(\omega)|^2}} \tag{5.119}$$

$$\tau = -\frac{1}{\omega}\arctan\left(\frac{\text{Im}\left(\frac{Z_{12} - Z_{21}}{Z_{22} - Z_{21}}\right)}{\text{Re}\left(\frac{Z_{12} - Z_{21}}{Z_{22} - Z_{21}}\right)}\right) + \frac{1}{\omega}\arctan\left(\frac{\omega}{\omega_\alpha}\right) \tag{5.120}$$

$$R_{BE} = \frac{1}{\text{Re}\left(\dfrac{1}{Z_{12} - \dfrac{(1-\alpha)C_{ex}R_{bi}}{(C_{bc} + C_{ex}) + j\omega C_{bc}C_{ex}R_{bi}}}\right)} \tag{5.121}$$

$$C_{BE} = \frac{1}{\omega}\text{Im}\left(\dfrac{1}{Z_{12} - \dfrac{(1-\alpha)C_{ex}R_{bi}}{(C_{bc} + C_{ex}) + j\omega C_{bc}C_{ex}R_{bi}}}\right) \tag{5.122}$$

2. 大信号模型参数提取

图 5.17 给出了 HBT 直流参数提取示意图，当 B－C 结电压为零时[（见图 5.17(a)]，可以测得基极和集电极电流分别为

$$I_b = I_{sf}\left[\exp\left(\frac{qU_{be}}{n_f kT}\right) - 1\right] \tag{5.123}$$

$$I_c = \frac{I_c}{\beta_f} + I_{se}\left[\exp\left(\frac{qU_{be}}{n_e kT}\right) - 1\right] \tag{5.124}$$

通过拟合基极和集电极电流 I_b 和 I_c 的测量曲线，可以获得参数 I_{se}、I_{sf}、β_f、n_e 和 n_f 的数值。

当 B－E 结电压为零时[见图 5.17(b)]，可以测得基极和集电极电流分别为

$$I_{\rm b} = \frac{I_{\rm e}}{\beta_{\rm r}} + I_{\rm sc}\left[\exp\left(\frac{qU_{\rm bc}}{n_{\rm c}kT}\right) - 1\right] \tag{5.125}$$

$$I_{\rm e} = I_{\rm sr}\left[\exp\left(\frac{qU_{\rm bc}}{n_{\rm r}kT}\right) - 1\right] \tag{5.126}$$

通过拟合基极和集电极电流 $I_{\rm b}$ 和 $I_{\rm c}$ 可以获得参数 $I_{\rm sc}$、$I_{\rm sr}$、$\beta_{\rm r}$、$n_{\rm c}$ 和 $n_{\rm r}$ 的数值。

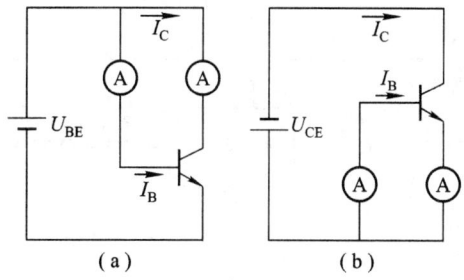

图 5.17　HBT 直流参数提取示意图

5.4　SiGe HBT 建模技术

与 GaAs 和 InP HBT 相比，SiGe HBT 在物理结构上和 BJT 更加接近，仅仅在基极掺杂锗(Ge)元素即可。图 5.18 给出了 SiGe HBT 能带结构和 Ge 掺杂浓度示意图，由于 Ge 在基极掺杂逐渐增加，对由发射极注入的电子形成了一个加速场，提高了器件的特征频率。SiGe HBT 的等效电路模型和其他类型 HBT

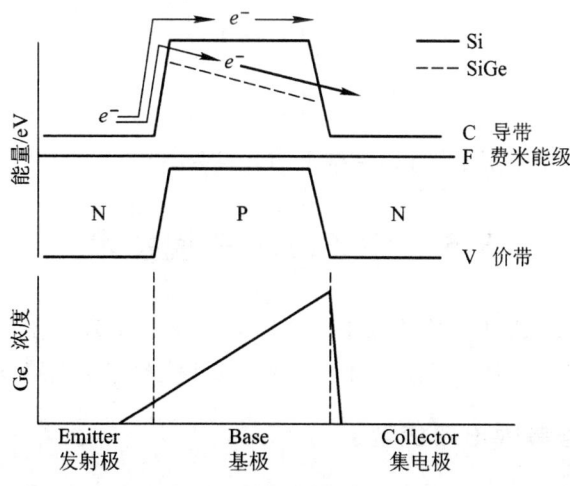

图 5.18　SiGe HBT 能带结构

的区别在于焊盘模型上,由于衬底的半导体性,焊盘模型除了对地电容以外,还需要两个串联电阻用于模拟衬底的半导体特性(R_{pb}和R_{pc})。

图5.19给出了典型的等效电路模型,其中C_{pb},C_{pc}和C_{pbc}为对地电容,而R_{pb}和R_{pc}用以模拟衬底损耗,可以用开路结构直接提取参数:

$$C_{pb} = -\frac{1}{\omega \mathrm{Im}\left(\dfrac{1}{Y^o_{11} + Y^o_{12}}\right)} \tag{5.127}$$

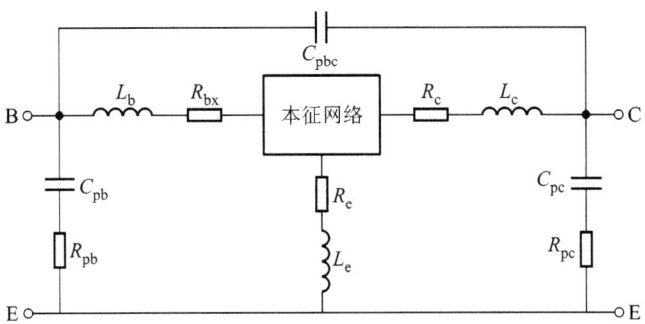

图5.19 SiGe HBT 等效电路模型

$$C_{pc} = -\frac{1}{\omega \mathrm{Im}\left(\dfrac{1}{Y^o_{22} + Y^o_{12}}\right)} \tag{5.128}$$

$$C_{pbc} = -\frac{\mathrm{Im}(Y^o_{12})}{\omega} \tag{5.129}$$

$$R_{pb} = \mathrm{Re}\left(\frac{1}{Y^o_{11} + Y^o_{12}}\right) \tag{5.130}$$

$$R_{pc} = \mathrm{Re}\left(\frac{1}{Y^o_{22} + Y^o_{12}}\right) \tag{5.131}$$

上述公式中$Y^o_{ij}(i,j=1,2)$为开路结构下的S参数。

5.5 MOSFET 建模技术

随着MOSFET器件栅长的减小,特征频率越来越高,目前MOSFET器件不仅是数字电路的主要元器件,而且广泛应用于光电集成电路设计领域。

5.5.1 小信号等效电路模型

图5.20给出了MOSFET的小信号等效电路模型,和FET器件相比增加了以下四个元件:

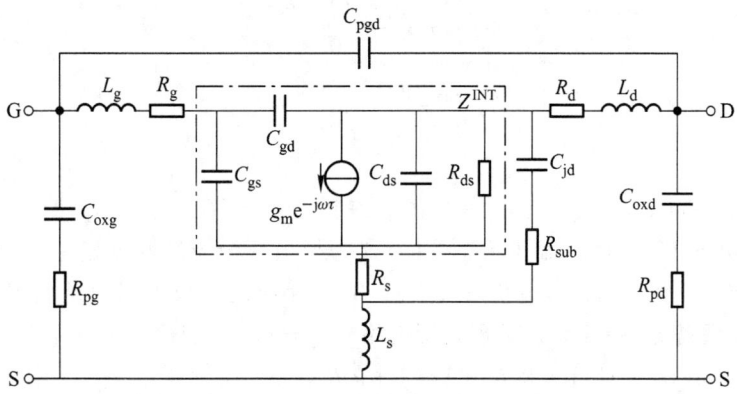

图 5.20　MOSFET 小信号等效电路模型

R_{pg}：栅极焊盘衬底损耗电阻；

R_{pd}：漏极焊盘衬底损耗电阻；

C_{jd}：本征漏极和衬底之间的电容；

R_{sub}：本征漏极和衬底之间的损耗电阻。

小信号等效电路开路 Z 参数可以表示为

$$Z_{11} = \frac{Z_{11}^{INT} + R_s + Y_{jd}N}{1 + (Z_{22}^{INT} + R_s)Y_{jd}} + j\omega(L_g + L_s) + R_g \tag{5.132}$$

$$Z_{12} = \frac{Z_{12}^{INT} + R_s}{1 + (Z_{22}^{INT} + R_s)Y_{jd}} + j\omega L_s \tag{5.133}$$

$$Z_{21} = \frac{Z_{21}^{INT} + R_s}{1 + (Z_{22}^{INT} + R_s)Y_{jd}} + j\omega L_s \tag{5.134}$$

$$Z_{22} = \frac{Z_{22}^{INT} + R_s}{1 + (Z_{22}^{INT} + R_s)Y_{jd}} + j\omega(L_d + L_s) + R_d \tag{5.135}$$

其中

$$Y_{jd} = \frac{j\omega C_{jd}}{1 + j\omega R_{sub} C_{jd}}$$

$$N = Z_{11}^{INT} Z_{22}^{INT} - Z_{12}^{INT} Z_{21}^{INT} + R_s(Z_{11}^{INT} + Z_{22}^{INT} - Z_{12}^{INT} - Z_{21}^{INT})$$

其中 Z_{ij}^{INT}($i,j = 1,2$) 为本征网路的 Z 参数（图 5.20 中点画线框中的部分），具体表达式为

$$Z_{11}^{INT} = \frac{g_{ds} + j\omega(C_{gd} + C_{ds})}{M} \tag{5.136}$$

$$Z_{12}^{INT} = \frac{j\omega C_{gd}}{M} \tag{5.137}$$

$$Z_{21}^{INT} = \frac{-g_m e^{-j\omega\tau} + j\omega C_{gd}}{M} \tag{5.138}$$

$$Z_{22}^{INT} = \frac{j\omega(C_{gs} + C_{gd})}{M} \tag{5.139}$$

式中

$$M = -\omega^2(C_{gs}C_{ds} + C_{gs}C_{gd} + C_{gd}C_{ds}) + j\omega[g_m e^{-j\omega\tau}C_{gd} + g_{ds}(C_{gs} + C_{gd})]$$

当 MOSFET 器件在截止状态下(定义为栅极 - 源极结和栅极 - 漏极结均为零偏置或者反偏置,即 $U_{gs} \leq 0$ 以及 $U_{ds} = 0$),相应的等效电路模型如图 5.21 所示,跨阻增益 g_m 趋于零,呈现无源网络($Z_{12} = Z_{21}$),其 Z 参数可以表示为

$$Z_{11} = \frac{j\omega(C_{gd} + C_{ds}) + M_c R_s + Y_{jd}[1 + j\omega R_s(C_{gs} + C_{ds})]}{M_c + Y_{jd}[j\omega(C_{gd} + C_{gs}) + M_c R_s]} + j\omega(L_g + L_s) + R_g$$
(5.140)

$$Z_{12} = Z_{21} = \frac{j\omega C_{gd} + M_c R_s}{M_c + Y_{jd}[j\omega(C_{gd} + C_{gs}) + M_c R_s]} + j\omega L_s \tag{5.141}$$

$$Z_{22} = \frac{j\omega(C_{gd} + C_{gs}) + M_c R_s}{M_c + Y_{jd}[j\omega(C_{gd} + C_{gs}) + M_c R_s]} + j\omega(L_d + L_s) + R_d \tag{5.142}$$

式中

$$M_c = -\omega^2(C_{gs}C_{ds} + C_{gs}C_{gd} + C_{gd}C_{ds})$$

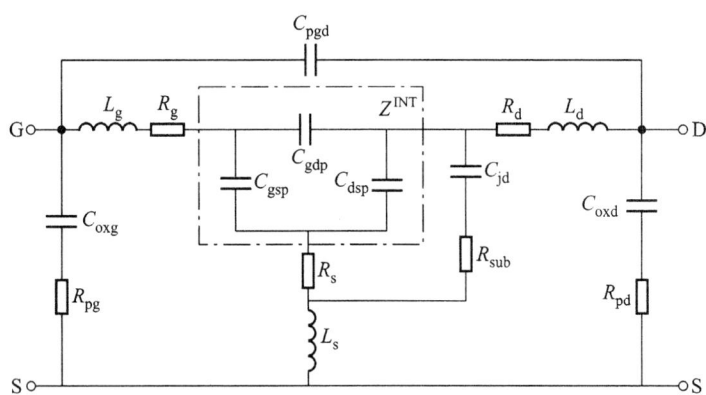

图 5.21 MOSFET 器件在截止状态下的小信号等效电路模型

5.5.2 大信号等效电路模型

STATZ 模型、Curtice 模型等上述模型主要以 MESFET 为主开发研制,经过调整参数后亦可以应用于 HEMT 器件,1992 年 Angelov 等人提出了一个统一的可用于 MESFET、MOSFET 和 HEMT 器件的模型[39-40],在商用微波电路模拟软件 ADS 中称之为 Angelov 模型。其源漏直流电流公式为

$$I_{ds} = I_{pk}[1 + \tanh(\phi)]\tanh(\alpha U_{ds})(1 + \lambda U_{ds}) \qquad (5.143)$$

或者

$$I_{ds} = I_{pk}(1 + \tanh(\phi))\tanh(\alpha U_{ds})\exp(\lambda U_{ds}) \qquad (5.144)$$

从式(5.143)可以看到，I_{ds}随沟道长度调制变化可以用$1 + \lambda U_{ds}$来表示，同时也可以用指数函数$\exp(\lambda U_{ds})$的一阶近似来表示：

$$\exp(\lambda U_{ds}) = 1 + \lambda U_{ds} + \frac{1}{2}(\lambda U_{ds})^2 + \cdots \qquad (5.145)$$

当I_{ds}较小时$\exp(\lambda U_{ds})$的精度要高于$1 + \lambda U_{ds}$，并且在谐波平衡(HB)方法中收敛性很好，有利于研究器件的Kink效应、软击穿效应和高电压应用。这里函数ϕ可以用一系列$(U_{gs} - U_{pk})$的幂函数之和来表示：

$$\phi = P_1(U_{gs} - U_{pk}) + P_2(U_{gs} - U_{pk})^2 + P_3(U_{gs} - U_{pk})^3 + \cdots \qquad (5.146)$$

将式(5.146)代入式(5.144)，源漏直流电流公式可以简化为

$$I_{ds} = I_{pk}\{1 + \tanh[P_1(U_{gs} - U_{pk})]\}\tanh(\alpha U_{ds})\exp(\lambda U_{ds}) \qquad (5.147)$$

I_{pk}和V_{pk}为跨导达到最大值时的漏电流和栅电压，V_{pk}和漏源电压之间的关系可以表示为

$$U_{pk}(U_{ds}) = U_{pko} + (U_{pks} - U_{pko})\tanh(\alpha U_{ds}) \qquad (5.148)$$

很显然当$U_{pks} = U_{pko}$时

$$U_{pk}(U_{ds}) = U_{pko} \qquad (5.149)$$

饱和电压参数α描述为U_{gs}的函数：

$$\alpha = \alpha_r + \alpha_s \exp\left(\frac{U_{gs}}{nkT}\right) \qquad (5.150)$$

为了节约计算时间通常也可以用下式来替代：

$$\alpha = \alpha_r + \alpha_1 \tanh(\phi) \qquad (5.151)$$

Angelov模型中电荷模型采用和I_{ds}相似的函数：

$$C_{gs} = C_{gso}[1 + \tanh(\phi_1)][1 + \tanh(\phi_2)] \qquad (5.152)$$

$$C_{gd} = C_{gdo}[1 + \tanh(\phi_3)][1 - \tanh(\phi_4)] \qquad (5.153)$$

其中

$$\phi_1 = P_{0gsg} + P_{1gsg}U_{gs} + P_{2gsg}U_{gs}^2 + P_{3gsg}U_{gs}^3 + \cdots \qquad (5.154)$$

$$\phi_2 = P_{0gsd} + P_{1gsd}U_{ds} + P_{2gsd}U_{ds}^2 + P_{3gsd}U_{ds}^3 + \cdots \qquad (5.155)$$

$$\phi_3 = P_{0gdg} + P_{1gdg}U_{gs} + P_{2gdg}U_{gs}^2 + P_{3gdg}U_{gs}^3 + \cdots \qquad (5.156)$$

$$\phi_4 = P_{0gdd} + (P_{1gdd} + P_{1cc}U_{gs})U_{ds} + P_{2gdd}U_{ds}^2 + P_{3gdd}U_{ds}^3 + \cdots \qquad (5.157)$$

当电容精度可以保证在5%~10%的时候，可以用一阶近似来表征电容[39-40]：

$$C_{gs} = C_{gsp} + C_{gso}[1 + \tanh(P_{10} + P_{11}U_{gs})][1 + \tanh(P_{20} + P_{21}U_{ds})]$$

$$(5.158)$$

$$C_{gd} = C_{gdp} + C_{gdo}[1 + \tanh(P_{30} + P_{31}U_{ds})][1 - \tanh(P_{40} + P_{41}U_{gd})]$$
(5.159)

上述公式满足对称特性：

$$\frac{\partial C_{gs}}{\partial U_{dg}} = \frac{\partial C_{gd}}{\partial U_{gs}}$$
(5.160)

对式(5.158)和式(5.159)积分可以得到相应的电荷公式

$$Q_{gs} = C_{gsp}U_{gs} + C_{gso}(U_{gs} + L_{c1} + U_{gs}T_{ch2} + L_{c1}T_{ch2})$$
(5.161)

$$Q_{gd} = C_{gdp}U_{gd} + C_{gdo}(U_{gd} + L_{c4} + U_{gd}T_{ch3} + L_{c4}T_{ch3})$$
(5.162)

其中

$$L_{c1} = \frac{\lg[\cosh(P_{10} + P_{11}U_{gs})]}{P_{11}}$$
(5.163)

$$T_{h2} = \tanh[P_{20} + P_{21}U_{ds}]$$
(5.164)

$$L_{c4} = \frac{\lg[\cosh(P_{40} + P_{41}U_{gd})]}{P_{41}}$$
(5.165)

$$T_{h3} = \tanh[P_{30} + P_{31}U_{ds}]$$
(5.166)

5.5.3 噪声等效电路模型

由于 MOSFET 器件工作机理和 MESFET 器件很相似，因此其本征噪声电路模型是一致的，也就是说，PRC 和 POSPIESZALSKI 噪声等效电路模型适用于 MOSFET 器件。但是值得注意的是，其寄生网络模型与 MESFET 有着明显的区别，图 5.22 给出了 MOSFET 器件噪声等效电路模型，从图中看出，与 MESFET 器件相比，MOSFET 寄生电阻热噪声源多了三个（$\overline{e_{pg}^2}$，$\overline{e_{pd}^2}$ 和 $\overline{e_{sub}^2}$）。

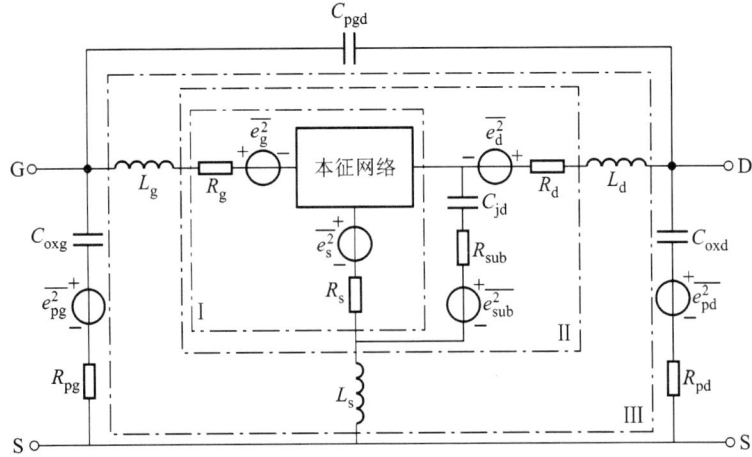

图 5.22 MOSFET 器件噪声等效电路模型

5.5.4 模型参数提取技术

从前几节分析可以看到,如果寄生元件可以直接提取,那么本征元件很容易获得。但是对于 MOSFET 器件来说,获得全部寄生元件十分困难,因此采用半分析方法是一个很好的选择[41-42],半分析方法的基本原理是仅仅将寄生元件当作未知变量进行优化,而本征元件则由器件 S 参数消去寄生元件后得到,具体提取步骤如下:

(1) 设置寄生元件初始数值。

(2) 计算本征元件,即把本征元件当做寄生元件的函数:

$$C_{gs} = f_1(C_{oxg}, C_{pd}, C_{oxd}, L_g, L_d, L_s, R_g, R_d, R_s, R_{pg}, R_{pd}) \quad (5.167)$$

$$C_{gd} = f_2(C_{oxg}, C_{pd}, C_{oxd}, L_g, L_d, L_s, R_g, R_d, R_s, R_{pg}, R_{pd}) \quad (5.168)$$

$$C_{ds} = f_3(C_{oxg}, C_{pd}, C_{oxd}, L_g, L_d, L_s, R_g, R_d, R_s, R_{pg}, R_{pd}) \quad (5.169)$$

$$g_m = f_4(C_{oxg}, C_{pd}, C_{oxd}, L_g, L_d, L_s, R_g, R_d, R_s, R_{pg}, R_{pd}) \quad (5.170)$$

$$\tau = f_5(C_{oxg}, C_{pd}, C_{oxd}, L_g, L_d, L_s, R_g, R_d, R_s, R_{pg}, R_{pd}) \quad (5.171)$$

$$R_i = f_6(C_{oxg}, C_{pd}, C_{oxd}, L_g, L_d, L_s, R_g, R_d, R_s, R_{pg}, R_{pd}) \quad (5.172)$$

$$g_{ds} = f_7(C_{oxg}, C_{pd}, C_{oxd}, L_g, L_d, L_s, R_g, R_d, R_s, R_{pg}, R_{pd}) \quad (5.173)$$

函数 f 可以统一写作:

$$f_k = f_k(\omega_i, Z_{ext}) \quad (k = 1, 2, \cdots, 7) \quad (5.174)$$

式中,Z_{ext} 表示寄生元件,ω_i 为角频率。

(3) 误差标准有两个,一个表征参数随频率变化的平坦度,一个表征和测量 S 参数的误差:

$$\varepsilon_1^k(Z_{ext}) = \frac{1}{N-1} \sum_{i=0}^{N-1} \left| f_k(\omega_i, Z_{ext}) - \overline{\sum_{i=0}^{N-1} f_k(\omega_i, Z_{ext})} \right|^2 \quad (k = 1, 2, \cdots, 7)$$

$$(5.175)$$

$$\varepsilon_2(Z_{ext}) = \sum \sum \sum W_{pq} |S_{pq}^c(\omega_i, Z_{ext}) - S_{pq}^m(\omega_i)|^2 \quad (p, q = 1, 2) \quad (5.176)$$

其中 $S_{pq}^c(\omega_i, Z_{ext})$ 为计算得到的 S 参数,$S_{pq}^m(\omega_i)$ 为测量得到的 S 参数。

总的误差标准为

$$\varepsilon(Z_{ext}) = \begin{pmatrix} \varepsilon_1^k(Z_{ext}) \\ \varepsilon_2(Z_{ext}) \end{pmatrix} \quad (5.177)$$

(4) 当满足误差标准后,迭代结束。

本章小结

本章详细介绍了用于高速光纤通信集成电路设计的高速微波射频器件,主要包括Ⅲ-Ⅴ族 MESFET/HEMT、HBT 以及 Si 基 MOSFET 和 SiGe HBT 四种常用的晶体管。对上述器件的工作原理、线性建模技术、非线性建模技术、噪声建模技术以及模型参数提取技术进行了细致的讨论。

参考文献

[1] Washio K. SiGe HBTs and ICs for optical-fiber communication systems[J]. Solid-State Electronics, 1999, 43: 1619-1625.

[2] Lunardi L. Herterostructure circuit applications in optical communications[J]. Solid-State Electronics, 1999, 43: 1627-1632.

[3] Emura K. Technologies for making full use of high-speed IC performance in the development of 40 Gb/s optical receiver[J]. Solid-State Electronics, 1999, 43: 1613-1618.

[4] Feng M. Shen S C, Caruth D C, et al. Device Technologies for RF Front-End Circuits in Next-Generation Wireless Communications[J]. Proceedings of the IEEE, 2004, 92(2): 354-375.

[5] Burns L M. Application for GaAs and silicon integrated circuit in next generation wireless communication systems[J]. IEEE J. Solid-State Circuits, 1995, 30: 1088-1095.

[6] Esson S D. SiGe stretches limits of silicon application[J]. Microwave & RF, 1996, 35(12): 89-96.

[7] Halchin D, Golio M. Trends and portable wireless applications[J]. Microwave Journal, 1997, 40(1): 62-68.

[8] Bailey M J. PHEMT devices offer high power density and efficiency[J]. Microwave &RF, 1997, 32(6): 61-70.

[9] Case M. SiGe MMIC and flip-chip MICs for low cost microwave systems[J]. Microwave Journal, 1997, 40(5): 264-276.

[10] Lum E J. GaAs technology rides the wireless wave[C]. IEEE GaAs IC Symposium. Digest., 1997: 11-14.

[11] Moniz J M. Is SiGe the future of GaAs for RF application[C]. IEEE GaAs IC Symposium. Digest, 1997: 229-232.

[12] Wang N L. Transistor technology for RFICs in wireless application[J]. Microwave Journal, 1998, 41(2): 98-110.

[13] Larson L E. Integrated circuit technology options for RFICs present status and future directions[J]. IEEE Journal of Solid-State circuits, 1998, 33(5): 387-399.

[14] Kobayashi K W. InP-based HBT technology for next-generation lightwave communications[J]. Microwave Journal, 1998, 41(6): 22-38.

[15] Statz H, Newman P, Smith I W, et al. GaAs FET device and circuit simulation in SPICE[J]. IEEE Trans. Electron Devices, 1987, 34(2): 160-169.

[16] Curtice W R. A MESFET model for Use in the design of GaAs integrated circuits[J]. IEEE Transactions on Microwave Theory and Techniques, 1980, 28(5): 448-456.

[17] Curtice W R, Ettenberg M. A Nonlinear GaAs FET model for use in the design of output circuits for power amplifiers[J]. IEEE Transactions on Microwave Theory and Techniques, 1985, 33(12): 1383-1394.

[18] Ziel A V. Thermal noise in field-effect transistor [J]. Proc. IRE, 1962, 50: 1808-1812.

[19] Pucel R A, Haus H A, Statz H. Signal and noise properties of GaAs microwave FET [J]. in advances in Electronics and Electron Physics, 1975, 38: 195-265.

[20] Cappy A. Noise modeling and measurement technique[J]. IEEE Transactions on Microwave Theory and Techniques. 1988, 36(1): 1-10.

[21] Delagebeaudeuf D, Chevrier J, Lavron M, et al. A new relationship Between the Fukui coefficient and optimal current value for low-noise operation of field-effect transistors[J]. IEEE Electron Device Letters, 1985, 6(9): 444-445.

[22] Pospieszalski M W. Modeling of noise parameters of MESFET's and MODFET's and their frequency and temperature dependence[J]. IEEE Transactions on Microwave Theory and Techniques. 1989, 37(9): 1340-1350.

[23] Heymann P. Experimental evaluation of microwave Field-Effect-Transistor noise models [J]. IEEE Transactions on Microwave Theory and Techniques, 1999, 47(2): 156-163.

[24] Heymann P, Prinzler H. Improved noise model for MESFETs and HEMTs in lower Gigahertz frequency range[J]. Electronics Letters, 1992, 28(7): 611-612.

[25] Reuter R, Van S, Tegude F J. A new noise model of HFET with special emphasis on gate-leakage[J]. IEEE Electron Device Letters, 1995, 16(2): 74-76.

[26] Costa D, Liu W U, Harris J S. Direct extraction of the AlGaAs/GaAs heterojunction bipolar transistors small-signal equivalent circuit[J]. IEEE Trans. Electron Devices, 1991, 38(9): 2018-2024.

[27] Gao J, Li X, Wang H, et al. A New Method for Determination of Parasitic Capacitances of PHEMTs[J]. IOP Semiconductor Science and Technology, 2005, 20(6): 586-591.

[28] Gao J, Law C L, Wang H, et al. An approach for extracting small signal equivalent circuit of double heterojunction δ-doped PHEMTs for millimeter wave applications[J]. International Journal of Infrared and Millimeter Waves, 2002, 23(3): 345-364.

[29] Gao J, Law C L, Wang H, et al. An Improved Pinchoff Equivalent Circuit Model for Determining Small-signal Model Paremeters of Double Heterojunction δ-doped pHEMTs [J]. International Journal of Infrared and Millimeter Waves, 2002, 23(11): 1611-1626.

[30] Gao J, Law C L, Wang H, et al. An Approach to Linear Scalable DH-PHEMT Model[J]. International Journal of Infrared and Millimeter Waves, 2002, 23(12): 1787-1801.

[31] Gao J. An approach for determining PHEMT small-signal circuit model parameters up to

110GHz[J]. International Journal of Infrared and Millimeter Waves, 2005, 16(7): 1017-1020.

[32] Gao J, Law C L, Wang H, et al. A Submicron PHEMT Nonlinear Model Suitable for Low Current Amplifier Design [J]. Int. Journal of Electronics, 2003, 90 (7): 433-443.

[33] Gao J, Law C L, Wang H, et al. A New Method for PHEMT Noise Parameter Determination Based on 50-Ω. Noise Measurement System[J]. IEEE Transactions on Microwave Theory and Techniques, 2003, 51(10): 2079-2089.

[34] Li X, Gao J. Boeck G. Microwave Noise Modeling for AlGaAs/InGaAs/GaAs PHEMTs [J]. Microwave Journal, 2006, 49(12): 94-106.

[35] Liu W. Handbook of III-V Heterojunction bipolar transistors[M][S. l.]: John Wiley & Sons, Inc., 1998.

[36] Gao J, Li X, Wang H, Boeck G. Microwave Noise modeling for InP/InGaAs HBTs [J]. IEEE Trans. Microwave Theory Tech., 2004, 52(4): 1264-1272.

[37] Gao J, Li X, Wang H, et al. An Approach for Determination of Extrinsic Resistances for Metamorphic InP/InGaAs HBTs Equivalent Circuit Model[J]. IEE Proceedings Microwaves, Antennas and Propagation, 2005, 152(2): 195-200.

[38] Gao J, Li X, Wang H, et al. An Improved Analytical Method for Determination of Small Signal Equivalent Circuit Model Parameters for InP/InGaAs HBTs[J]. IEE Proceedings Circuit, Device and System, 2005, 152(6): 661-666.

[39] Angelov L, Bengtsson L, Garcia M. Extensions of the Chalmers nonlinear HEMT and MESFET model[J]. IEEE Transactions on Microwave Theory and Techniques, 1996, 44(10): 1664-1674.

[40] Angelov L, Zirath H, Rosman N. A new empirical nonlinear model for HEMT and MESFET devices[J]. IEEE Transactions on Microwave Theory and Techniques, 1992, 40(12): 2258-2266.

[41] Shirakawa K, Oikawa H, Shimura T, et al. An approach to determining an equivalent circuit for HEMTs [J]. IEEE Trans, Microwave Theory Tech., 1995, 43 (3): 499-503.

[42] Yanagawa S, Ishihara H, Ohtomo M. Analytical method for determining equivqlent circuit parameters of GaAs FET's[J]. IEEE Trans, Microwave Theory Tech., 1996, 44(10): 1637-1641.

第六章 光发射机驱动电路设计技术

6.1 光发射机基本工作原理

光发射机的作用是将电信号转变为光信号,并将光信号耦合进入通信信道光纤中,图6.1给出了光发射机的信号传输过程,电脉冲信号首先经过光发射机转化为光脉冲信号,然后通过长距离光纤传递以后变为幅度衰减并失真的光信号,而后送入光接收机。

在光纤通信系统中,把随信息变化的电信号加到光载波上,使光载波按照信息的变化而变化,这就是光波的调制。从本质上讲,光波调制与无线电波的调制一样,有调幅、调频和调相等多种方式,但为了方便解调,在目前的光纤通信系统中,主要采用强度调制-直接检测(Intensity Modulation with Direct Detection, IM-DD)的方式。从调制方式与光源的关系来分,半导体激光器强度调制主要有两种方式:直接调制(Direct Modulation)方式和外调制(External Modulation)方式。所谓直接调制又称内调制,是将注入调制电流直接作用在激光器上而实现光波强度调制。在半导体激光器的直接调制中,由于

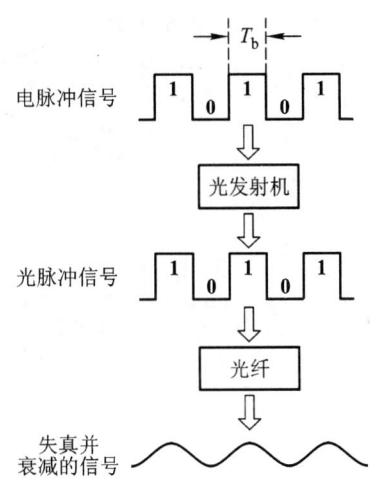

图 6.1 光发射机的信号传输

载流子浓度导致的折射率的变化,不可避免地伴随着频率啁啾(频率随时间发生变化光脉冲),频率啁啾使得光脉冲的频谱大为展宽,展宽的频谱通过光纤的群速度色散作用,导致接收端光脉冲的形状发生变化(脉冲上升沿发生紫移,脉冲下降沿发生红移),影响系统性能。如果不能把频率啁啾减小到最小,那么需要的信道能量就要受到损失,并对邻近信道产生串扰。对于 1.55 μm 的系统,如果传输距离在 80~100 km,采用普通光纤将被限制在 2 Gb/s 以下。

如果把激光的产生和调制分离开来,就可以避免频率啁啾,使得激光器按连续波工作,这称为外调制。即光源本身不被调制,但当光从光源射出以后在其

传输通道上被一调制器调制,这只调制器是利用物质的电光、声光和磁光等效应对光波进行调制,即所谓的电光调制器、声光调制器和磁光调制器。外调制方式采用光调制器,把激光的产生和调制从同一物理空间分离,有效地避免了频率啁啾,它可以将信号的调制速率提高一个数量级,即以 10 Gb/s(或 10 GHz)作为标志。图 6.2 和图 6.3 分别给出了直接调制方式和外调制方式的光发射机结构框图。表 6.1 给出了相应的直接调制和外调制光发射机结构和指标比较。

表 6.1 直接调制和外调制光发射机比较

参　数	直　接　调　制	外　调　制
光调制器	不需要	需要
激光器啁啾	明显	无
驱动对象	激光器	光调制器
驱动输出	电流信号	电压信号

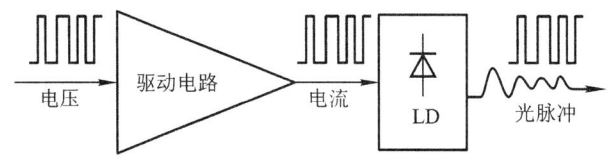

图 6.2 直接调制方式结构示意图

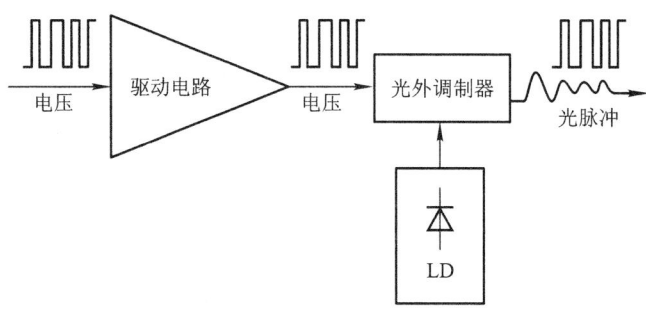

图 6.3 外调制方式结构示意图

为了避免波长啁啾和严重的光纤色散,通常采用半导体激光器和调制器单片集成,它具有低的波长啁啾和良好的高速调制特性,因此是高速大容量光纤通信系统的理想光源。高速光纤通信系统中广泛采用两种外调制器,即电吸收强度调制器(Electro-Absorption Modulator,EAM)和 Mach-Zehnder 强度调制器。

电吸收强度调制器是一种基于Ⅲ-Ⅴ族化合物半导体量子阱结构的量子限制 Stark 效应的光调制器,它的主要特点是驱动电压低($U_{P-P}=2\sim3$ V),功率小,能与半导体激光器实现单片集成,但频率啁啾系数较大。由于量子阱的吸收边很窄,并且外加电场越强,吸收波长范围越小,所以电吸收强度调制器只能调制确定的波长,而且对温度的变化很灵敏。

M-Z 型电光调制器是基于 Mach-Zehnder 干涉仪的波导模式,在此干涉仪中两个相位相干的光波传输了不同的长度后发生了相干。它的主要特点是啁啾系数值很低,色散受限距离很长,但插入损耗大,需要较高的驱动电压(通常情况下 $U_{p-p} = 5 \sim 6$ V),由于是基于 $LiNbO_3$ 材料,体积比较大,难以与半导体激光器集成。调制器的基本结构如图 6.4 所示,光功率经由单模波导输入调制器,3 dB 定向耦合器将光分配成两束相等的光束,各自沿波导传播。当两个臂中的光在输出端口相位一致时,再次产生最低阶模式;如果由于电场的作用使得两个臂中的光在输出端口相位相差 180°时,则产生第一非对称模式,它被截止且很快衰减消失。

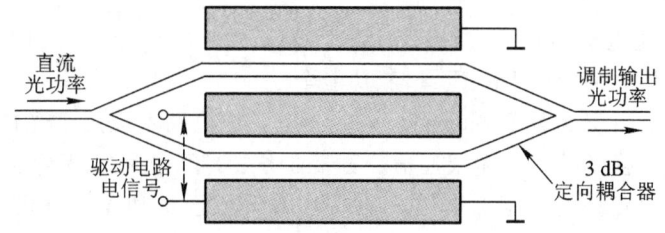

图 6.4 M-Z 调制器基本结构

光调制器输出的调制光功率表达式为

$$P_o = P_{in} \cos^2 \left(\frac{\pi U}{2 U_\pi} + \frac{\varphi}{2} \right) \tag{6.1}$$

式中,P_o 为输出调制光功率;P_{in} 为输入直流光功率;U 为驱动电压;$U_\pi = \frac{\pi}{kl}$,k 为电光系数;l 为有源电极长度;φ 为两个干涉臂不对称引起的光相位差。调制器要求驱动电压将光功率由最大值变到最小值,l 越大,所需要的驱动电压越小,但是调制器带宽会降低;而 l 越小,所需要的驱动电压越大,对驱动电路要求越高。

6.2 光发射机的集成方式

光发射机的集成方式包括单片集成和混合集成两种方式,单片集成是指所有电路和光电子器件集成在一个芯片上,而混合集成通常是指光子器件和电子器件电路分别制作在不同的芯片上。下面分别介绍单片集成和混合集成光发射机的设计方式。

6.2.1 单片集成光发射机

目前应用于光纤通信设备中的光电子集成技术主要有以下几种：混合集成技术，多管芯封装技术，光集成技术，光电集成技术。而光电集成电路的研究和制造技术已成为此领域的关键技术。OEIC 是指在不降低各种器件性能的情况下，集光子器件和电子器件于一体的单片集成电路，由于光电器件性能的互补，可以得到功能强的光电集成电路，具有混合集成电路无可比拟的优势[1]：

(1) 由于寄生电感和电容的降低，光电器件特性如速率、灵敏度等得到了很大的改善。

(2) 采用光互连提高了集成电路的特性。

(3) 简化了制作工艺、装配和调试。

(4) 成本降低，可靠性提高。

(5) 利用电子和光子的相互作用可实现新的功能。

(6) 使用方便(体积小、重量轻、功能全)。

传输网、计算机网和娱乐网合一使光电集成电路不仅用于光传输系统中，而且扩展到交换、接入、无线通信、宽带业务、光互连和传感器等领域。可以预测今后的电路将向功能模块化发展，OEIC 光发射机和光接收机将是长距离光纤通信系统的基本单元[2]。

对于直接调制 OEIC 发射机，主要是将半导体激光器和驱动电路集成在同一芯片上，常用的 OEIC 光发射机主要包括以下几种形式：

(1) 隐埋异质结半导体激光器和 MESFET 基驱动电路的集成。

(2) 隐埋异质结半导体激光器和 HBT 基驱动电路的集成。

(3) 量子阱激光器和 MESFET 基驱动电路的集成。

(4) 量子阱激光器和 HBT 基驱动电路的集成。

(5) 量子阱激光器和 HEMT 基驱动电路的集成。

表 6.2 给出了常用的 OEIC 光发射机的性能比较[3-6]，包括集成方式和所用的工艺。

表 6.2 OEIC 光发射机性能比较(直接调制)

集 成 方 式	光发射机调制速率	工　艺	生 产 厂 商
MQW - LD + GaAs MESFET	2 Gb/s	MBE 栅长 = 1 μm	FUJITON
MQW - LD + GaAs MESFET	2 Gb/s	MOCVD	HITAQI
DFB - LD + GaAs MISFET	4 Gb/s	LPE	日电公司
MQW - LD + GaAs MESFET	1.5 Gb/s	MBE	FUJITON
MQW - LD + GaAs HBT	5 Gb/s	MOVPE	AT&T Bell

6.2.2 混合集成光发射机

从 OEIC 研制发展来看，主要还是针对超高速大容量的光纤通信系统的应用，这是因为集成后元件之间引线极短，寄生参量小到可忽略，从而提高速率增大容量。经计算，寄生参量只有在速率高达 10 Gb/s 以上时才有必要考虑，而集成化的优点之一——价格低，又因为 OEIC 光发射机制备难度大成品率低，一时价格难以降低。使得 OEIC 光发射机实用化进展缓慢。对于目前应用速率（一般 <10 Gb/s）不太高的光纤通信系统，主要采用混合集成或多芯片组装技术来实现。最近发展的倒装技术(Flip-Chip)日益受到重视，它将性能良好的光电器件用自对准工艺倒装于平面集成电路上，是一种特殊的表面安装技术。由于混合集成灵活性大、成品率高、成本低等特点，在实用化的光发射机中应用较广。

图 6.4 给出了两种常用的驱动电路和激光器的连接方式，一种是采用微带传输线(传输线阻抗一般为 25 Ω)，其优势在于容易在驱动电路输出和半导体激光器输入之间达到匹配，如果不匹配则需要在半导体激光器输入端加入串联电阻，功率耗散就会很大，如图 6.5(a)所示；另外一种用于 1 Gb/s 以下，驱动电路和激光器采用键合引线进行连接，其缺点是没有匹配，而且键合引线的

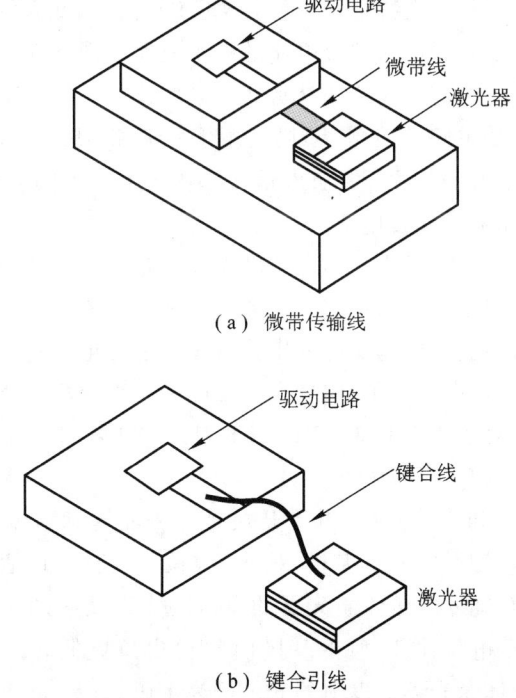

(a) 微带传输线

(b) 键合引线

图 6.5 驱动电路和激光器的连接方式

寄生电容和寄生电感会引起振铃现象,如图 6.5(b)所示。

在混合集成(Hybrid Integration)光发射机中,大多是将高速 GaAlAs/GaAs HBT IC 或 GaAlAs/GaAs/HEMT IC 与高速激光器集成来实现光发射机的功能。表 6.3 给出了目前 OEIC 混合光发射机的研制现状[7]。

表 6.3 混合集成光发射机性能比较(直接调制)

集 成 方 式	光发射机调制速率	生 产 厂 商
LD + HBT IC	6 Gb/s	加州大学
LD + HEMT IC	10 Gb/s	FRAUNHOFER
LD + HEMT IC	18 Gb/s	FRAUNHOFER
DFB - LD + GaAs MESFET	10 Gb/s	NTT

6.3 直接调制驱动电路设计

用于直接调制系统的驱动电路需要和半导体激光器直接相连,由于半导体激光器在阈值以上工作时阻抗很小(通常小于 5 Ω),因此采用差分电路设计时可以直接将半导体激光器接入差分电路的一个支路。图 6.6 给出了半导体激光器直接调制驱动电路的基本电路拓扑形式,其中图(a)适用 MOSFET、MESFET 和 HEMT 器件构成的电路,而图(b)则适用于 BJT 和 HBT 器件构成的电路。图中 U_{sig} 用于提供信号电压, U_{ref} 为输入信号参考电位, U_p 用于控制调制电流,而 U_b 用于控制激光器的偏置电流。

从图 6.6 可以看出,无论是场效应晶体管还是双极晶体管构成的半导体激光器驱动电路均采用差分电路形式,这能有效抑制共模噪声,同时降低由于信号传输距离和寄生参量的偏差引起的串扰。采用上述电路设计具有以下特点:

(1) 驱动电路对于 BJT 和 HBT 器件来说为发射极耦合逻辑(Emitter Coupled Logic,ECL),对于 MOSFET、MESFET 和 HEMT 器件来说为源耦合场效应逻辑(Source Coupled FET Logic,SCFL)。

(2) 晶体管 T_1 和 T_2 构成的电流开关是一种非饱和电流选择开关。当 T_1 管的基极(栅极)电位比 T_2 管的基极(栅极)电位更高时,T_1 管导通,驱动电流全部流过 T_1 管,而流过半导体激光器的电流为零,发射的光信号为 **0** 码;当 T_1 管的基极(栅极)电位比 T_2 管的基极(栅极)电位更低时,T_2 管导通,驱动电流全部流过半导体激光器,发射的光信号为 **1** 码。

(3) 开关倒换过程是由输入数字信号电平转换为 ECL 电平来控制的(ECL

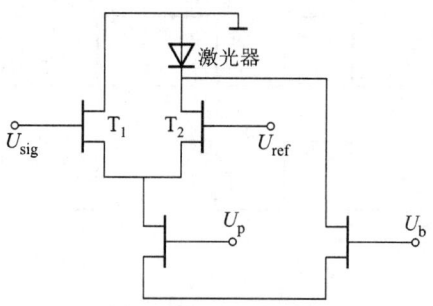

(a) 场效应晶体管基驱动电路

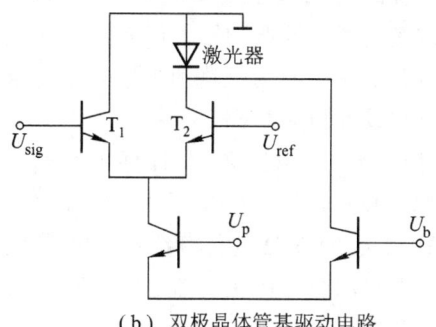

(b) 双极晶体管基驱动电路

图 6.6　半导体激光器直接调制驱动电路的基本电路拓扑形式

电平 **1** 码为 -0.9 V,**0** 码为 -1.7 V)。

(4) 对于 ECL 电路,适当选择数字信号电压的大小就可以使晶体管不致被驱动到饱和状态,从而就不需要消除晶体管中的储存电荷,因而起到快速开关的作用。对于 SCFL 电路,仅需将对管的尺寸设计为恒流源晶体管尺寸的几倍就可以达到上述目的。

(5) 该电路提供的是恒流源,开关瞬态引起的噪声很小。

(6) 该电流开关电路可以使用单电源供电,并且具有逻辑摆幅大、易于和复用器 MUX 集成、抑制漂移等优点。对于 SCL 电路还具有阈值电压范围大的优点。

直接调制半导体激光器驱动电路的设计指标主要有三个方面:数据传输速率(调制带宽)、驱动电流和上升下降沿时间。为了尽量减小啁啾的影响,半导体激光器应工作在阈值附近,即通过调整控制电压 U_b,使得供给半导体激光器的偏置电流 $I_b \approx (1 \sim 1.1) I_{th}$ (I_{th} 为半导体激光器的阈值电流)。偏置电流小,半导体激光器不能正常工作,偏置电流过大,消光比下降;驱动电流要尽可能大,否则消光比过小会影响接收机灵敏度。图 6.7 给出了理想情况下半导体激光器的输入电流波形和输出光波。

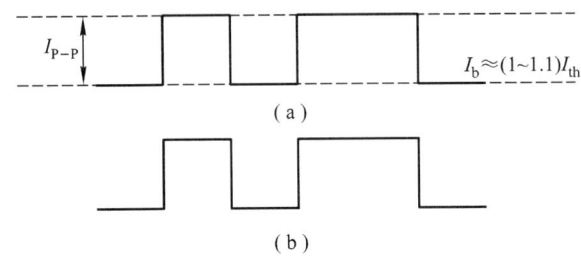

图 6.7 理想情况下半导体激光器的输入电流波形和输出光波

当用于直接调制系统的驱动电路工作在 2.5 Gb/s 速率以下时,通常并不考虑驱动电路和半导体激光器的匹配问题。但是当工作速率高于 10 Gb/s 的时候需要设计一个匹配电路以达到驱动电路和半导体激光器的匹配,用以获得较好的输入匹配。匹配电路设计原理步骤如下:

(1) 测试半导体激光器输入阻抗 Z_{LD},计算输入相应的输入电阻 R_{LD}。
(2) 计算匹配网络(Matching Network)所需要的串联电阻 $R = 25 - R_{LD}$。
(3) 设计一条特征阻抗为 25 Ω 的传输线用于电路和激光器连接。

图 6.8 给出了驱动电路和半导体激光器之间的匹配网络,假设半导体激光器输入电阻为 5 Ω,则需要串联一个 20 Ω 的匹配电阻,而特征阻抗(Characteristic Impedance)为 25 Ω 的传输线的长度需要优化,宽度可以根据衬底参数直接计算得到。

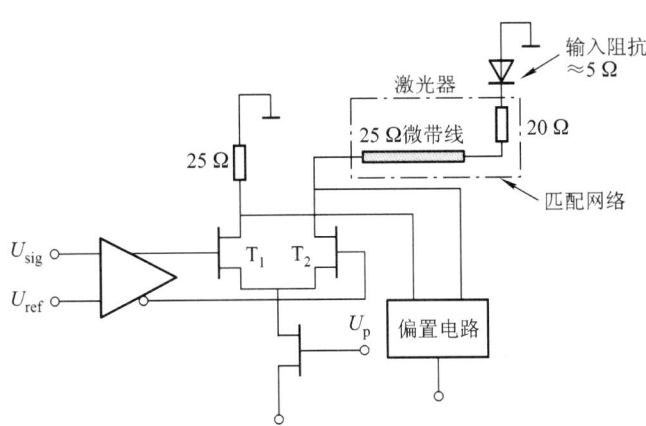

图 6.8 驱动电路和半导体激光器之间的匹配网络

表 6.4 给出了直接调制半导体激光器驱动电路的研制结果[8-15],从表中可以看到,驱动电路的调制电流一般在 50 mA 附近,而上升和下降时间则控制在周期的 1/3。

表 6.4 直接调制半导体激光器驱动电路研制结果比较

电路形式	调制速率/(Gb/s)	驱动电流/mA	上升/下降时间/ps
MESFET IC	2	50	200
Si-BJT IC	3	50	200
HFET IC	10	60	40
HBT IC	5	35	100
HEMT IC	10	—	—
MESFET IC	2.5	60	100
MESFET IC	10	80	50
Si-BJT IC	5	45	—

6.4 外调制驱动电路设计

外调制驱动电路的信号速率一般在 10 Gb/s 以上，驱动电路的高速开关状态使它成为光纤通信系统中要求最为苛刻的电路之一，它的设计指标主要有三个方面：调制带宽、驱动电压和上升/下降时间。

从设计的角度来说，外调制驱动电路的设计思想是比较简单的，电路的一个根本问题就是高信号速率与大信号输出之间的矛盾。外调制激光器驱动电路工作时，需要在 50 Ω 的负载上产生 3~10 V 或者更高的电压摆幅，通常要求调制电流大于 60 mA，而直接调制激光器驱动电路的调制电流一般在 50 mA 左右，因此外调制激光器驱动电路的器件都工作在大信号状态。在大信号下工作状态下，器件的非线性特性增强，调制带宽下降，并且输出电压的上升/下降时间延长，使眼图不能很好地张开。另外由于外调制激光器驱动电路的输入信号速率很高，在输入端的阻抗匹配非常重要，否则将在输出端产生严重的时间抖动(Time Jitter)。为了获得良好的驱动性能，典型的外调制驱动电路一般都包括输入缓冲级、差分放大级、偏置电路和输出级四个部分，如图 6.9 所示。

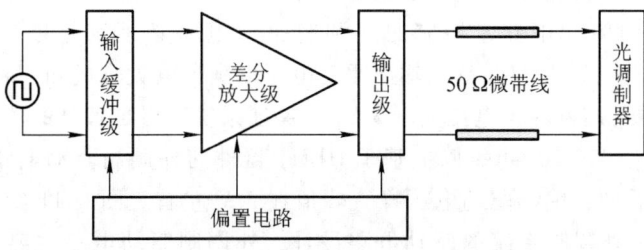

图 6.9 外调制驱动电路的构成形式

值得注意的是无论是外调制驱动电路还是直接调制驱动电路,差分电路的级联固然可以得到一个高增益的放大电路,但是由于前级负载电容(即下一级差分电路的有源器件输入电容)会引起放大器带宽的严重下降,因此利用发射极跟随器和缓冲/电平移位电路用作隔离级(如图6.10所示)。该隔离级的主要作用有以下两点:可以降低电容负载,提高驱动电路带宽,同时可以通过电平移位来控制后续差分电路的输入电平。

从本质上来说,驱动电路是一个微波功率放大电路(Microwave Power Amplifier),由于输出电流比较大,输出端的散

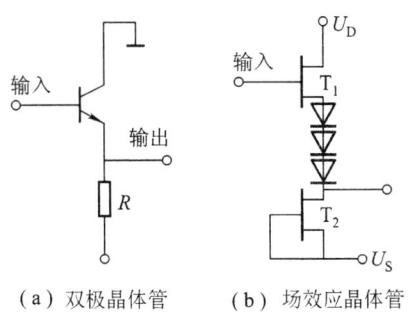

图 6.10 驱动电路隔离级设计

热问题变得十分重要。特别是对于热阻比较大的Ⅲ-Ⅴ族化合物半导体,在电路设计时,不仅要进行电设计,而且还要进行热设计,否则,晶体管的输出电流对温度将形成正反馈,这种热失稳现象最终将导致器件的热击穿。解决电路热失稳的方法通常有两种:一是改进工艺提高电路的散热性能,如衬底减薄、背面热沉、镇流电阻、热分流空气桥技术等;另一个方法是从电路设计和布局上来优化发热点在芯片上的分布,防止局部过热。

从构成外驱动电路的半导体器件种类上来分,主要包括 MESFET/HEMT、BJT/HBT 和 MOSFET 三大类,下面分别介绍上述器件构成的外驱动电路设计。

6.4.1 MESFET/HEMT 基外驱动电路设计

与传统的 MESFET 相比,高电子迁移率晶体管 HEMT 具有截止频率高、跨导大、噪声低等特点,而且与 BJT、HBT 相比,HEMT 的低电压供电工作可以获得低功耗的集成电路,目前已广泛应用于高速光纤通信系统中的外调制驱动电路中。超高速大容量光纤通信系统速率商用水平已经达到 10 Gb/s,而实验室水平达到了 40 Gb/s,GaAs IC 成为扩展通信容量的关键部件之一。

为了避免波长啁啾和严重的光纤色散,10 Gb/s 以上高速光纤通信系统通常采用外调制驱动电路,相应的外调制驱动电路必须满足以下两个条件:(1)高速工作。(2)提供足够的输出驱动电压以满足电吸收式和 Mach-Zehnder 调制器的需要(调制输出电压大于 3 V),保证系统获得足够高的消光比。

表 6.5 给出了 10 Gb/s 以上基于 HEMT 器件的外调制驱动电路研制结果,从表中可以看到,输出驱动电压峰-峰值在 3 V 左右。图 6.11 给出了典型的用于 10 Gb/s 外调制系统的驱动电路设计,外调制驱动电路主要源直接耦合 FET 逻辑电路完成,电路主要由以下三部分构成:

表 6.5 HEMT 外调制驱动电路研制结果比较

年 度	调制速率 /(Gb/s)	驱动电压 /V	上升/下降时间 /ps	文 献
1992	10	4	35~40	[16]
1996	10	2.5	40	[17]
1997	10	3.0	40	[18]
1998	25	3.3	—	[19]
1999	10	2.5	40	[20]
2000	10	3	20	[21]
2001	10	14	—	[22]
2005	40	3	—	[23]

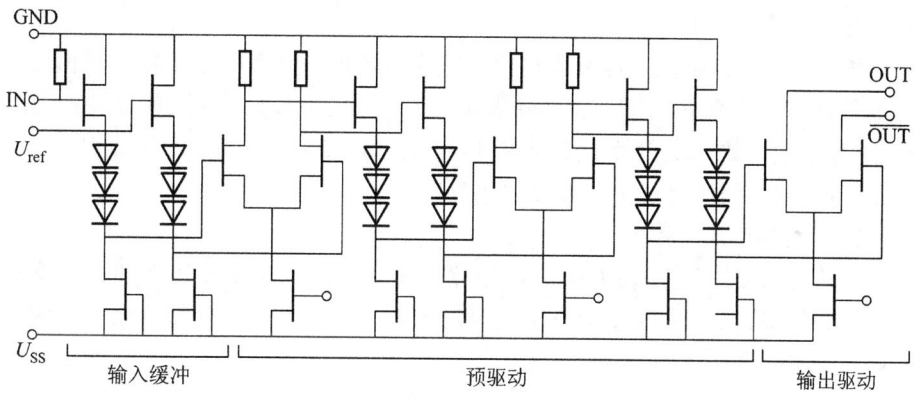

图 6.11 典型的用于 10 Gb/s 外调制系统的驱动电路设计

(1) 输入接口电路——由缓冲电路实现。

(2) 预驱动级——由两级差分放大电路组成,用以获得较高的电压增益和补偿高频特性。

(3) 输出驱动级——用以获得输出匹配和调节输出电压增益。

设计原则如下:

(1) 输入 50 Ω 电阻用以电路输入匹配,消除潜在的不稳定。

(2) 驱动差分放大级的负载电阻应该依次减小,用以增大电路的驱动能力。

(3) 每一级差分放大电路之间应以缓冲电路隔离,用以实现电平移位和直接耦合。

(4) 驱动差分放大级中的放大器件栅宽依次增大,以提高电路驱动能力和放大能力。

(5) 由于输出差分放大级栅宽很大,而输出电压正比于输出电容 $\Delta U_{out} \propto C_{out}$,因此欲提高速率,需要利用高频补偿电感。

(6) 应增加差分放大级 HEMT 栅漏电压,以降低电容 C_{dg}。

(7) 差分放大级放大器件应工作在最大特征频率 f_T 处。

在 2.5 Gb/s 和 10 Gb/s 调制器驱动电路中,场效应器件虽然工作在开关状态,但是要求较高的高频特性。本小节主要针对 FET 调制器驱动电路中器件模型参数开展研究,研究的主要内容包括:(1) 2.5 Gb/s 和 10 Gb/s 调制器驱动电路对 FET 器件直流参数和电容参数的要求,给出相应的参数范围。(2) 2.5 Gb/s 和 10 Gb/s 调制器驱动电路设计和计算机眼图模拟分析。

1. 器件模型参数最佳设计

因为所有 FET 器件的非线性模型参数均是可以转化的,因此这里以 Statz 非线性模型为例说明 2.5 Gb/s 和 10 Gb/s 调制器驱动电路对 FET 器件直流参数和电容参数的要求。

从上一章可以知道源漏直流电流公式中直流模型共有五个参数:阈值电压 U_{to},器件跨导参数 β,电压饱和参数 α,掺杂拖尾参数 b,沟道长度调制系数 λ,电容模型参数主要包括零偏栅源电容 C_{gso} 和栅漏电容 C_{gdo}。下面分别讨论它们在 Gb/s 级光调制电路中的最佳数值范围。

(1) 饱和电压参数 α。

饱和电压参数 α 直接决定器件的膝点电压 U_{knee}(线性区和饱和区的交接点),两者成反比关系($U_{knee} \approx 3/\alpha$),较小的膝点电压 U_{knee} 对驱动电路来说非常重要。原因有以下两点:

① 膝点电压越小,预驱动级可以承受的输入逻辑摆幅范围就越大。

令 U_H 为预驱动级逻辑摆幅输入高电平,U_L 为预驱动级逻辑摆幅输入低电平,根据图 6.12 的单级差分放大级的分析示意图,存在下述公式

$$U_H \leqslant -(U_{out} + U_{knee}) + U_{gs\_on} \quad (6.2)$$

$$U_L \geqslant U_{SS} + U_{knee} \quad (6.3)$$

可以得到

$$U_{SW} \leqslant U_{gs\_on} - (U_{out} + U_{SS} + 2U_{knee}) \quad (6.4)$$

式中,U_{out} 为驱动电路输出电压,U_{SS} 为电源

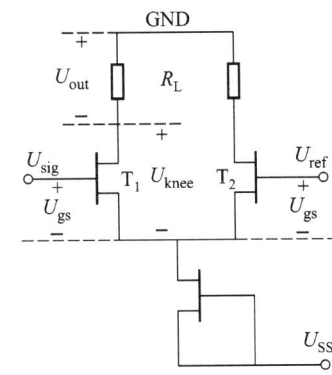

图 6.12 单级差分放大级的分析示意图

电压,$U_{\text{gs\_on}}$ 为达到输出驱动电流的栅源电压,U_{SW} 为逻辑输出摆幅,假设 $U_{\text{gs\_on}}$ = 0 V,U_{out} = 3 V,U_{SS} = -5.2 V,图 6.13 给出了 U_{SW} 随饱和电压参数 α 的变化曲线,从图中可以看到,随着饱和电压参数 α 增大,膝点电压随之减小,输入逻辑摆幅显著上升。

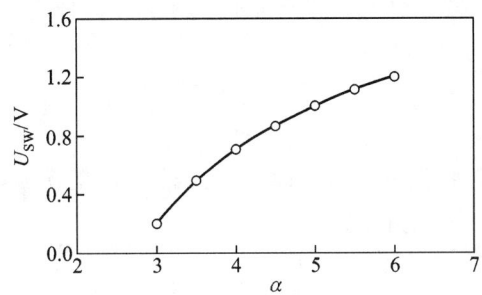

图 6.13　U_{SW} 随饱和电压参数 α 的变化曲线

② 有利于低功耗电路设计。

对于单级差分放大级,单电源功耗为

$$P_{\text{D}} = U_{\text{SS}} \cdot I_{\text{S}} \tag{6.5}$$

$$U_{\text{SS}} \geq -(U_{\text{out}} + 2U_{\text{knee}}) \tag{6.6}$$

式中,P_{D} 为电源功耗,I_{S} 为电源电流,假设流过电源的电流为 I_{S} = 300 mA,图 6.14 给出了功耗 P_{D} 随饱和电压参数 α 的变化曲线,从图中可以看到,随着饱和电压参数 α 增大,功耗明显降低。从图中可以看到随着 α 的增大,差分电路功耗 P_{D} 可以下降 0.3 W 左右,这样有可能使整个驱动电路的功耗降低到 1 W 以下。

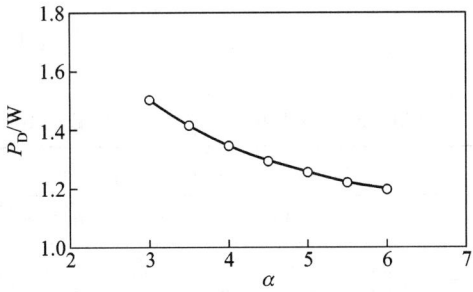

图 6.14　P_{D} 随饱和电压参数 α 的变化曲线

(2) 阈值电压 U_{to}。

由于信号电压输入 U_{in} 为 ECL 电平(-1.7~-0.9 V),而参考电位 U_{ref} 为 -1.3 V,假设输出电压摆幅要求 3 V,这样电路总的增益为

$$G = 20\lg\left(\frac{U_{\text{out}}}{U_{\text{in}}}\right) = 12 \text{ dB}$$

可令三级差分放大级(包括缓冲级)电压增益分别为 2 dB、2 dB 和 8 dB，相应的电压摆幅放大倍数约分别为 1.2、1.2、2.0，电压输出摆幅依次为 1 V，1.2 V，3.0 V。单级差分放大级的分析示意图如图 6.12 所示，假设器件 T_1 处于开态，器件 T_2 处于关态，可令

$$I_{\text{ds\_T}_1} - I_{\text{ds\_T}_2} \geq U_{\text{out}}/R_L \tag{6.7}$$

$$I_{\text{ds\_T}_2} \leq I_{\max} \tag{6.8}$$

式中，$I_{\text{ds\_T}_1}$ 为器件 T_1 的源漏电流，而 $I_{\text{ds\_T}_2}$ 为器件 T_2 的源漏电流，其表达式为

$$I_{\text{ds\_T}_1} = \frac{\beta W (0 - U_{\text{to}})^2}{1 + b(0 - U_{\text{to}})}(1 + \lambda U_{\text{ds}})\tanh(\alpha U_{\text{ds}}) \tag{6.9}$$

$$I_{\text{ds\_T}_2} = \frac{\beta W (-U_{\text{in}} - U_{\text{to}})^2}{1 + b(-U_{\text{in}} - U_{\text{to}})}(1 + \lambda U_{\text{ds}})\tanh(\alpha U_{\text{ds}}) \tag{6.10}$$

式中，U_{out} 为电压逻辑摆幅输出，U_{in} 为电压逻辑摆幅输入，R_L 为负载电阻，$I_{\max}$ 为关态时的电流上限。

对于第一级差分放大级，假设有

$$W = 100 \text{ μm}, \ U_{\text{in}} = 0.4 \text{ V}, \ U_{\text{out}} = 1.0 \text{ V}, \ R_L = 150 \text{ Ω}$$

对于第二级差分放大级，取下述参数

$$W = 200 \text{ μm}, \ U_{\text{in}} = 1.0 \text{ V}, \ U_{\text{out}} = 1.2 \text{ V}, \ R_L = 100 \text{ Ω}$$

对于第三级差分放大级可以设

$$W = 500 \text{ μm}, \ U_{\text{in}} = 1.2 \text{ V}, \ U_{\text{out}} = 3.0 \text{ V}, \ R_L = 50 \text{ Ω}$$

式中，W 为器件栅宽，同时令器件直流模型参数 $b = 0$，$\lambda = 0$，$\alpha > \dfrac{3}{U_{\text{ds}}}$，由式(6.4)、式(6.9)和式(6.10)可以得到场效应器件阈值电压随器件跨导参数的变化范围(见表 6.6)。

表 6.6　HEMT 器件阈值电压随器件跨导参数的变化范围

跨导参数	350 mA/V²/mm	450 mA/V²/mm	550 mA/V²/mm
第一级差分放大级	-0.93 ~ -0.45	-0.9 ~ -0.4	-0.82 ~ -0.33
第二级差分放大级	-1.4 ~ -0.57	-1.3 ~ -0.55	-1.3 ~ -0.54
第三级差分放大级	-1.4 ~ -0.58	-1.4 ~ -0.5	-1.4 ~ -0.47
驱动电路	-0.9 ~ -0.58	-0.9 ~ -0.55	-0.82 ~ -0.54

由表 6.6 可以看到驱动电路中器件的阈值特性范围一般情况下为

$$-0.9 \leq U_{\text{to}} \leq -0.6$$

该结论和发表的文献[18]、[19]基本一致。

(3) 跨导参数 β。

输出驱动级对器件跨导参数的要求比较苛刻,由于需要调制电流为 I_m = 60 mA 或者更高,因此器件跨导参数必须大于某一临界数值。假设器件工作在饱和区,器件源漏电流可以简化为

$$\beta = \frac{I_m}{W(U_{gs\_on} - U_{to})^2} \quad (6.11)$$

器件跨导参数 β 随阈值电压的变化曲线如图 6.15 所示,从图中可以看到随着器件阈值电压的下降,对跨导参数的要求降低了,而栅源电压 U_{gs_on} 的增加则会提高对跨导参数的要求。

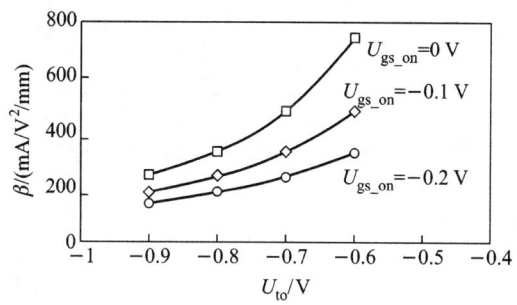

图 6.15 β 随 U_{gs_on} 和阈值电压的变化曲线

(4) 掺杂拖尾参数 b。

掺杂拖尾参数 b 在直流模型中的作用主要是调整跨导参数的不均匀性(随着 U_{gs} 的增加器件跨导会降低),图 6.16 给出了跨导参数 β 随阈值电压 U_{to} 和掺杂拖尾参数 b 的变化曲线,从图中可以看到,随着阈值电压的增加,所需要的器件跨导也要增加,而随着掺杂拖尾参数 b 的下降,则对跨导参数 β 的要求也随之下降。

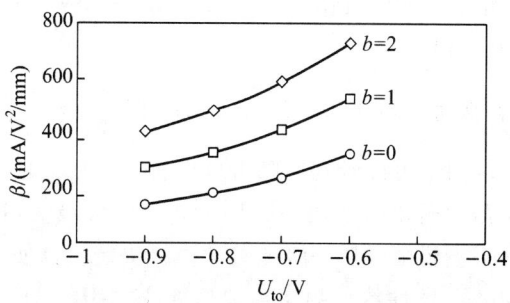

图 6.16 β 随 b 和阈值电压的变化曲线

通过上述讨论可以推导出跨导参数 β 的范围为:350~600 mA/V²/mm,掺

杂拖尾参数 b 的范围为：$0 \sim 2$ 之间。

(5) 零偏栅源电容 C_{gso} 和栅漏电容 C_{gdo}。

在驱动电路设计中，两个最重要的电容参数就是零偏栅源电容 C_{gso} 和栅漏电容 C_{gdo}，任意偏置下的电容均可以根据上述两个参数获得。差分放大级可以等效为共源放大器，其小信号等效电路如图 6.17 所示，其中 C_{gs}、C_{gd}、C_{ds} 分别为栅源电容、栅漏电容和源漏电容，g_{m} 为跨导，g_{d} 为漏极电导，g_{L} 为负载电导。

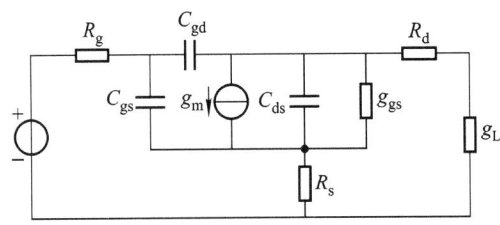

图 6.17 单级差分放大级小信号等效电路

电压增益 G 为

$$G \approx \frac{j\omega C_{\text{gd}} W - g_{\text{m}} W}{j\omega (C_{\text{gd}} W + C_{\text{ds}}) + g_{\text{L}} + g_{\text{ds}} W} \tag{6.12}$$

电压增益的 3 dB 带宽为

$$\omega_{3\text{dB}} \approx \frac{\sqrt{2}(g_{\text{L}} + g_{\text{ds}} W) g_{\text{m}} W}{\sqrt{[g_{\text{m}} W (C_{\text{gd}} W + C_{\text{ds}}) - \sqrt{2}(g_{\text{L}} + g_{\text{d}} W) C_{\text{gd}} W][g_{\text{m}} W (C_{\text{gd}} W + C_{\text{ds}}) + \sqrt{2}(g_{\text{L}} + g_{\text{ds}} W) C_{\text{gd}} W]}} \tag{6.13}$$

图 6.18 给出了输出驱动电路 3 dB 带宽随零偏栅源电容 C_{gso} 和栅漏电容 C_{gdo} 的变化曲线，从图 6.18 中可以看出栅漏电容 C_{gdo} 比栅源电容 C_{gso} 的作用要更明显，C_{gso} 对 3 dB 带宽的影响很小（$C_{\text{gdo}} = 0.2 \text{ pF} \cdot \text{mm}$），而较小的 C_{gdo} 可以使 3 dB 带宽显著增加。欲使输出驱动电路工作在 10 Gb/s 的条件为：$C_{\text{gso}} \leq 2 \text{ pF} \cdot \text{mm}$，$C_{\text{gdo}} \leq 0.4 \text{ pF} \cdot \text{mm}$。

图 6.19 给出了驱动电路 3 dB 带宽随特征频率 $\left[f_{\text{T}} = \dfrac{g_{\text{m}}}{2\pi(C_{\text{gs}} + C_{\text{gd}})}\right]$ 和器件栅宽的变化曲线。从图中可以看到，随着器件特征频率的增加，驱动电路 3 dB 带宽迅速上升，而器件栅宽的增加则会导致差分放大级 3 dB 带宽的下降，因此驱动电路速率水平主要由最后一级差分放大级决定。欲使整个驱动电路的速率水平达到 2.5 Gb/s，器件特征频率需要大于 12 GHz，而欲使整个驱动电路的速率水平达到 10 Gb/s，器件特征频率则需高于 45 GHz。当然由于在实际电路中会受到更多寄生因素的影响，需要的特征频率会更高。

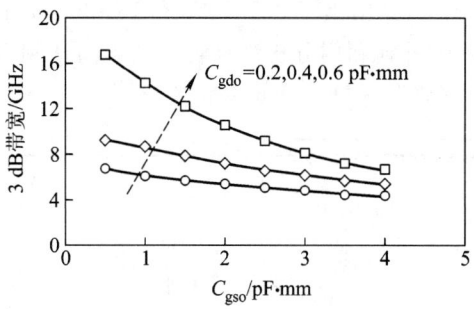

图 6.18　输出驱动电路 3 dB 带宽随零偏栅源电容 C_{gso} 和栅漏电容 C_{gdo} 变化曲线

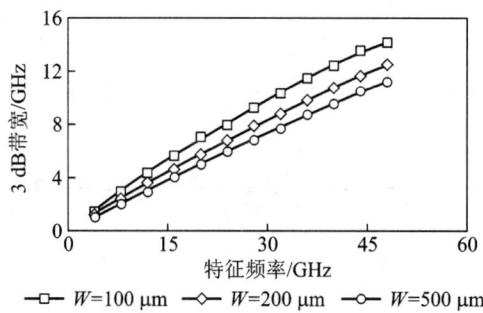

图 6.19　差分放大级 3 dB 带宽随器件特征频率变化曲线

2. 调制器驱动电路计算机模拟

根据上述讨论，2.5 Gb/s 和 10 Gb/s 外驱动电路设计可以采用表 6.7 所示的模型参数，器件为耗尽型 MESFET 或者 HEMT。

表 6.7　外调制器驱动电路 HEMT 器件参数

器件参数	含　义	2.5 Gb/s	10 Gb/s
α	为电压饱和参数	3	3
β	跨导参数	350 mA/V^2/mm	350 mA/V^2/mm
b	掺杂拖尾参数	1	1
U_{to}	阈值电压	-0.9	-0.9
λ	沟道长度调制系数	0.02	0.02
R_s	源寄生电阻	1 Ω·mm	1 Ω·mm
R_D	漏寄生电阻	1 Ω·mm	1 Ω·mm
C_{gs}	零偏下栅源电容	4 pF/mm	1 pF/mm
C_{gd}	零偏下栅漏电容	1.5 pF/mm	0.3 pF/mm
f_T	零偏下特征频率	15 GHz	54 GHz

图 6.20 和图 6.21 分别给出了 2.5 Gb/s 和 10 Gb/s 调制器驱动电路计算机眼图仿真结果,从图中看到利用分析结果可以很容易达到设计指标:输出幅度 3 V(峰-峰值),眼图张开很好,满足系统要求[24]。

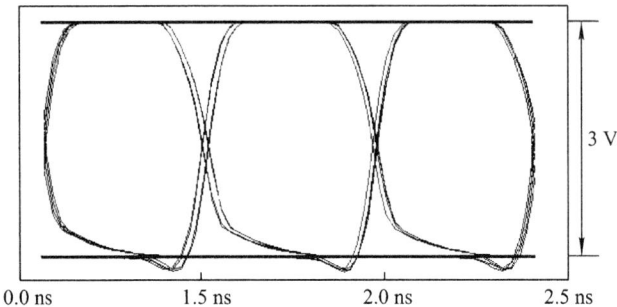

图 6.20　2.5 Gb/s 调制器驱动电路计算机眼图仿真结果

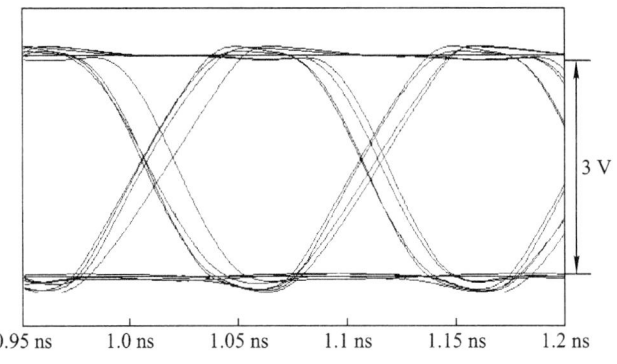

图 6.21　10 Gb/s 调制器驱动电路计算机眼图仿真结果

6.4.2　BJT/HBT 基外驱动电路设计

异质结双极晶体管 HBT 是光电集成电路设计领域中最重要的固态高速器件之一,它在通信和高速数字电路中都有着广阔的应用前景。HBT 继承了双极晶体管的良好的功率处理能力与 GaAs 基器件的高速、寄生参数小等优点,在微波功率放大、光纤驱动电路、数模与模数转换电路、低相位噪声振荡器方面都有着重要的应用。与 HEMT 和 MESFET 比较,HBT 主要有以下优点:

(1) 阈值电压的均匀性及稳定性好。
(2) 线性度高。
(3) 功率密度高。
(4) 宽带增益特性好。
(5) 相位噪声小。

6.4 外调制驱动电路设计

基于上述特点，异质结双极晶体管 HBT 比 FET 器件更适合设计高速率的半导体激光器和光调制器的驱动电路设计。同场效应器件构成的驱动电路设计类似，10 Gb/s HBT 基调制器驱动电路也包括输入缓冲、预驱动和输出驱动三个部分（如图 6.22 所示），通过比较 FET 基驱动电路和 HBT 驱动电路设计，可以发现在以下几个方面存在不同：

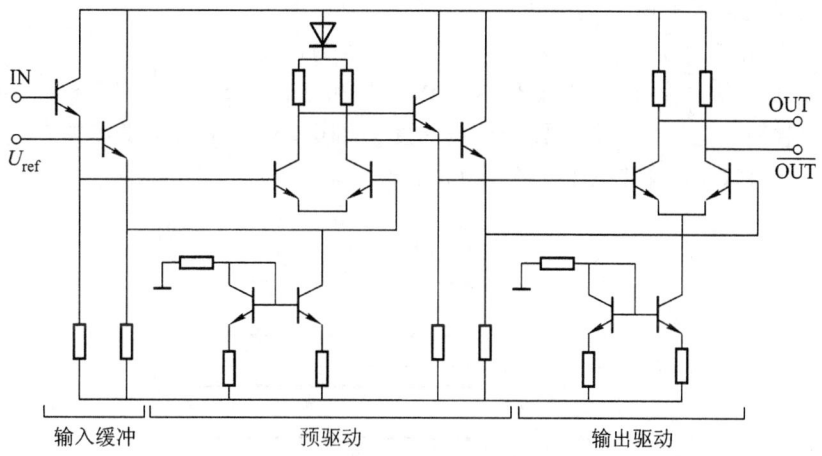

图 6.22　10 Gb/s HBT 基调制器驱动电路示意图

（1）在缓冲电路设计方面，FET 电路采用二极管进行电平移位，而 HBT 电路则利用 HBT 器件 B-E 结阈值电压来进行电平移位。

（2）由于 FET 器件比 HBT 跨导要小得多，因此 FET 驱动电路通常需要三级或者四级，而 HBT 仅需要设计两级差分放大即可满足要求。

（3）由于 HBT 需要的 C-E 结电压要高于 FET 器件，因此 HBT 电路电源电压要比 FET 驱动电路的 -5.2 V 要高。

表 6.8 给出了 HBT 外调制驱动电路研制结果比较，从表中可以看到，用于 10 Gb/s 的外调制驱动电路电压设计指标通常为 3 V 以上，上升下降沿时间一般小于 40 ps。

表 6.8　HBT 外调制驱动电路研制结果比较

电路工艺	调制速率 /(Gb/s)	驱动电压 /V	上升/下降时间 /ps	文　献
GaAs HBT	10	3	38	[25]
InP DHBT	12	2.5	50	[26]
Si BJT	14	3.6	—	[27]
BiCMOS	10	3.3	42	[28]
SiGe BiCMOS	10	9	29	[29]

1. HBT器件模型参数最佳设计

影响高速驱动电路性能的HBT器件模型参数主要有：阈值电压、膝点电压、跨导以及基极-发射极(B-E)结电容和基极-集电极(B-C)结电容。由于B-E结阈值电压仅和材料结构有关而和工艺无关，而且跨导对于外调制驱动电路来说已经足够大，因此这里仅仅讨论膝点电压、B-E结和B-C结电容对驱动电路的影响。

（1）膝点电压。

由于驱动电路中HBT器件应工作于饱和区而非线性区，因此膝点电压U_{knee}直接决定电路的功耗和输出电压幅度。图6.23给出了HBT器件直流特性曲线，图中U_{os}为偏移电压，U_{knee}为膝点电压。

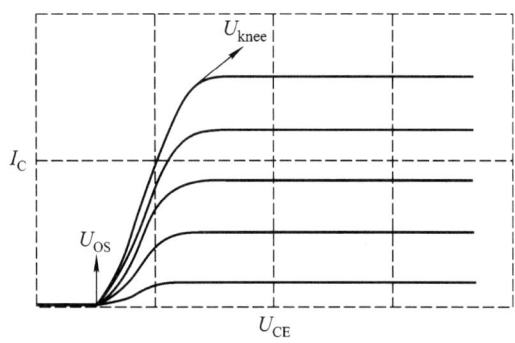

图6.23 HBT器件直流特性曲线

根据饱和区的基极-发射极电压和基极-集电极电压公式

$$U_{BE} = \frac{\eta_{BE}kT}{q}\ln\left[\frac{I_E - \alpha_R I_E}{I_{ES}(1 - \alpha_F \alpha_R)}\right] + I_B R_B + I_E R_E \quad (6.14)$$

$$U_{BC} = \frac{\eta_{BC}kT}{q}\ln\left[\frac{\alpha_F I_E - I_C}{I_{CS}(1 - \alpha_F \alpha_R)}\right] + I_B R_B - I_C R_C \quad (6.15)$$

可以得到膝点电压U_{knee}的计算公式为[30]

$$U_{knee} = U_{CE(sat)} = \frac{\eta_{BE}kT}{q}\ln\left[\frac{I_E - \alpha_R I_E}{I_{ES}(1 - \alpha_F \alpha_R)}\right]$$
$$- \frac{\eta_{BC}kT}{q}\ln\left[\frac{\alpha_F I_E - I_C}{I_{CS}(1 - \alpha_F \alpha_R)}\right] + I_E R_E + I_C R_C \quad (6.16)$$

如果忽略R_E和R_C的影响，并且假设$\eta_{BE} = \eta_{BC} = 1$，则上述公式可以简化为

$$U_{knee} \approx \frac{kT}{q}\ln\left[\frac{I_{CS}(I_E - \alpha_R I_E)}{I_{ES}(\alpha_F I_E - I_C)}\right] \quad (6.17)$$

图6.24~图6.27给出了膝点电压U_{knee}随直流放大系数β_F、发射极电阻

R_E、集电极电阻 R_C 和正向电流发射系数 n_f 变化曲线,从图中可以看到,在 I_C 不变的情况下膝点电压 U_{knee} 和直流放大系数 β_F 基本无关,膝点电压 U_{knee} 随着发射极电阻 R_E、集电极电阻 R_C 的增加而增加,而且和正向电流发射系数 n_f 成正比。

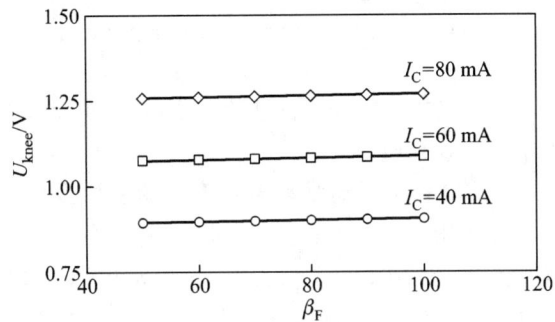

图 6.24　膝点电压 U_{knee} 随直流放大系数 β_F 的变化曲线

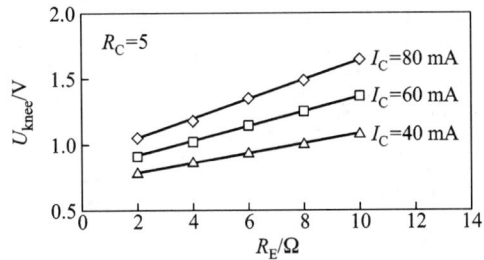

图 6.25　膝点电压 U_{knee} 随发射极电阻 R_E 的变化曲线

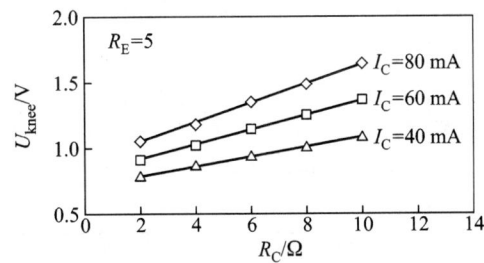

图 6.26　膝点电压 U_{knee} 随发射极电阻 R_C 的变化曲线

对于 GaAs HBT 器件,由于 B-E 结阈值电压约为 1.1 V,驱动电路中 HBT 器件要工作在线性区,C-E 结电压 U_{CE} 应该大于 1.1 V,因此膝点电压 U_{knee} 应低于 1.1 V,这样在 $I_C=60$ mA 的情况下,发射极电阻 R_E、集电极电阻 R_C 和正向电流发射系数 η_F 的最佳范围大约为:$R_E \leqslant 5\ \Omega$,$R_C \leqslant 5\ \Omega$,$n_f \leqslant 1.2$。

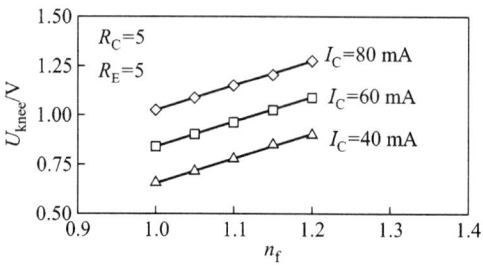

图 6.27 膝点电压 U_{knee} 随正向电流发射系数 n_f 的变化曲线

(2) B-E 结和 B-C 结电容。

B-E 结和 B-C 结电容是影响驱动电路带宽的主要因素,图 6.28 给出了单级驱动电路 3 dB 带宽随 B-C 结电容 C_{jC} 和 B-E 结电容 C_{jE} 的变化曲线。随着 B-E 结电容 C_{jE} 和 B-C 结电容 C_{jC} 的增加,驱动电路 3 dB 带宽显著下降,由于 B-E 结正向偏,B-C 结反向偏置,理论上 C_{jE} 的影响要更大。10 Gb/s 光驱动电路最佳电容范围大约为:$C_{jE} \leq 100$ fF,$C_{jC} \leq 100$ fF。

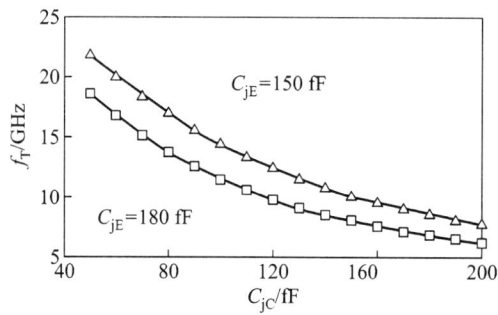

图 6.28 单级驱动电路 3 dB 带宽随 C_{jE} 和 C_{jC} 的变化曲线

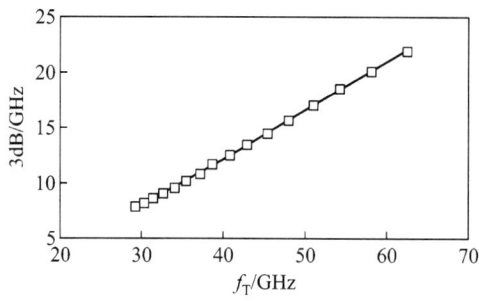

图 6.29 驱动电路 3 dB 带宽随器件特征频率的变化曲线

图 6.29 给出了三级差分放大级 3 dB 带宽随特征频率的变化曲线。从图中可以看到,随着器件特征频率的增加 3 dB 带宽迅速上升。欲使整个驱动电路的速率水平达到 10 Gb/s,器件特征频率需高于 35 GHz;而欲使整个驱动电路

的速率水平达到 20 Gb/s，器件特征频率则需高于 60 GHz。

2. HBT 调制器驱动电路设计和仿真

外调制驱动电路主要由发射极耦合逻辑电路来实现，由两级差分电路组成：第一级差分放大作用为单端输入变双端输出，第二级差分放大级用以获得输出匹配和调节输出电压增益。

图 6.30 给出了 10 Gb/s 调制器驱动电路计算机眼图仿真结果，从图中看到利用上述分析结果来设定器件的模型参数，驱动电路可以很容易达到设计指标：输出幅度 3 V(峰-峰值)、眼图张开很好，满足系统要求。

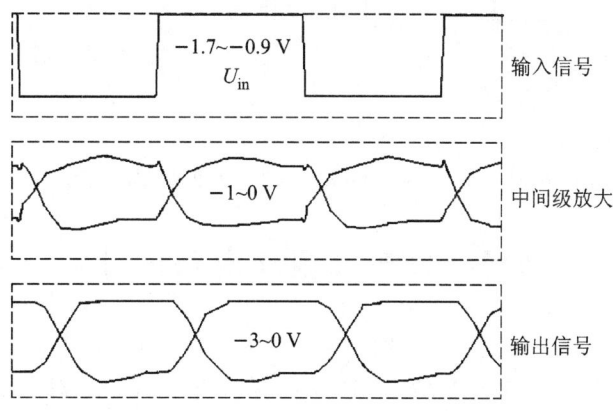

图 6.30 10 Gb/s 调制器驱动电路计算机瞬态仿真结果

6.4.3 MOSFET 基外驱动电路设计

随着 MOSFET 器件栅长的减小，器件特征频率越来越高，0.18 μm CMOS 工艺的特征频率接近 50 GHz，而 90 nm 器件则超过 100 GHz，使得 MOSFET 器件可以用于设计 10 Gb/s 以上高速光电集成电路设计。图 6.31 给出了用于 10 Gb/s 传输的 MOSFET 基调制器驱动电路示意图[29]，和 Ⅲ-Ⅴ 工艺一样采用差分电路，以及共源-共栅放大级用以提高增益。表 6.9 给出了 MOSFET 外调制驱动电路研制结果比较，从表中可以看到，0.18 μm CMOS 可以满足 10 Gb/s 传输的需要。

表 6.9 MOSFET 外调制驱动电路研制结果比较

电路工艺	调制速率 /(Gb/s)	驱动电压 /V	上升/下降时间 /ps	文献
0.18 μm CMOS	10	5	—	[31]
0.18 μm CMOS	10	8	40	[29]
0.18 μm CMOS	10	6.8	40	[29]

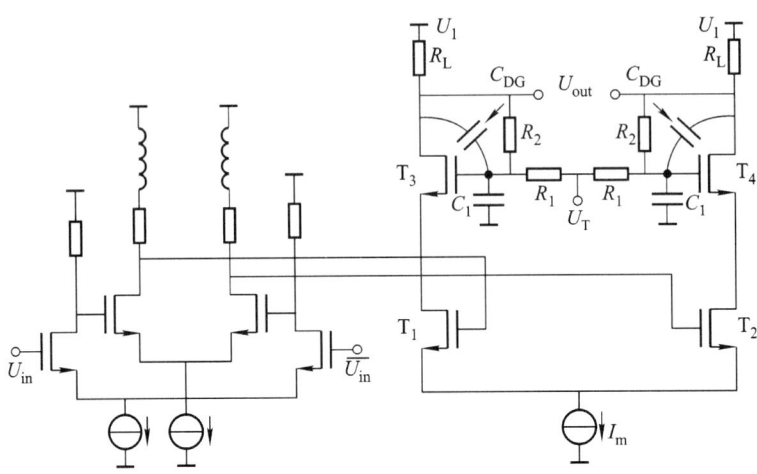

图 6.31　10 Gb/s MOSFET 基调制器驱动电路示意图

6.5　分布式驱动电路设计

外驱动电路要求将复用器的输出电压（典型数值 0.4~0.6 V）放大到外调制器所需要的到电压（典型数值 3~10 V）。在一般情况下，对于电吸收式外调制器（EAM）所需要的驱动电压为 3.5 V，对于 GaAs 基 Mach-Zehnder 外调制器所需要的驱动电压为 5 V，而对于铌酸锂 LiNbO$_3$ 外调制器所需要的驱动电压至少为 6 V。

对于用于 40 Gb/s 以上传输系统的外驱动电路来说，带宽要求至少 30 GHz，因此宽带高电压输出是外驱动电路的主要设计指标。对于超宽带设计来说，分布式放大器是一个很好的选择，但是由于分布式放大器的增益有限，因此需要一个预驱动电路，也就是说采用上述差分电路放大级和分布式放大器级联，就可以达到超宽带和高电压输出。图 6.32 给出了基于分布式放大器设计的 40 Gb/s 外调制驱动电路设计原理图，图 6.33 给出了分布式放大器的典型结构，其中图(a)为单端输入单端输出结构[32]，而图(b)则采用差分电路结构[37]。表 6.10 给出了分布式外调制驱动电路研制结果比较，从表中可以看到，基于分布式放大器的外调制驱动电路主要应用于 40 Gb/s 以上的外调制光纤传输系统，采用的电路工艺主要为 GaAs 基 PHEMT 和 InP 基 HBT 两种工艺，输出驱动电压集中在 5~6 V 之间的区域。一般情况下光脉冲上升时间和下降时间（输出脉冲幅度的 20%~80% 的区域）应该小于 10 ps。

6.5 分布式驱动电路设计

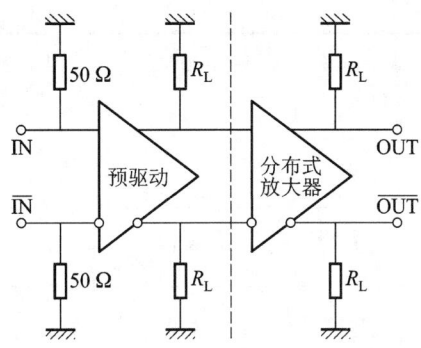

图 6.32 基于分布式放大器设计的 40 Gb/s 外调制驱动电路设计原理图

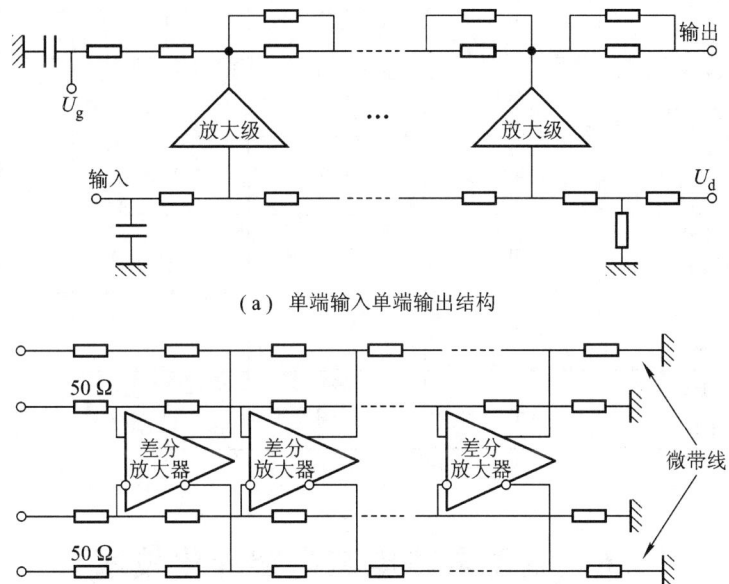

(a) 单端输入单端输出结构

(b) 双端输入双端输出结构

图 6.33 分布式放大器的典型结构

表 6.10 分布式外调制驱动电路研制结果比较

电路工艺/μm/ 特征频率/GHz	调制速率 /(Gb/s)	驱动电压 /V	上升/下降 时间/ps	文 献
0.2/55 GaAs PHEMT	40	5	—	[32]

续表

电路工艺/μm/特征频率/GHz	调制速率/(Gb/s)	驱动电压/V	上升/下降时间/ps	文献
0.15/100 GaAs PHEMT	40	3	—	[33]
0.15/90 InGaAs PHEMT	40	6.6	—	[34]
0.15/90 GaAs PHEMT	40	6.3	—	[35]
0.15/95 GaAs PHEMT	40	7.5	—	[36]
—/150 InP HBT	40	2.7	10	[37]
0.15/100 GaAs PHEMT	40	1.5	—	[38]
—/160 InP HBT	40	3.0	8.6	[39]
—/200 InP HBT	40	5.1	—	[40]
—/200 InP HBT	80	2.6	—	[40]
1.2/150 InP HBT	40	11.3	8	[41]

6.6 驱动电路电感电容峰化技术

电感电容峰化技术(Peaking Technique)是指利用无源器件(电感和电容)改善光驱动电路特性的技术。所谓电容技术是指在电平移位/缓冲级中加入旁路电容的技术,而电感技术是指在差分放大级栅极和漏极加入高频补偿电感的技术。在超过 10 Gb/s 光驱动电路设计中,普遍采用了电感电容峰化技术。本节介绍高速外调制驱动电路中的电感电容补偿技术,其中包括一种电容技术和两种电感技术。同时给出了电压增益的计算公式,讨论了电感电容技术对驱动电路增益带宽特性的影响。研究表明电感电容技术的合理应用可以降低电路对器件性能的要求[42-43]。

6.6.1 驱动电路电感峰化技术

驱动电路中的电感技术主要包括两种：一是栅极电感补偿技术，另一种是漏极电感补偿技术。

1. 栅极电感补偿技术

栅极电感补偿技术主要是指在差分放大级输入端加入补偿电感的技术，其电路原理图和等效电路如图 6.34 所示。

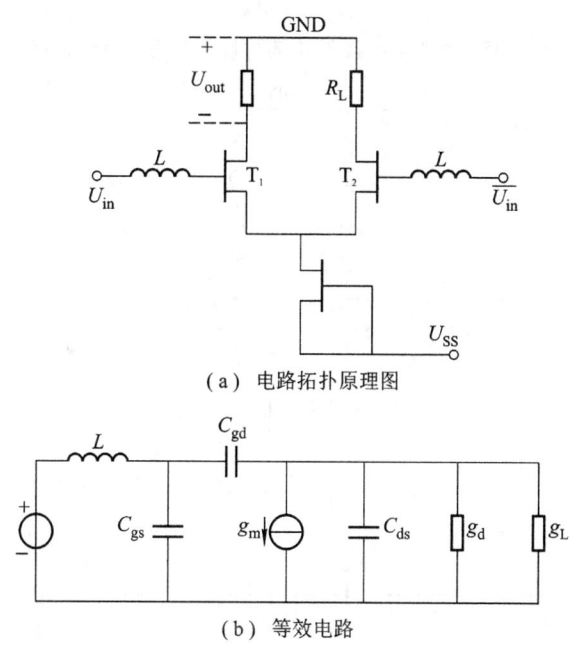

(a) 电路拓扑原理图

(b) 等效电路

图 6.34 栅极电感补偿技术原理图及其等效电路

电压增益表达式为

$$G = \frac{-(g_m + j\omega C_{gd})}{[1 - \omega^2(C_{ds} + C_{gd})][g_o + g_L + j\omega(C_{gs} + C_{gd})] - \omega^2 C_{gd} L(g_m + j\omega C_{gd})}$$

(6.18)

从式(6.18)可以看出，栅极补偿电感的作用是为了抵消输入电容(C_{gs} + C_{gd})的影响，从而达到提高电路带宽的目的。图 6.35 给出了预驱动电路 3 dB 带宽随电感变化曲线，从图中可以看到栅极电感补偿技术有一个最佳设计值，可以将 3 dB 带宽拓宽 2 倍左右。

2. 漏极电感补偿技术

漏极电感补偿技术主要是指在差分放大级输出端加入补偿电感的技术，其电路原理图及其等效电路如图 6.36 所示。

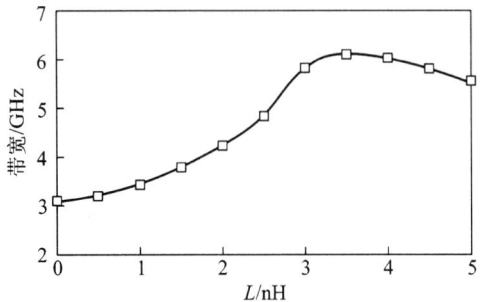

图 6.35 预驱动电路 3 dB 带宽随栅极电感变化曲线

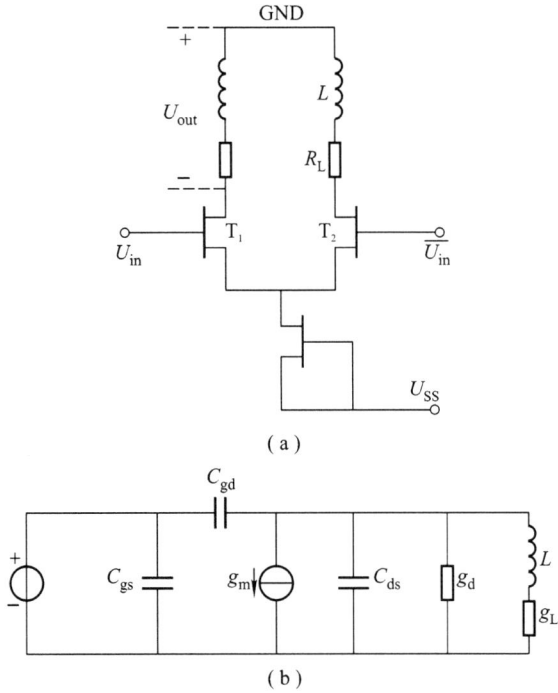

图 6.36 漏极电感补偿技术原理图及其等效电路

电压增益表达式为

$$G = \frac{j\omega C_{gd}W - g_m W}{j\omega(C_{gd}W + C_{ds}) + \dfrac{g_L}{1 + j\omega L g_L} + g_d W} \quad (6.19)$$

从式(6.19)可以看出,漏极补偿电感的作用为高频补偿。图 6.37 给出了预驱动电路 3 dB 带宽随电容变化曲线,从图中可以看到漏极电感补偿技术有可以将 3 dB 带宽拓宽到 10 GHz 以上,值得注意的是电感数值过大有可能造成放大电路的不稳定。

6.6 驱动电路电感电容峰化技术

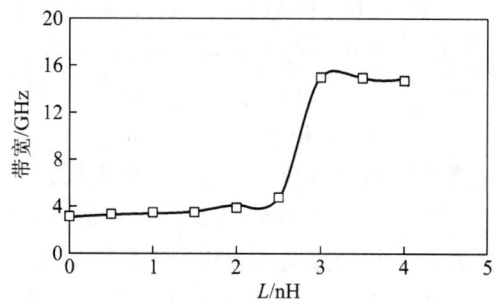

图 6.37　预驱动电路 3 dB 带宽随电感变化曲线

3. 单片电感峰化技术

光发射机驱动电路中的无源元件电感通常设计为单片微波集成电路中常用的平面方形螺旋电感(或者平面圆形螺旋电感),它与理想电感不同的是含有寄生电阻和电容,在高频时会影响系统特性,因此仅用一个理想电感来研究其作用会带来较大误差,必须考虑其寄生参数的影响。

图 6.38 给出了方形螺旋电感示意图和等效电路模型,其中 L 表示本身呈现的电感量,R 表示金属微带线的损耗电阻,C_{int} 和 C_{ext} 分别表示输入端口和输出端口对地电容。

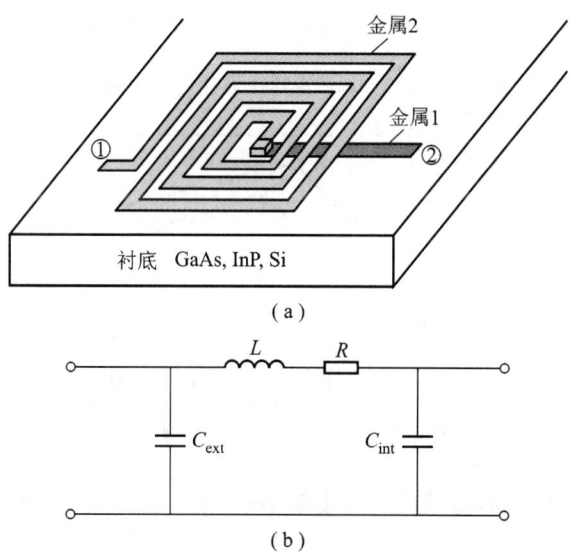

图 6.38　方形螺旋电感示意图和等效电路模型

利用测量得到的 S 参数可以很容易获得等效电路模型参数,具体计算公式如下:

$$R = -\text{Re}(1/Y_{12}) = -\text{Re}(1/Y_{21}) \tag{6.20}$$

$$L = -\text{Im}(1/Y_{12})/\omega = -\text{Im}(1/Y_{21}) \tag{6.21}$$

$$C_{\text{ext}} = \text{Im}(Y_{11} + Y_{12})/\omega \tag{6.22}$$

$$C_{\text{int}} = \text{Im}(Y_{22} + Y_{12})/\omega \tag{6.23}$$

平面圆形电感的等效电路模型和方形螺旋电感类似，计算方法同上，这里不再重复。图 6.39 给出了预驱动电路 3 dB 带宽随栅极补偿单片电感变化曲线，由于寄生效应的存在，与理想电感相比，平面圆形电感和方形螺旋电感拓宽带宽的作用下降了。图 6.40 给出了预驱动电路 3 dB 带宽随漏极补偿单片电感的变化曲线，从图中可以看到与理想电感相比不仅补偿作用下降，而且电感过大会使带宽下降十分明显。

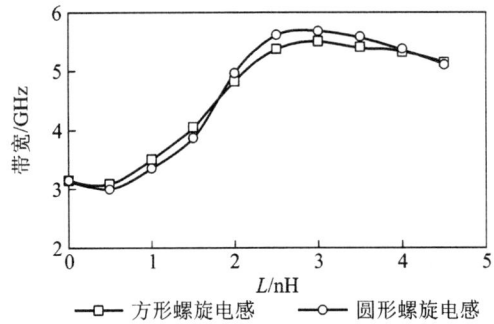

图 6.39　预驱动电路 3 dB 带宽随栅极补偿单片电感的变化曲线

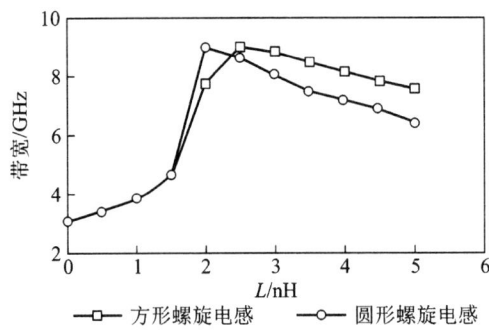

图 6.40　预驱动电路 3 dB 带宽随漏极补偿单片电感的变化曲线

6.6.2　驱动电路电容峰化技术

缓冲/电平移位电路基本结构如图 6.41(a)所示，在源跟随器的两个 FET 器件之间加入电平移位二极管，如果不采用旁路电容 C，缓冲/电平移位电路级的增益和带宽将受到很大影响。

图 6.41(b)给出了缓冲/电平移位电路的等效电路,图中 C_{gs}、C_{gd} 和 C_{ds} 分别为器件栅源电容、栅漏电容和源漏电容,g_m 为跨导,g_o 为漏极电导,g_d 为串联二极管等效阻抗。

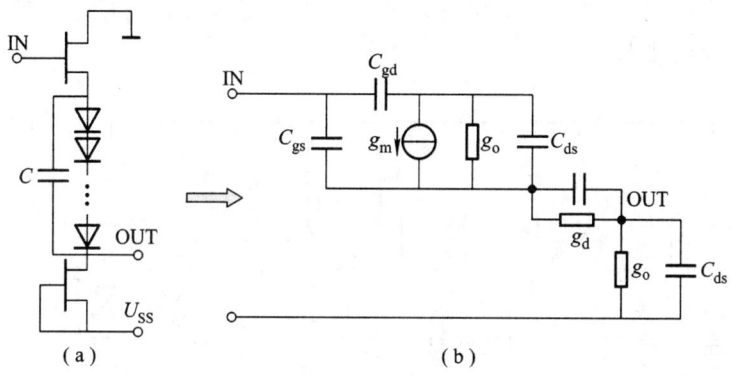

图 6.41 缓冲/电平移位电路及其等效电路

电压增益表达式为

$$G = \frac{j\omega[(C_{gd}+C_{gs})(C_{gd}+C_{ds})/C_{gd}+C_{gd}] - g_m}{(g_m+g_o+j\omega C_{gs})(g_o+g_d j\omega C_{ds}+j\omega C)/(g_d+j\omega C) - (g_o+j\omega C_{ds})(C_{gd}+C_{ds})/C_{gd}}$$

(6.24)

图 6.42(a)和(b)分别给出了缓冲电路和预驱动电路 3 dB 带宽随峰化电容变化曲线,从图中可以看到,随着电容的增加缓冲电路 3 dB 带宽迅速由 7.8 GHz 增加到 16 GHz,最后趋于平缓,说明电容技术的作用达到极限。而预驱动电路 3 dB 带宽则开始有一个下降过程,而后才开始增加,这说明电容对于缓冲电路和预驱动电路的作用有所不同,电容必须大于某一数值时才对驱动电路有明显作用,因此必须兼顾到缓冲电路和预驱动电路两部分。

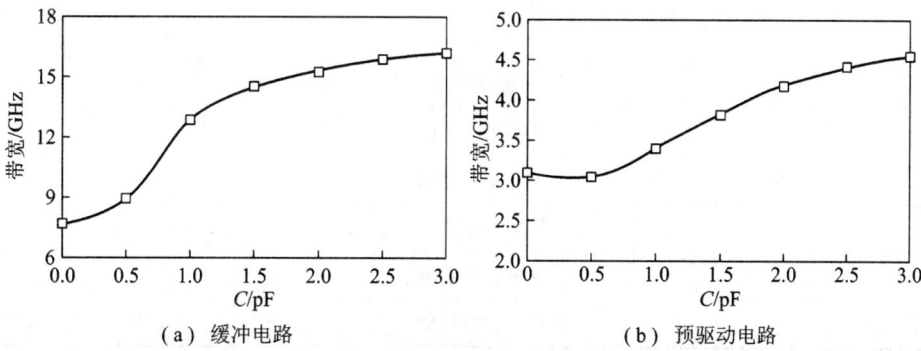

图 6.42 缓冲电路和预驱动电路 3 dB 带宽随电容变化曲线

6.6.3　10 Gb/s 调制器驱动电路设计

采用电感电容峰化技术的 10 Gb/s 外调制器驱动电路拓扑如图 6.43 所示，主要由源直接耦合 FET 逻辑构成，每一级均采用栅极和漏极电感峰化技术，以及电容峰化技术。

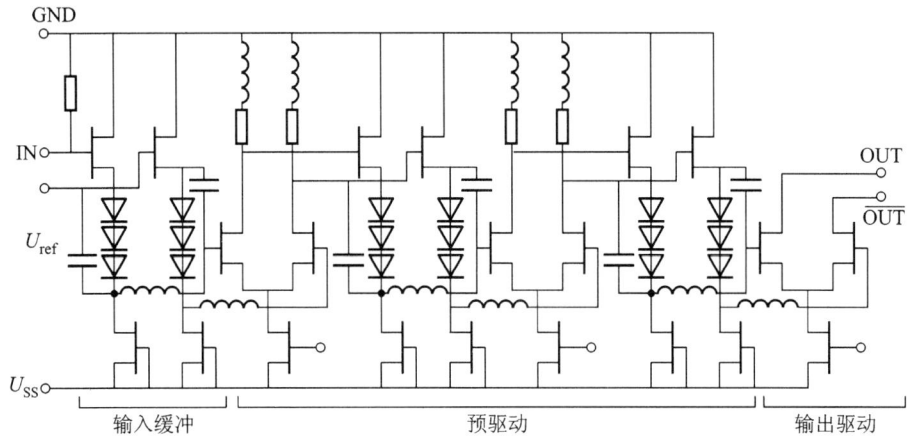

图 6.43　采用电感电容峰化技术的 10 Gb/s 外调制器驱动电路拓扑设计

计算机模拟采用的耗尽型 FET 器件模型参数见表 6.11。

表 6.11　10 Gb/s 外调制器驱动电路 PHEMT 器件参数

器件参数	含　义	10 Gb/s
α	为电压饱和参数	3
β	跨导参数	350 mA/V² /mm
b	掺杂拖尾参数	1
U_{to}	阈值电压	−0.9
λ	沟道长度调制系数	0.02
R_s	源寄生电阻	1 Ω · mm
R_d	漏寄生电阻	1 Ω · mm
C_{gs}	零偏下栅源电容	1.5 pF/mm
C_{gd}	零偏下栅漏电容	0.5 pF/mm
f_T	零偏下特征频率	35 GHz

图 6.44 给出了采用电感电容峰化技术的 10 Gb/s 调制器驱动电路计算机

眼图仿真结果，从图中可看出电路输出幅度 3 V，眼图张开很好，满足系统要求。如果不采用电感电容技术，则电路需要特征频率大于 50 GHz 的器件，而采用电感电容峰化技术仅仅需要特征频率为 35 GHz 的器件，因此电感电容技术的合理应用可以降低电路对器件性能的要求，同时可以大大降低成本。

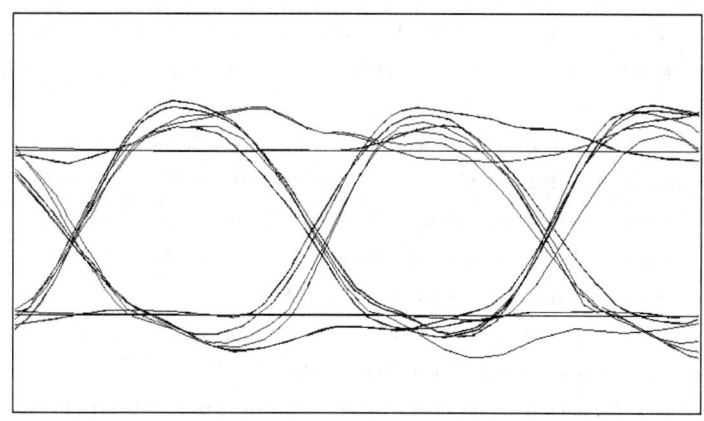

图 6.44　10 Gb/s 调制器驱动电路计算机眼图仿真结果

本章小结

　　本章首先介绍了光发射机的工作原理，以及直接调制和外调制驱动电路的设计要点。接着对光发射机的混合集成方式和单片集成方式进行了讨论，总结了常用高速器件构成的外调制驱动电路设计，给出了最新的研究进展。最后讨论了电感电容技术对驱动电路增益带宽特性的影响。

参考文献

[1] Show N, Carter A. Optoelectronic integrated circuits for microwave optical system [J]. Microwave Journal, 1993(10): 90-100.

[2] Kenneth P. High speed circuits for lightwave communication [J]. International Journal of High Electronics and system, 1998, 19(2): 313-346.

[3] Matsueda H. AlGaAs OEIC Transmitters [J]. J. Lightwave Technology, 1987, 5(10): 1382-1390.

[4] Wada O, Nobuhara H, Sanada T, et al. Optoelectronic integrated four-channel transmitter array incorporating AlGaAs/GaAs quantum well lasers [J]. J. Lightwave Technology, 1989, 7(1): 186-197.

[5] Suzuki N. A look at optoelectronic integrated circuits [J]. JEE, 1990(4): 56-59.

[6] Forrest S R. Monolithic optoelectronic integration: a new component technology for lightwave

communications[J]. J. Lightwave Technology, 1985, 3(6): 1248-1263.

[7] 梁春广, 扬瑞麟. 光电子学与光集成的国外进展及评述[J]. 半导体情报, 1994, 31(2): 27-37.

[8] Ueda D. Shimano A, Otsuki T. A GaAs laser-driver operating up to 2Gb/s data rate[C]. IEEE GaAs IC Symposium, 1985: 103-106.

[9] Suzuki Y, Hida H, Fujita S, et al. A 10 Gb/s laser driver IC with I - AlGaAs/n - GaAs doped - channel hetero - MISFETs (DMTs) [C]. IEEE GaAs IC Symposium, 1989: 129-132.

[10] Rein H M. Multi - Gigabit - per - second Silicon Bipolar IC's for future optical - fiber transmission systems[J]. IEEE J. Solid - State Circuit, 1988, 23(3): 664-675.

[11] Liou K Y, Chandrasekhar S, Dentai A G, et al. A 5 Gb/s monolithically integrated lightwave transmitter with 1.5 μm multiple quantum well laser and HBT driver circuit [J]. IEEE Photonics Technology Letters, 1991, 3(10): 928-930.

[12] Berroth M, Hurm V, Lang M. et al. 10 ~ 20 Gb/s GaAs/AlGaAs HEMT ICs for high speed data links[C]. IEEE GaAs IC Symposium, 1992: 291-294.

[13] Miyamoto Y, Hagimoto K, Ohhata M, et al. 10 Gb/s strained MQW DFB - LD Transmitter module and superlattice APD receiver module using GaAs MESFET IC's [J]. J. lightwave Technology, 1994, 12(2): 332-341.

[14] Riish J. 2.5 Gb/s Laser - driver GaAs IC[J]. J. lightwave Technology, 1993, 11(7): 332-341.

[15] Derksen R H, Wernz H. Silicon bipolar laser driving IC for 5 Gb/s and 45 mA modulation current and its application in a demonstrator system [J]. IEEE Journal of Solid - state Circuits, 1993, 28(7): 824-828.

[16] Suzuki Y, et al. Pseudomorphic 2DEG FET IC's for 10 - Gb/s optical communication systems with external optical modulation [J]. IEEE J. Solid - State Circuits, 1992, 27: 1342-1346.

[17] Demange D, Billard M, Devaux F, et al. High - performance and low - Consumption 10 Gb/s GaAs PHEMT driver for external modulation transmitter [J]. IEEE Photonics Technology Letters, 1996, 8(8): 1029-1031.

[18] Miyashita M, Yoshida N, Kojima Y, et al. AnAlGaAs/InGaAs pseudomorphic HEMT modulator driver IC with low power dissipation for 10 - Gb/s Optical Transmission Systems[J]. IEEE Trans. Microwave Theory Techniques, 1997, 45(7): 1058-1064.

[19] Lao Z, Hurm V, Thiede A, et al, "Modulator driver and photoreceiver for 20 Gb/s optic - fiber links," Journal Lightwave Technology, 1998, 16(8): 1491-1497.

[20] Nishino A, Ohshima T, Tsunotani M, et al. A low power electroabsorption modulator driver IC for 10 Gbps optical transmitter[C]. Optical Fiber Communication Conference, 1999, and the International Conference on Integrated Optics and Optical Fiber Communication. OFC/IOOC' 99. Technical Digest, 1999, 2: 365-367.

[21] Ransijn H, Salvador G, Daugherty D, et al. A 10 Gb/s, 120/60 mA laser/modulator driv-

er IC with dual – mode actively matched output buffer [C]. Solid – State Circuits Conference, Proceedings of the 26th European, 2000: 464-467.

[22] Carroll J M, Campbell C F. A 14 – V_{pp} 10 Gbit/s E/O modulator driver IC [C]. Gallium Arsenide Integrated Circuit (GaAs IC) Symposium, 2001. 23rd Annual Technical Digest, 2001: 277-279.

[23] Kerhervé E, Moreira C P, Jarry P, Courcelle L. 40 – Gb/s Wide – Band MMIC pHEMT Modulator Driver Amplifiers Designed With the real frequency technique [J]. IEEE Trans. Microwave Theory Techniques, 2005, 53(6): 2145-2152.

[24] 高建军, 高葆新, 吴德馨. 2.5 – 10 Gb/s 光发射机驱动电路 HEMT IC 中器件模型参数. 半导体学报, 2001, 22(6): 800-805.

[25] Wong T Y K, Freundorfer A P, Beggs B. C, et al. A 10 Gb/s AlGaAs/GaAs HBT high power fully – differential limiting distributed amplifier for Ⅲ – V Mach – Zehnder modulator [C]. Gallium Arsenide Integrated Circuit (GaAs IC) Symposium, 1995: 201-204.

[26] Bauknecht R, Schneibel H P, Schmid J. et al. A 12 Gb/s laser and optical modulator driver circuit with InGaAs/InP double heterostructure bipolar transistors [C]. Indium Phosphide and Related Materials, 1996: 61-63.

[27] Rein H M, Schmid R, weger P, et al. A versatile Si – bipolar driver circuit with high output voltage swing for external and direct laser modulation in 10 Gb/s optical – fiber links [J]. IEEE Journal of Solid – State Circuits, 1994, 29(9): 1014-1021.

[28] Sanduleanu T M A, Stikvoort E. A 10 Gb/s, 3.3V, laser/modulator driver with high power efficiency[C]. Solid – State Circuits Conference, ESSCIRC, Proceedings of the 31st European, 2005: 427-430.

[29] Li D U, Tsai C M. 10 – Gb/s Modulator Drivers With Local Feedback Networks [J]. IEEE Journal of Solid – State Circuits, 2006, 41(5): 1025-1030.

[30] Liu W, Handbook of Ⅲ – V heterojunction bipolar transistors [M]. [S. L.] John Wiley & Sons, Inc. 1998.

[31] Galal S, Razavi B. 10 Gb/s limiting amplifier and laser/modulator driver in 0.18 _ m CMOS technology[J]. IEEE Int. Solid – State Circuits Conf. (ISSCC) Dig. Tech. Papers, 2003: 188-189.

[32] Long A, Buck J, Powell R. Design of an Opto – Electronic Modulator Driver Amplifier for 40 Gb/s Data Rate Systems[J]. Journal of Lightwave Technique, 2002, 20(12): 2015-2021.

[33] McPherson D S, Pera F, Tazlauanu A, et al. A 3 – V fully differential distributed limiting driver for 40 Gb/s optical transmission systems [C]. Gallium Arsenide Integrated Circuit (GaAs IC) Symposium, 2002: 95-98.

[34] Virk R S, Camargo E, Hajji R, et al. 40 – GHz MMICs for optical modulator driver applications[J]. IEEE MTT – S International Microwave Symposium Digest, 2002: 91-94.

[35] Yuen C, Laursen K, Chu D, et al. 50 GHz high output voltage distributed amplifiers for 40 Gb/s EO modulator driver application [J]. IEEE MTT – S International Microwave Symposium Digest, 2002: 481-484.

[36] Mouzannar W, Jorge F, Vuye S, et al. 40 Gbit/s high performances GaAs pHEMT high voltage modulator driver for long haul optical fiber communications [C]. Gallium Arsenide Integrated Circuit (GaAs IC) Symposium, 2002: 163-166.

[37] Radisic V, Yu M, Lao Z, et al. 40 Gb/s differential traveling wave modulator driver [J]. IEEE Microwave and Wireless Components Letters, 2003, 13(8): 332-334.

[38] Hafele M, Schworer C, Beilenhoff K. et al. AGaAs PHEMT distributed amplifier with low group delay time variation for 40 GBit/s optical systems [C]. European Microwave Conference, 2003: 1091-1094.

[39] Krishnamurthy K, Vetury R, Xu J, et al. 40 Gb/s TDM system using InP HBT IC technology [C]. IEEE MTT-S International Microwave Symposium Digest, 2003: 1189-1192.

[40] Schneider K, Driad R, Makon R E, et al. Comparison of InP/InGaAs DHBT distributed amplifiers as modulator drivers for 80-Gbit/s operation [J]. IEEE Trans. Microwave Theory and Techniques, 2005, 53(11): 3378-3387.

[41] Baeyens Y, Weimann N, Roux P, et al. High Gain-Bandwidth Differential Distributed InP D-HBT Driver Amplifiers With Large (11.3 Vpp) Output Swing at 40 Gb/s[J]. IEEE Journal of Solid-Sate Circuits, 2004, 39(10): 1697-1704.

[42] 高建军. 光电集成电路器件模型和电路设计软件研究[R]. 北京: 清华大学博士论文, 1999.

[43] 高建军. 2.5 Gb/s~10 Gb/s 光外调制驱动电路研究[R]. 北京: 中国科学院微电子研究所博士后出站报告, 2001.

第七章　高速光接收机前端电路设计技术

高速光接收机通常是指传输速率在千兆比特/秒(Gigabit Per Second,Gb/s)量级或者更高速率的用于光纤通信的接收机,它的设计比光发射机要复杂得多,因为光接收机首要检测到通过光纤长距离传输来得微弱信号,经过放大处理以后根据这个失真的信号来判断所传输的数据,最好的结果是所有传输的数据能够被判决电路正确识别,图7.1给出了光接收机的信号传输过程。

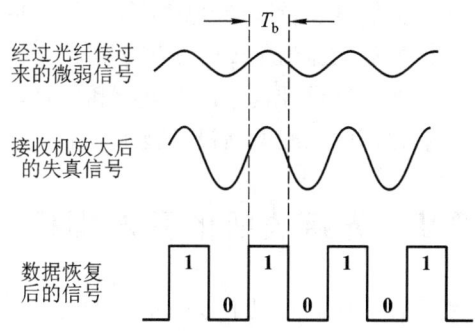

图 7.1　光接收机的信号传输

在上述传输过程中,不可避免地会带来各种噪声,如光电探测器的散弹噪声、电阻的热噪声以及放大器电路的系统噪声等,它们将直接导致所传输的数据的判决失误。因此低噪声设计是高速光电接收机前端设计的主题,由于在光电探测器上产生的光生电流很小(微安量级),而且会受到各种随机噪声的影响,放大器在将信号放大的同时也引入了附加噪声,使得信噪比更加恶化,因此光接收机对于噪声的考虑尤为重要。

由第一章已经知道,整个光接收机由以下几个部分组成(如图7.2所示):

(1) 光电探测器——用于光信号的探测。

(2) 前置放大器——用于对微弱信号的放大。

(3) 主放大器——信号的进一步放大。

(4) 时钟恢复电路——用于提取传输信号中的时钟频率。

(5) 判决电路——用于对信号高低电平的判定。

对于光接收机设计来说,最为重要的是由光电探测器和低噪声前置放大器

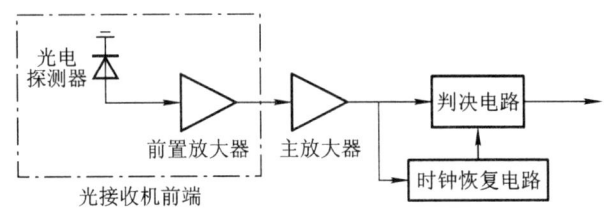

图 7.2 光接收机结构方框图

组成的光接收机前端的设计，因为前端的设计水平决定了整个接收机的设计水平，超宽带、低噪声和高灵敏度是高速光接收机研究的重点。目前光接收机的研究主要是指光接收机前端的研究，实际上是研究光电探测器和前置放大器的设计及它们之间的耦合问题。

本章主要针对高速光接收机前端设计开展研究，首先介绍光接收机的基本指标，主要包括误码率、灵敏度以及眼图和带宽等，然后给出常用的光接收机前端的基本电路结构，前置放大器的主要性能测试指标。接着介绍基于目前常用的微波高速器件的前置放大器设计技术以及电感和电容峰化技术，最后给出光电探测器和前置放大器之间的匹配电路设计技术。

7.1 光接收机的基本指标

最佳高速光接收机设计需要满足以下四个指标[1-7]：
（1）合适的光谱响应范围。
（2）合适的带宽。
（3）尽可能低的噪声。
（4）较大的动态范围。

对(1)而言，可选用与光源光谱相对应的光电探测器，(2)的意义在于光接收机带宽既不能过大，也不能过小。带宽过大则系统噪声变大，而使接收机灵敏度下降。反之带宽过窄也会使码间产生干扰，接收机灵敏度也会下降。(3)的意义在于获得较高的灵敏度。由于信号在传输过程中，可导致光路损耗或者光功率发生变化。大的动态范围会使上述影响降低至最小，这是(4)的目的。

下面从误码率、灵敏度、眼图和带宽的角度来解释光接收机的基本指标。

7.1.1 信噪比

根据第四章光电探测器的等效电路模型，可以很容易计算出光接收机前端的信噪比

7.1 光接收机的基本指标

$$SNR = \frac{信号功率}{噪声功率} = \frac{I_p^2}{<N^2>} \tag{7.1}$$

式中，SNR 表示信噪比(Signal Noise Ratio,SNR)，I_p^2 表示光生电流功率，$<N^2>$ 为噪声平均功率。

噪声平均功率通常由散弹噪声功率和负载(前置放大器)热噪声功率组成

$$<N^2> = <N_S^2> + <N_T^2> \tag{7.2}$$

式中，$<N_S^2>$ 为散弹噪声功率，$<N_T^2>$ 为热噪声功率。

对于 PIN 光电探测器散弹噪声功率和热噪声功率分别为

$$<N_S^2> = 2q(I_p + I_D)\Delta f \tag{7.3}$$

$$<N_T^2> = \frac{4kT}{R_L}F\Delta f \tag{7.4}$$

式中，R_L 为前置放大器等效输入电阻负载，而 F 为光电探测器后续电路对热噪声功率的影响因子。

对于 APD 光电探测器散弹噪声功率和热噪声功率分别为

$$<N_S^2> = 2qM^2F(M)(I_p + I_D)\Delta f \tag{7.5}$$

$$<N_T^2> = \frac{4kT}{R_L}F\Delta f \tag{7.6}$$

7.1.2 误码率

在光纤通信系统中，误码率通常定义如下：在一定的时间间隔 t 内，发生差错的脉冲数量 N_e 和总的传输脉冲数量 N_t 的比值，缩写为 BER(Bit Error Ratio)。具体公式为

$$BER = \frac{N_e}{N_t} = \frac{N_e}{Bt} = \frac{T_b N_e}{t} \tag{7.7}$$

式中，B 为数据传输速率，$T_b = 1/B$ 为脉冲宽度。

图 7.3 给出了伴随随机噪声的非归零(NRZ)传输信号，信号的取样数值 I_1 和 I_0 分别对应二进制高低电平 1 和 0，相应的判决电平为 I_{th}。误码率可以表示为

$$BER = P(1)P(0|1) + P(0)P(1|0) \tag{7.8}$$

式中，$P(1)$ 和 $P(0)$ 分别为高低电平 1 和 0 出现的概率，对于二进制系统通常认为高低电平 1 和 0 出现的概率是相同的，即 $P(1) = P(0) = 1/2$。

$P(0|1)$ 为高电平误判为低电平的概率，而 $P(1|0)$ 为低电平误判为高电平的概率[1]：

$$P(0|1) = \frac{1}{<N_1>\sqrt{2\pi}}\int_{-\infty}^{I_{th}} \exp\left(-\frac{(I-I_1)^2}{2<N_1^2>}\right)dI = \frac{1}{2}\text{erfc}\left(\frac{I_1 - I_{th}}{<N_1>\sqrt{2}}\right)$$

$$\tag{7.9}$$

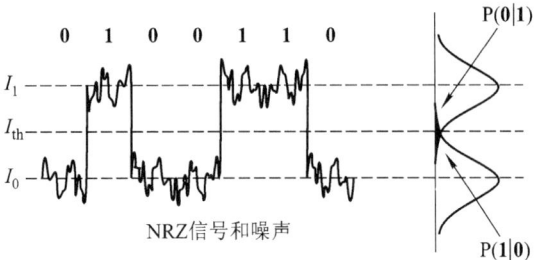

图 7.3 高低电平的概率分布曲线

$$P(0|1) = \frac{1}{<N_0>\sqrt{2\pi}}\int_{I_{th}}^{\infty}\exp\left(-\frac{(I-I_0)^2}{2<N_0^2>}\right)dI = \frac{1}{2}\text{erfc}\left(\frac{I_{th}-I_0}{<N_0>\sqrt{2}}\right)$$
(7.10)

式中，$<N_0^2>$ 和 $<N_1^2>$ 分别为低电平和高电平情况下的平均噪声功率，以及

$$\text{erfc}(x) = \frac{2}{\sqrt{\pi}}\int_x^{\infty}\exp(-y^2)dy$$
(7.11)

将式(7.9)和式(7.10)带入误码率式(7.8)，可以得到

$$BER = \frac{1}{4}\left[\text{erfc}\left(\frac{I_1-I_{th}}{<N_1>\sqrt{2}}\right) + \text{erfc}\left(\frac{I_{th}-I_0}{<N_0>\sqrt{2}}\right)\right]$$
(7.12)

从上述公式可以看出误码率是判决电平 I_{th} 的函数，当判决电平 I_{th} 取如下数值时误码率最小：

$$I_{th} = \frac{<N_1>I_1 + <N_0>I_0}{<N_1> + <N_0>}$$
(7.13)

此时误码率可以描述为参数 Q 的函数：

$$BER = \frac{1}{2}\text{erfc}\left(\frac{Q}{\sqrt{2}}\right) \approx \frac{\exp(-Q^2/2)}{\frac{Q}{\sqrt{2\pi}}}$$
(7.14)

$$Q = \frac{I_1 - I_0}{<N_1> + <N_0>}$$

表 7.1 给出了 BER 和 Q 之间的关系，在一般情况下光纤通信系统至少要求误码率为 10^{-9}，相对应的参数 Q 约为 6。

表 7.1 BER 和 Q 之间的关系

Q	BER	Q	BER	Q	BER
0.0	1/2	5.199	10^{-7}	7.035	10^{-12}
3.090	10^{-3}	5.612	10^{-8}	7.349	10^{-13}
3.719	10^{-4}	5.998	10^{-9}	7.651	10^{-14}
4.265	10^{-5}	6.361	10^{-10}	7.942	10^{-15}
4.753	10^{-6}	6.706	10^{-11}		

7.1.3 灵敏度

在光纤通信系统中,灵敏度的定义为:在一定误码率的情况下接收机所能检测到的最小平均光功率。

根据上述定义和参数 Q 的公式,可以得到灵敏度 P_s 的公式:

$$P_s = \frac{P_1 + P_0}{2} = \frac{Q<N_T>}{R} \tag{7.15}$$

式中,P_0 和 P_1 为分别为电平 **1** 和 **0** 对应的功率,其比值为消光比(Extinction Ratio,ER):

$$r = \frac{P_1}{P_0} \tag{7.16}$$

表 7.2 给出了典型的 2.5 Gb/s 和 10 Gb/s PIN/APD 接收机灵敏度,从表中可以看到,当雪崩倍增系数为 10 的情况下,APD 光电接收机的灵敏度要比 PIN 光电接收机高 10 dBm。

表 7.2 典型 PIN/APD 接收机灵敏度

参 数	2.5 Gb/s	10 Gb/s	参 数	2.5 Gb/s	10 Gb/s
放大器噪声电流	400 nA	1.2 μA	APD 接收机	−34.3 dBm	−29.5 dBm
PIN 接收机	−24.3 dBm	−19.5 dBm			

7.1.4 眼图

数字传输系统的质量最终可以通过误码率来衡量,但是从 BER 很少能得到对电路设计的指导信息。信噪比 SNR 可以用来衡量一个模拟传输系统中信号质量的优劣,但是对于数字系统并不有效,因为它没有包含信号的相位信息。为了对数字信号和系统的质量作出评估,最有效和直接的观察方法就是使用眼图时钟信号的质量也可以用眼图进行衡量。眼图方法虽然简单,却是评估数字传输系统数据处理能力的一种极为有效的测量方法,这种方法已经大量用于评估无线系统的性能,也可以用于光纤数据链路。眼图测量法是在时域内完成的,可以使用示波器实时显示波形失真情况。

本节主要介绍眼图的形成和几个重要的特征。对于一个长 N 比特的 NRZ 码,可能出现的数据链为 2^N-1 种,图 7.4 给出了 $N=4$ 时接收机输出端可能出现的数据链图形,将所有可能出现的图形叠加,就可以形成所谓的眼图。衡量眼图质量的指标如下:

(1)眼睛张开的高速和宽度。

(2)上升时间(由 **0** 电平到 **1** 电平)。

(3) 下降时间(由 **1** 电平到 **0** 电平)。

(4) 时间抖动(眼图过零点偏离标准值的时间差)。

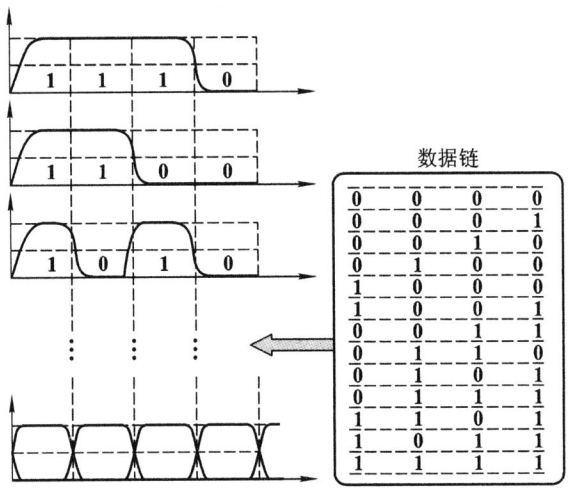

图 7.4 $N=4$ NRZ 码形成的眼图

7.1.5 信号带宽

图 7.5 给出了 NRZ 码的频谱曲线,从图中可以看到频谱的能量主要集中在带宽的 70%~80%,因此在设计光接收机的时候,其信号带宽(Signal Bandwidth)指标通常设置为传输速率的 70%~80% 就可以了,即

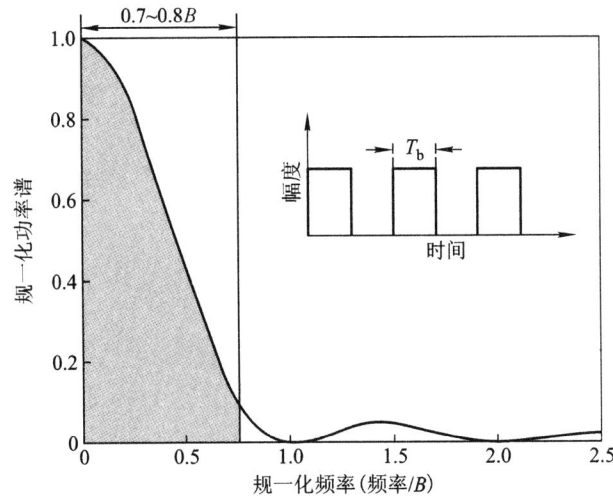

图 7.5 NRZ 码的频谱曲线

$$BW_{\text{signal}} = 0.7 \sim 0.8B = \frac{0.7 \sim 0.8}{T_b} \tag{7.17}$$

这样可以节约20%左右的带宽,既降低了成本和设计难度,又可以削弱噪声的影响。图7.6给出了信号带宽对眼图的影响($BW_{\text{signal}} = B$, $BW_{\text{signal}} = 0.7B$ 和 $BW_{\text{signal}} = 0.5B$),从图中可以看到当接收机信号带宽和传输数据的速率一致时,眼图失真很小,很容易判断高低电平,随着接收机信号带宽的下降,眼图呈现如下特征:

(1) 脉冲上升时间和下降时间延长。
(2) 眼皮变厚,即信号失真增大,噪声容限变小。
(3) 出现时间抖动现象。

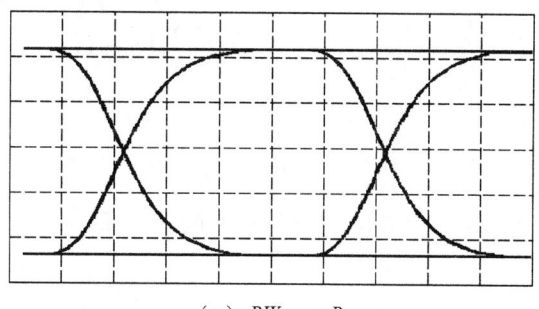

(a) $BW_{\text{signal}} = B$

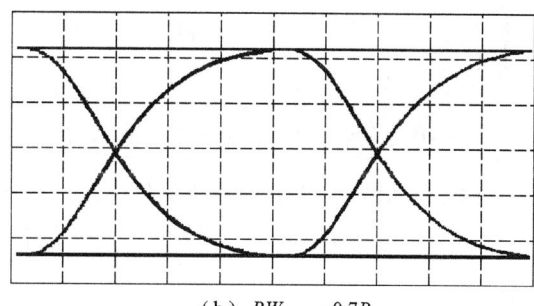

(b) $BW_{\text{signal}} = 0.7B$

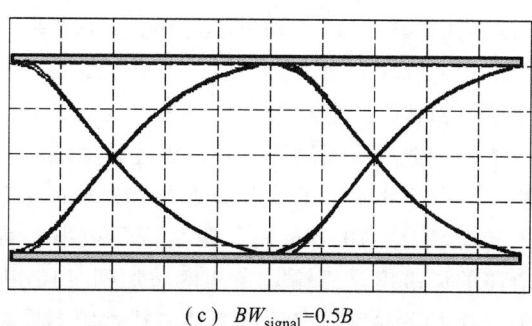

(c) $BW_{\text{signal}} = 0.5B$

图7.6 信号带宽对眼图的影响

7.1.6 噪声带宽

白噪声 $n(t)$ 的频谱密度在所有频率范围内都是平坦的，其频谱密度为一个常数，令

$$G_n(f) = \frac{\eta}{2} \tag{7.18}$$

式中，η 为常数，系数 1/2 是指功率一半与正频率相关，另一半与负频率相关。

若将白噪声加在传输函数为 $H(f)$ 的线性系统的输入端，则输出噪声的频谱密度 $G_0(f)$ 为

$$G_0(f) = |H(f)|^2 G_n(f) = \frac{\eta}{2} |H(f)|^2 \tag{7.19}$$

则输出噪声功率为

$$N_{out} = \int_{-\infty}^{\infty} G_0(f) \, df = \eta \int_0^{\infty} |H(f)|^2 \, df \tag{7.20}$$

假设相同的噪声来自带宽为 B、零频率响应为 $H(0)$ 的理想低通滤波器，则有

$$N_{out} = \eta \int_0^{\infty} |H(f)|^2 \, df = \eta |H(0)|^2 B \tag{7.21}$$

其中的 $H(0)$ 为传输函数在中心频率处数值，由式(7.20)和式(7.21)，即可得到等效噪声带宽的表达式[11]：

$$B = \frac{1}{|H(0)|^2} \int_0^{\infty} |H(f)|^2 \, df \tag{7.22}$$

图 7.7(a)和(b)给出了信号传递函数和功率传递函数示意图，从图中可以看到，噪声带宽和信号带宽是不相同的，而和功率传递函数的带宽一致。

7.1.7 动态范围

光接收机的动态范围(Dynamic Range)是指光输入功率的范围，灵敏度决定了最小光输入功率，随着输入功率的增加，光接收机的工作状态会进入非线性区域，电路工作在饱和状态，电路失真会引起非线性失真，而且光生电流增大会引起散弹噪声增加，造成眼图质量下降，因此最大光输入功率由电路的非线性失真和噪声决定。图 7.8 给出了眼图随输入光功率的变化实例，从图中可以看到眼图在输入光功率为 -20 dBm 时，眼睛张开很小，噪声很大，此时的输入光功率接近电路的灵敏度。而输入光功率增加到 -10 dBm 时，眼图质量很好，但是当增加到 0 dBm 时眼图又逐渐变坏，根据眼图质量的好坏可以确定光接收机的动态范围。

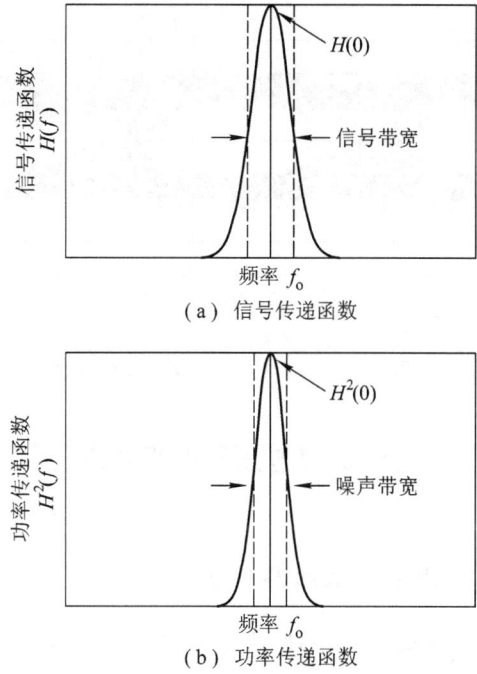

图 7.7 信号传递函数和功率传递函数

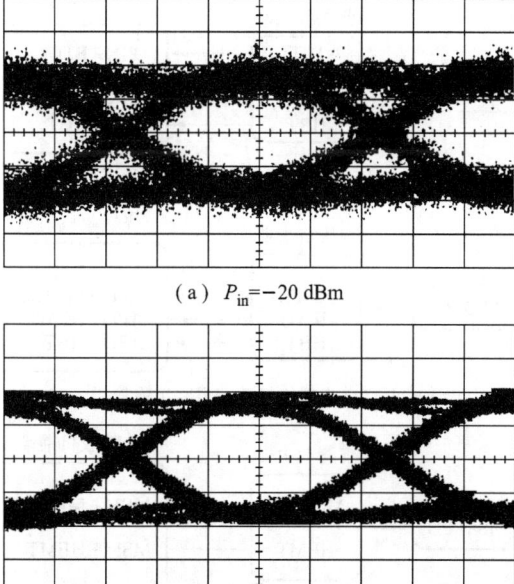

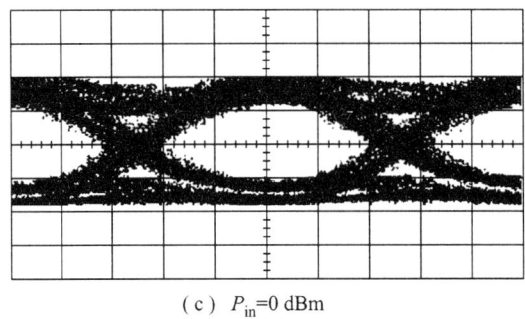

(c) P_{in}=0 dBm

图 7.8　眼图随输入光功率的变化实例

7.2　光接收机前端的电路结构

7.2.1　常用的光接收机前端电路形式

从前面几章可以了解到，常用的光电探测器有 PIN、APD 和 MSM 光电探测器，常用的高速电子器件有硅基、锗硅基和Ⅲ-Ⅴ族半导体器件，利用上述高速光电子器件可以构成几十种光接收机前端电路，图 7.9 给出常见的高速

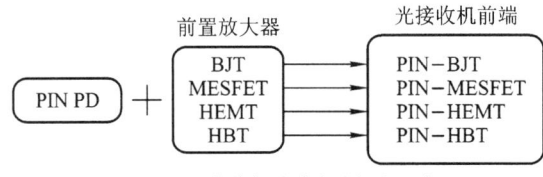

(a) PIN 光接收机前端电路组成形式

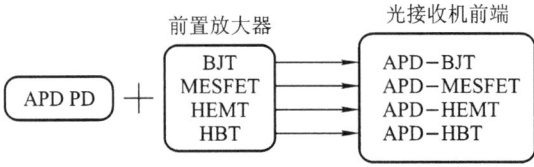

(b) APD 光接收机前端电路组成形式

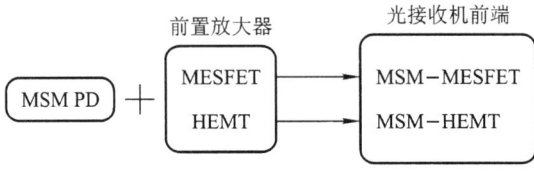

(c) MSM 光接收机前端电路组成形式

图 7.9　常见的高速 Gb/s 级光接收机前端电路的组成形式

Gb/s 级光接收机前端电路的组成形式。

从工艺的角度上来看，PIN 和 APD 光电探测器属于垂直结构，更适合和 BJT 和 HBT 器件相兼容，而 MSM 光电探测器属于平面结构，更适合和场效应晶体管器件的工艺相兼容。

常用的高速前置放大器主要有高阻型前置放大器(High Impedance Preamplifier, HIA)和跨阻型前置放大器(Trans Impedance Amplifier, TIA)，下面分别介绍上述两类前置放大器的电路结构形式和各种性能指标。

7.2.2 高阻型前置放大器

高阻型前置放大器是相对于低阻型前置放大器而言的，当前置放大器的输入阻抗较低时，称为低阻型前置放大器，而当前置放大器的输入阻抗较高时，称为高阻型前置放大器，偏置电阻 R_b 同时可以作为输入电路匹配元件。虽然低阻型前置放大器可以有一个很宽的带宽，但是由于只有很小的一部分信号传输到放大器，因此灵敏度很低，只能用于一些灵敏度要求不高的短距离通信中。

为了提高接收机的灵敏度，可以使用高阻型前置放大器，这类前置放大器是根据最大增益原则设计的，其输入阻抗非常高，因此具有最大的灵敏度。光电检测器作为一个内阻很高的受控电流源，需要与一个高阻抗的负载电阻进行匹配以获得最大增益。由于高阻放大器的输入阻抗高，输入电路的时间常数较大，其频率响应也就受到了限制，因此可实现的带宽较窄。同时，光电检测器的偏置电阻和放大器的输入电容对光电检测器的电流信号形成了一个积分型前端电路，当信号速率提高时，信号脉冲会产生严重的失真，为使输出波形有利于后继电路的工作，需对前置放大器的输出信号进行均衡，因此这类前置放大器只适用于对速率要求不高、但对灵敏度要求很高的系统。

图 7.10 给出了光电探测器和高阻型前置放大器构成的光接收机前端和相应的信号和噪声等效电路模型，图 7.10(b)所示电路模型中各个参数含义如下：

C_d：光电探测器结电容；

R_b：光电探测器直流偏置电阻；

R_a：前置放大器等效输入电阻；

C_a：前置放大器等效输入电容；

A：前置放大器增益；

$<i_d>$：光电探测器总的噪声电流。

$<i_b>$：直流偏置电阻 R_b 噪声电流。

$<e_n>$：前置放大器等效输入噪声电压。

$<i_n>$：前置放大器等效输入噪声电流。

$<e_{no}>$：后续电路等效输入噪声电压。

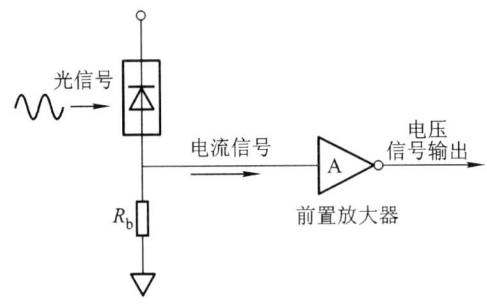

（a）高阻型前置放大器构成的光接收机前端

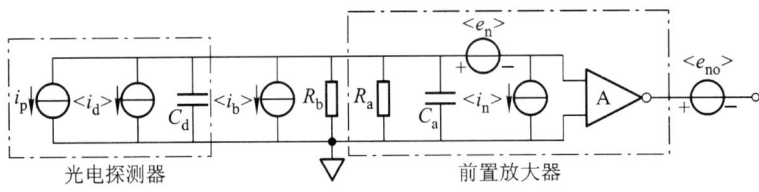

（b）信号和噪声等效电路模型

图 7.10 光电探测器和高阻型前置放大器构成的光
接收机前端和相应的信号和噪声等效电路模型

光电探测器和高阻型前置放大器构成的光接收机前端的传输函数为

$$H_{HZ}(\omega) = \frac{u_o}{i_p} = \frac{AR_T}{1 + j\omega R_T C_T} \tag{7.23}$$

其中

$$C_T = C_d + C_a, \quad R_T = R_a // R_b = \frac{R_a R_b}{R_a + R_b}$$

相应的 3 dB 带宽为

$$BW_{HZ} = \frac{1}{2\pi R_T C_T} \tag{7.24}$$

光接收机前端的等效输入噪声电流谱密度（Equivalent Input Noise Current Spectrum Intensity）可以表示为

$$\frac{d<i_{HZ}^2>}{df} = \frac{d<i_d^2>}{df} + \frac{d<i_b^2>}{df} + \frac{d<i_n^2>}{df} +$$

$$\left(\frac{d<e_n^2>}{df} + \frac{d<e_{no}^2>}{A^2}\right)\left[\frac{1}{R_T^2} + (\omega C_T^2)\right] \tag{7.25}$$

7.2.3 跨阻型前置放大器

虽然高阻型前置放大器能够获得最小的噪声,但是其较高的输入阻抗限制了带宽,并且限制了动态范围。为了解决这一矛盾,人们提出采用跨阻型前置放大器来取代高阻型前置放大器[7],跨阻型前置放大器通过在一个低噪声高阻抗前置放大器的输入和输出端并联一个负反馈支路来实现。负反馈(Negative Feedback)可使电路的增益稳定,并可提高动态范围和带宽。电压并联负反馈技术使放大器的输入和输出电阻均有所减少,与高阻抗前置放大器相比,跨阻放大器的主要优点是动态范围大,频带宽,且不需要不易实现的均衡电路。基于这些优点,跨阻放大器特别适合于超高速传输系统(速率从几个到几十个 Gb/s)。

图 7.11 给出了光电探测器和跨阻型前置放大器构成的光接收机前端和相应的信号和噪声等效电路模型,图 7.11(b) 所示电路模型中各个参数和图 7.9(b) 基本一致,其中 R_f 为电路反馈电阻,$<i_f>$ 为相应的噪声电流。

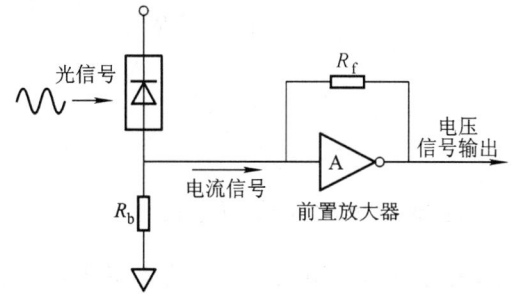

(a) 跨阻型前置放大器构成的光接收机前端

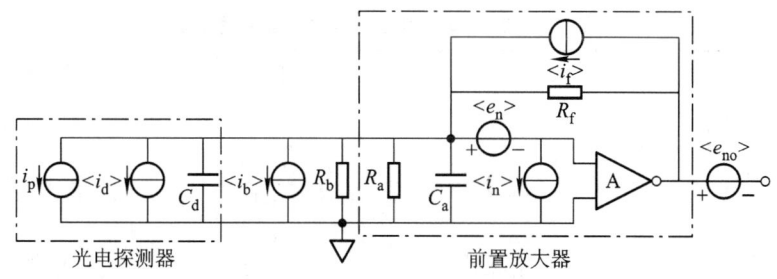

(b) 信号和噪声等效电路模型

图 7.11 光电探测器和跨阻型前置放大器构成的光接收机前端和相应的信号和噪声等效电路模型

光电探测器和跨阻型前置放大器构成的光接收机前端的传输函数为

$$H_{TZ}(\omega) = \frac{R_f}{1 + \dfrac{1}{A} + \dfrac{R_f}{AR_T} + \dfrac{j\omega R_f C_T}{A}} \tag{7.26}$$

当放大器增益 A 趋于无穷大时，有

$$\lim_{A \to \infty} H_{TZ}(\omega) = R_f \tag{7.27}$$

由上述公式可知，在放大器开环增益很大的情况下，跨阻型光接收机传输函数(跨阻)主要由反馈电阻的大小来决定。

跨阻型光接收机 3 dB 带宽为

$$BW_{TZ} = \frac{1 + \frac{R_f}{1+A}}{\frac{2\pi C_T R_f}{1+A}} \approx \frac{1}{\frac{2\pi C_T R_f}{1+A}} \tag{7.28}$$

相应的光接收机前端的等效输入噪声电流谱密度可以表示为

$$\frac{d\langle i_{TZ}^2\rangle}{df} = \frac{d\langle i_d^2\rangle}{df} + \frac{d\langle i_b^2\rangle}{df} + \frac{d\langle i_n^2\rangle}{df} + \frac{d\langle i_f^2\rangle}{df} +$$

$$\left(\frac{d\langle e_n^2\rangle}{df} + \frac{d\langle e_{no}^2\rangle}{df \cdot A^2}\right)\left[\frac{A^2}{R_f^2} + (\omega C_T^2)\right] \tag{7.29}$$

其中

$$\frac{d\langle i_f^2\rangle}{df} = \frac{4kT}{R_f} \tag{7.30}$$

7.2.4 高阻型和跨阻型前置放大器的比较

这里对上述讨论的高阻型和跨阻型前置放大器特性进行比较，表 7.3 给出了低频增益、带宽、输入阻抗和等效输入噪声谱密度的比较。

表 7.3 高阻型和跨阻型前置放大器特性比较

参　数	高　阻　型	跨　阻　型	比　较　结　果
低频增益	AR_T	R_f	高阻型大
带宽	$\dfrac{1}{2\pi R_T C_T}$	$\dfrac{1/(2\pi C_T R_f)}{1+A}$	跨阻型宽
输入阻抗	$\dfrac{R_T}{1+j\omega R_T C_T}$	$\dfrac{R_f}{1+A+j\omega R_f C_T}$	跨阻型小
等效输入噪声电流谱密度	$\dfrac{d\langle i_{HZ}^2\rangle}{df}$	$\dfrac{d\langle i_{HZ}^2\rangle}{df} + \dfrac{d\langle i_f^2\rangle}{df}$	跨阻型大

由式(7.23)和式(7.26)可以得到两种前置放大器低频增益之比为

$$R_{gain} = \lim_{\omega \to 0} \frac{H_{HZ}(\omega)}{H_{TZ}(\omega)} = A\frac{R_T}{R_f} \gg 1 \tag{7.31}$$

由式(7.24)和式(7.28)可以得到 3 dB 带宽之比为

$$R_{BW} = \frac{BW_{TZ}(\omega)}{BW_{HZ}(\omega)} = \frac{(1+A)R_T}{R_f} \gg 1 \qquad (7.32)$$

图 7.12 给出了高阻型和跨阻型前置放大器增益特性比较曲线，由于电路的增益带宽积为常数，高阻型前置放大器的增益要比跨阻型前置放大器大得多，因此跨阻型前置放大器的带宽要比高阻型前置放大器大得多，因此更适合高速率光纤通信系统。

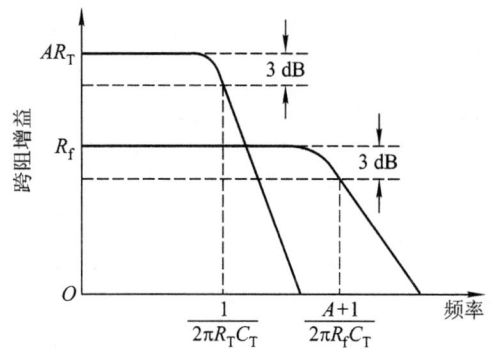

图 7.12　高阻型和跨阻型前置放大器增益特性比较

由式(7.25)和式(7.29)可以得到等效输入噪声谱密度之差为

$$\frac{d\langle i_{TZ}^2 \rangle}{df} - \frac{d\langle i_{HZ}^2 \rangle}{df} = \frac{4kT}{R_f} + \frac{d\langle e_{no}^2 \rangle}{df}\left(\frac{A^2}{R_f^2} - \frac{1}{R_T^2}\right) \approx \frac{4kT}{R_f} > 0 \qquad (7.33)$$

表 7.3 总结了高阻型和跨阻型前置放大器低频增益、带宽、输入阻抗和等效输入噪声电流谱密度的计算公式，从比较结果可以看到，为了获取较大的带宽，跨阻型放大器牺牲了增益和噪声。

7.3　前置放大器的性能指标

在微波低噪声放大器设计中，噪声系数和用于表征反射系数和增益的 S 参数是设计的指标，而对于光接收机前置放大器来说，等效输入电流谱密度和跨阻增益则是设计的重点。可以直接测量的指标显然是噪声系数和 S 参数，因此需要将上述指标转换为光接收机前置放大器的性能指标：等效输入电流谱密度和跨阻增益。本节首先给出 S 参数和噪声系数的定义，然后介绍它们和光接收机前置放大器的性能指标之间的关系[8-9]。

7.3.1　二口网络 S 参数

用以描述端口网络反射波和入射波之间关系的 S 参数定义为

$$b_1 = S_{11} \cdot a_1 + S_{12} \cdot a_2 \tag{7.34}$$

$$b_2 = S_{21} \cdot a_1 + S_{22} \cdot a_2 \tag{7.35}$$

表 7.4 给出了四个 S 参数计算公式,下面着重讨论四个 S 参数的物理意义。

表 7.4　S 参数计算公式和物理意义

	S_{11}	S_{21}	S_{12}	S_{22}
定义	$\dfrac{b_1}{a_1}\bigg|_{a_2=0}$	$\dfrac{b_2}{a_1}\bigg|_{a_2=0}$	$\dfrac{b_1}{a_2}\bigg|_{a_1=0}$	$\dfrac{b_2}{a_2}\bigg|_{a_1=0}$
计算公式	$S_{11} = \dfrac{2U_1}{U_\mathrm{S}} - 1$	$S_{21} = \dfrac{2U_2}{U_\mathrm{S}}$	$S_{12} = \dfrac{2U_1}{U'_\mathrm{S}}$	$S_{22} = \dfrac{2U_2}{U'_\mathrm{S}}$
物理意义	输出端口接匹配负载情况下的输入端口反射系数	输出端口接匹配负载情况下的正向功率增益	输入端口接匹配负载情况下的反向功率增益	输入端口接匹配负载情况下的输出端口反射系数

图 7.13 给出了计算 S_{11} 和 S_{21} 的等效电路拓扑,图中 Z_o 为特性阻抗,通常情况下定义为 50 Ω。当输出端口接匹配负载时($Z_\mathrm{L} = Z_\mathrm{o}$),输入端口的反射系数可以表示为

$$\varGamma_\mathrm{in} = \frac{U_1^-}{U_1^+} = \frac{b_1}{a_1}\bigg|_{a_2=0} = S_{11} \tag{7.36}$$

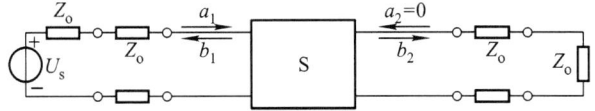

图 7.13　计算 S_{11} 和 S_{21} 的等效电路拓扑

因此 S_{11} 的物理意义是输入端口的反射系数,又可以利用输出阻抗和特征阻抗来表示

$$S_{11} = \frac{Z_\mathrm{in} - Z_\mathrm{o}}{Z_\mathrm{in} + Z_\mathrm{o}} \tag{7.37}$$

式中,Z_in 为二口网络的输入阻抗,其表达式为

$$Z_\mathrm{in} = \frac{U_1}{I_1} = \frac{U_\mathrm{S} - Z_\mathrm{o} I_1}{I_1} \tag{7.38}$$

将式(7.38)代入式(7.37)可以得到

$$S_{11} = \frac{U_1 - Z_o I_1}{U_1 + Z_o I_1} = \frac{U_1 - (U_S - U_1)}{U_S} = \frac{2U_1}{U_S} - 1 \qquad (7.39)$$

从式(7.39)可以看到，输入端口的反射系数 S_{11} 可以直接由信号源电压和输入端口节点电压的比值直接计算得到。

根据 S 参数定义，S_{21} 可以表示为

$$S_{21} = \frac{b_2}{a_1}\bigg|_{a_2=0} = \frac{\dfrac{U_2^-}{\sqrt{Z_o}}}{\dfrac{U_1 + Z_o I_1}{2\sqrt{Z_o}}}\bigg|_{I_2^+ = U_2^+ = 0} \qquad (7.40)$$

由于 $a_2 = 0$，可以令输出端口的正向传输电流和电压(I_2^+ 和 U_2^+)为零，则有：$U_2 = U_2^-$，将 $U_S = U_1 + Z_o I_1$ 代入式(7.40)，S_{21} 可以表示为

$$S_{21} = \frac{2U_2}{U_S} \qquad (7.41)$$

从式(7.41)可以看到 S_{21} 的物理意义是正向功率增益(用 dB 表示)。

图 7.14 给出了计算 S_{12} 和 S_{22} 的等效电路拓扑，当输入端口接匹配负载时 ($Z_S = Z_o$)，输出端口的反射系数可以表示为

$$\varGamma_{out} = \frac{U_2^-}{U_2^+} = \frac{b_2}{a_2}\bigg|_{a_1=0} = S_{22} \qquad (7.42)$$

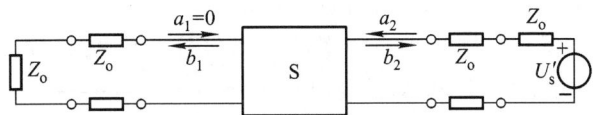

图 7.14 测量 S_{12} 和 S_{22} 等效电路拓扑

因此 S_{22} 的物理意义是输出端口的反射系数，又可以表示为

$$S_{22} = \frac{Z_{out} - Z_o}{Z_{out} + Z_o} \qquad (7.43)$$

式中，Z_{out} 为二口网络的输出阻抗，可以表示为

$$Z_{out} = \frac{U_2}{I_2} = \frac{U_S' - Z_o I_2}{I_2} \qquad (7.44)$$

将式(7.44)代入式(7.43)可以得到

$$S_{22} = \frac{U_2 - Z_o I_2}{U_2 + Z_o I_2} = \frac{U_2 - (U_S' - U_2)}{U_S'} = \frac{2U_2}{U_S'} - 1 \qquad (7.45)$$

从式(7.45)可以看到，输出端口的反射系数 S_{22} 可以直接由信号源电压和输出端口的节点电压计算得到。

根据 S 参数定义，S_{12} 可以表示为

$$S_{12} = \frac{b_1}{a_2}\bigg|_{a_1=0} = \frac{U_1^-/\sqrt{Z_o}}{(U_2+Z_oI_2)/2\sqrt{Z_o}}\bigg|_{I_1^+=U_1^+=0} \quad (7.46)$$

由于 $a_1=0$，可以令输入端口的正向传输电流和电压（I_1^+ 和 U_1^+）为零，则有：$U_1=U_1^-$，将 $U_S=U_1+Z_oI_1$ 代入式(7.46)，S_{12} 可以表示为

$$S_{12} = \frac{2U_1}{U_S'} \quad (7.47)$$

从式(7.47)可以看到，S_{12} 的物理意义是反向功率增益。

表 7.4 给出了 S 参数的物理意义以及相应的计算公式，上述 S 参数可以直接由矢量网络分析仪测试获得。

7.3.2 二口网络噪声系数

20 世纪 40 年代，Harold Friis 首次用网络的输入信噪比和输出信噪比定义了噪声系数这个概念，具体表达式为

$$F = \frac{SNR_{in}}{SNR_{out}} = \frac{\dfrac{S_i}{N_i}}{\dfrac{S_o}{N_o}} \quad (7.48)$$

式中，SNR_{in} 和 SNR_{out} 分别为输入和输出信噪比，S_i 和 N_i 分别为输入信号和噪声功率，S_o 和 N_o 分别为输出信号和噪声功率。

图 7.15 给出了二口网络噪声功率计算示意图，图中二口网络的资用功率增益和噪声功率分别为 G_a 和 N_a，输出噪声功率可以表示为

$$N_o = N_a + G_aN_i \quad (7.49)$$

式中，$N_i = KT_0B$，通常将 290 K 作为计算噪声系数的标准温度。

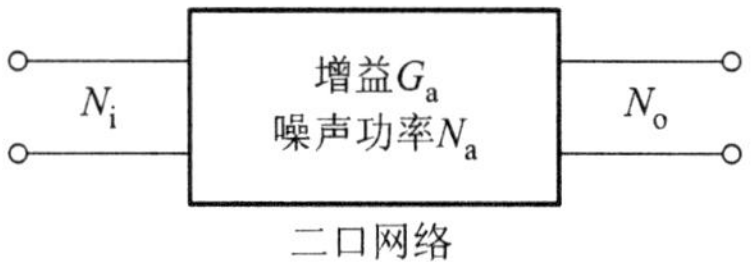

图 7.15 二口网络噪声计算示意图

将式(7.49)带入式(7.48)可以得到

$$F = \frac{\dfrac{S_i}{N_i}}{\dfrac{S_o}{N_o}} = \frac{\dfrac{S_i}{N_i}}{\dfrac{G_aS_i}{N_a+GN_i}} = \frac{N_a+G_aN_i}{G_aN_i} \quad (7.50)$$

亦即

$$F = \frac{N_a+kT_0BG_a}{kT_0BG_a} \quad (7.51)$$

从上述公式可以看到，噪声系数也可以表述为在标准温度 $T_0=290$ K 情况下网络总输出噪声功率和由源噪声引起的网络输出噪声功率之比。同时网络信

噪比的恶化与信号源的温度有关，噪声系数与输入信号大小无关。

$$T_e = \frac{N_a}{kB}$$

$$F = \frac{kGB(T_0 + T_e)}{kGBT_0} = \frac{T_0 + T_e}{T_0} = 1 + \frac{T_e}{T_0} \tag{7.52}$$

二口网络的噪声系数可以直接由噪声网络分析仪测试获得。

7.3.3 跨阻增益和 S 参数之间的关系

图 7.16 给出了前置放大器二口网络的 Z 参数等效电路模型[10]，其中 Z_s 为光检测器的输出阻抗，i_s 为光检测器输出电流，Z_{11}、Z_{12}、Z_{21} 和 Z_{22} 为跨阻放大器的二端口网络 Z 参数，Z_L 为前置放大器的负载阻抗。

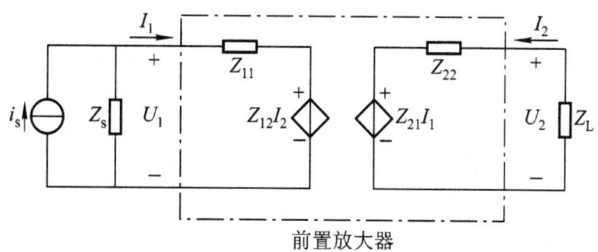

图 7.16　前置放大器二口网络的 Z 参数等效电路模型

根据跨阻型前置放大器二口网络 Z 参数的定义：

$$U_1 = Z_{11} \cdot I_1 + Z_{12} \cdot I_2 \tag{7.53}$$

$$U_2 = Z_{21} \cdot I_1 + Z_{22} \cdot I_2 \tag{7.54}$$

以及整个接收机电路端口电流和电压之间的关系

$$Z_{12}I_2 + I_1(Z_{11} + Z_s) = i_s Z_s \tag{7.55}$$

$$(Z_{22} + Z_L)I_2 = -Z_{21}I_1 \tag{7.56}$$

$$U_2 = -Z_L I_2 \tag{7.57}$$

根据上述公式，接收机电路的跨阻增益为

$$H_R = \frac{U_2}{i_s} = \frac{Z_{21} Z_s Z_L}{(Z_{22} + Z_L)(Z_{11} + Z_s) - Z_{21} Z_{12}} \tag{7.58}$$

如果仅仅考虑前置放大器的跨阻增益，则上述表达式变为

$$H_P = \frac{U_2}{I_1} = \frac{Z_{21} Z_L}{Z_{22} + Z_L} \tag{7.59}$$

上述公式中 H_R 和 H_P 分别为光接收机和前置放大器的跨阻增益，比较式(7.58)和式(7.59)可以发现：

$$H_P = H_R \big|_{Z_s \to \infty} \tag{7.60}$$

也就是说，当光检测器的输出阻抗无穷大时，跨阻前置放大器本身的跨阻特性与光接收机前端的跨阻特性相同。

根据 Z 参数与 S 参数的换算关系

$$Z_{11} = \frac{(1+S_{11})(1-S_{22}) + S_{12}S_{21}}{(1-S_{11})(1-S_{22}) - S_{12}S_{21}} \quad (7.61)$$

$$Z_{12} = \frac{2S_{12}}{(1-S_{11})(1-S_{22}) - S_{12}S_{21}} \quad (7.62)$$

$$Z_{21} = \frac{2S_{21}}{(1-S_{11})(1-S_{22}) - S_{12}S_{21}} \quad (7.63)$$

$$Z_{11} = \frac{(1-S_{11})(1+S_{22}) + S_{12}S_{21}}{(1-S_{11})(1-S_{22}) - S_{12}S_{21}} \quad (7.64)$$

将上述公式带入式(7.59)，得到用 S 参数表示的跨阻增益为

$$H_P = Z_L \cdot \frac{2Z_0 S_{21}}{Z_0[S_{12}S_{21} + (1-S_{11})(1+S_{22})] + Z_L[(1-S_{11})(1-S_{22}) - S_{12}S_{21}]} \quad (7.65)$$

假设系统特征阻抗 Z_0 和负载阻抗 Z_L 均为 50 Ω，亦即

$$Z_L = Z_0 = 50\ \Omega$$

则式(7.65)可以简化为

$$H_P = Z_0 \frac{S_{21}}{1-S_{11}} = 50 \cdot \frac{S_{21}}{1-S_{11}} \quad (7.66)$$

由式(7.66)可以看到，前置放大器的跨阻增益带宽和 S 参数增益 S_{21} 的带宽是不一致的，不能简单的以 S 参数增益 S_{21} 的特性取代前置放大器的跨阻增益特性。图 7.17 给出了由交流(Alternating Current, AC)分析和 S 参数计算得到的跨阻增益特性比较，从图中可以看到吻合很好。

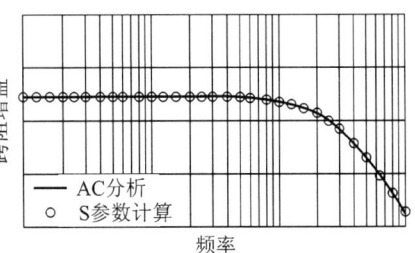

图 7.17 由 AC 分析和 S 参数计算得到的跨阻增益特性比较

7.3.4 等效输入噪声电流谱密度和噪声系数之间的关系

根据式(7.51)，噪声系数也可以表示为

$$F = \frac{P_{nao}}{G_a P_{nai}} = \frac{P_{nao}}{G_a kT} \quad (7.67)$$

式中，P_{nao} 和 P_{nai} 分别为网络资用输出噪声资用功率和输入噪声资用功率。为了计算前置放大器等效输入噪声电流谱密度，需要一个用等效输入阻抗和输出

阻抗表征的二口网络来等效前置放大器,如图 7.18 所示。

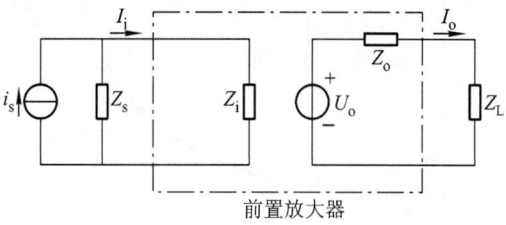

图 7.18　前置放大器二口网络等效电路模型

图 7.18 中 Z_i 和 Z_o 分别为前置放大器的输入和输出阻抗,U_o 为开路等效输出电压。电路的资用功率增益 G_a 可以表示为

$$G_a = \frac{\dfrac{U_o^2}{4R_o}}{\dfrac{U_s^2}{4R_s}} = \frac{1}{R_s R_o} \cdot \frac{U_o^2}{i_s^2} \tag{7.68}$$

其中

$$\left|\frac{U_o}{i_s}\right| = |H_P| \cdot \left|\frac{R_s}{Z_i + R_s}\right| \cdot \left|\frac{Z_L + Z_o}{Z_L}\right| \tag{7.69}$$

令总的输出噪声电压为 U_{no},则输出噪声资用功率可以表示为

$$P_{nao} = \frac{U_{no}^2}{4R_o} \left|\frac{Z_o + Z_L}{Z_L}\right|^2 \tag{7.70}$$

将式(7.68)~(7.70)代入式(7.67)可以得到

$$F = \frac{\dfrac{U_{no}^2}{\Delta f}}{4kT_0 \Delta f |H_P|^2 \left|\dfrac{R_s}{R_s + Z_i}\right|^2 / R_s} \tag{7.71}$$

则电路的等效输入噪声电流谱密度为

$$\frac{\overline{i_{in}^2}}{\Delta f} = \frac{\overline{u_{no}^2}}{\Delta f} \times \frac{1}{|H_P|^2} = \frac{4kT_0 F R_s}{|R_s + Z_i|^2} \tag{7.72}$$

式(7.71)中等效输入噪声电流谱密度同时包含了源电阻产生的噪声,如果单纯考虑前置放大器的等效输入噪声电流谱密度,上述公式需要修正为

$$\frac{\overline{i_{in}^2}}{\Delta f} = \frac{(F-1) 4kT_0 R_s}{|R_s + Z_i|^2} \tag{7.73}$$

图 7.19 给出了由噪声分析和噪声系数计算得到的等效输入噪声电流谱密度比较曲线,从图中可以看到吻合很好,验证了公式推导的正确性[12]。

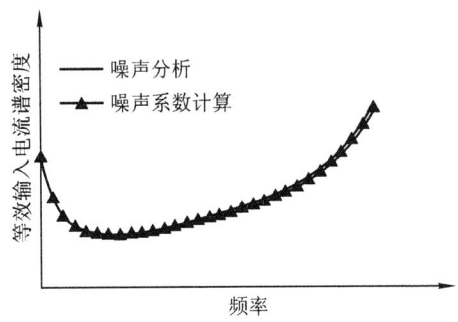

图 7.19 由噪声分析和噪声系数计算得到的等效输入噪声电流谱密度比较

7.4 高速前置放大器设计

目前利用硅基 BJT 可以设计 10 Gb/s 的前置放大器，而采用 GaAs 基 MES-FET 和 HBT 可以设计 10～40 Gb/s 的前置放大器，InP HBT 可以用于设计 40 Gb/s 以上的前置放大器。下面分别介绍基于不同工艺的前置放大器设计原理。

7.4.1 基于 BJT 的前置放大器设计

图 7.20 给出了构成 BJT 光接收机前置放大器的两个基本单元：反相器和源跟随器。反相器即共发射极放大级作为 OEIC 光接收机的基本放大级，其主要作用是提供电流/电压增益和反向隔离[12-18]。利用反相器电路的级联固然可以得到一个高增益的放大器，但是由于前级负载电容过重会引起放大器带宽严重下降，因此利用缓冲/电平移位电路级作为后续电路，即可以用来降低电容负载。

图 7.21 给出了典型的 BJT 基光前置放大器拓扑结构，其中图(a)采用本级反馈形式，图(b)为由源跟随器向反相放大级反馈，而图(c)则采用多重反馈技术，主要目的均为扩展频带，提高前置放大器的传输速率。

表 7.5 给出了 BJT 基光接收机前置放大器特性比较，从表中可以看到，采用先进的工艺技术提高器件的特征频率可以提高电路的传输速率。图 7.22 给出了电路的带宽随器件特征频率的变化曲线，从图中可以看到一个规律：所设计电路的 3 dB 带宽均为器件特征频率的 1/5 到 1/3 之间，

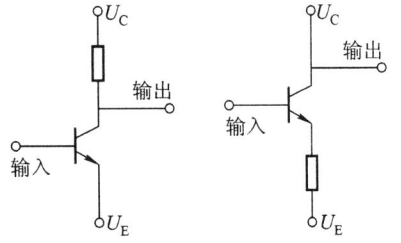

(a) 反相电路级　(b) 缓冲/电平移位电路级

图 7.20 光接收机前置放大器的基本放大级

以及

$$B \approx \frac{1}{5}f_T \sim \frac{1}{3}f_T$$

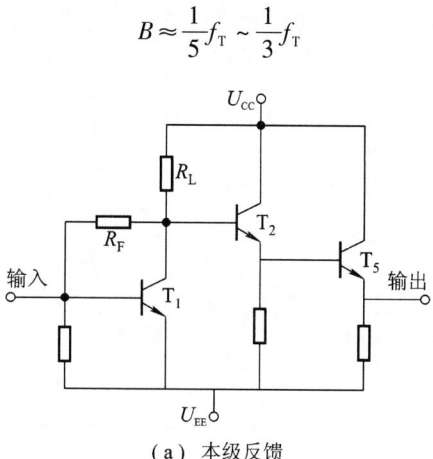

(a) 本级反馈

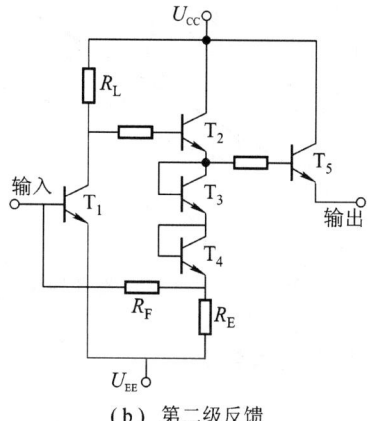

(b) 第二级反馈

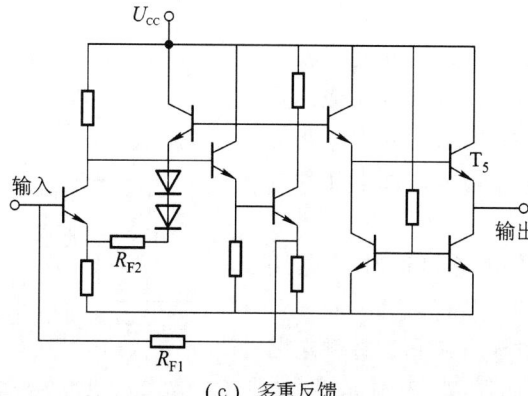

(c) 多重反馈

图 7.21 典型的 BJT 基光前置放大器拓扑结构

表7.5 BJT基光接收机前置放大器特性比较

器件特征频率/工艺 /(GHz/μm)	带宽 /GHz	跨阻 /dBΩ	噪声密度 /(pA/$\sqrt{Hz}$)	功耗 /mW	文献
12/0.5	2.2	55	18	—	[19]
15/0.6	1.67	70	3.5	170	[20]
28/0.3	5.1	50	9.5	—	[21]
40/0.8	11.2	53.4	—	—	[22]
—/0.4	9	45	—	400	[23]
23/0.4	7.8	57	9	143	[24]
23/0.4	9	57	10	215	[24]
35/0.3	10.5	60	12	450	[25]

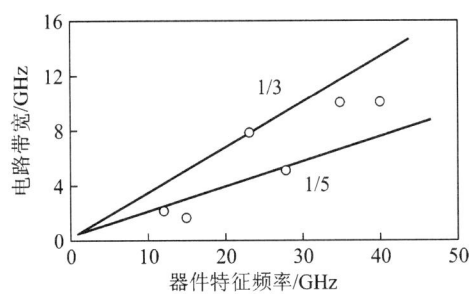

图7.22 BJT基光前置放大器带宽随器件特征频率变化曲线

7.4.2 基于HBT的前置放大器设计

Ⅲ-Ⅴ族化合物HBT器件又分为GaAs基和InP基两种放大器,加上SiGe HBT共有三种[26-42],由于HBT器件工作原理和BJT基本一致,因此光接收机前置放大器的设计拓扑也十分相似,除了图7.20和图7.21给出的基本电路形式以外,HBT基电路还采用如下几种电路形式:

1. 共发射极电路和达林顿电路(Darlington)组合

典型的共发射极电路和达林顿电路组合前置放大器如图7.23所示[26,28],第一级采用高增益的共发射极放大级,

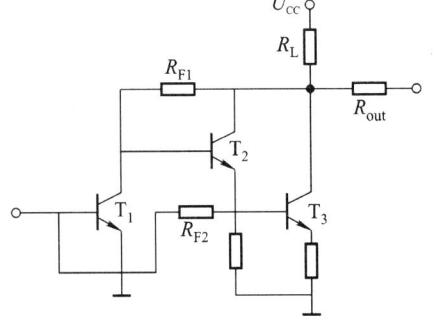

图7.23 共发射极电路和达林顿电路(Darlington)组合前置放大器

第二级采用达林顿放大级,用于提高带宽和改善驱动后续电路的能力。由于第一级增益很高,因此后续电路的噪声影响可以忽略,反馈电阻 R_{F1} 和 R_{F2} 用于提供直流偏置和电路匹配,因此上述电路又称之为直接耦合电路。

2. 差分放大级和源跟随器组合电路

传统的差分放大器为了达到输入输出匹配,通常采用 50 Ω 作为负载电阻,这样一来电路的灵敏度受到这个匹配电阻热噪声的限制。而跨阻差分放大器可以改善上述问题带来的限制,通过调节反馈电阻和增益可以达到很好的输入匹配。而且由于反馈电阻(一般为 200 Ω 以上)大大高于 50 Ω,这样一来跨阻差分放大器的受到的反馈电阻热噪声的影响大大降低了。图 7.24 给出了一个典型的差分放大级和源跟随器组合电路,采用跨阻差分放大级作为输入级可以获得很好的输入匹配,并且可以工作在电路的线性状态。

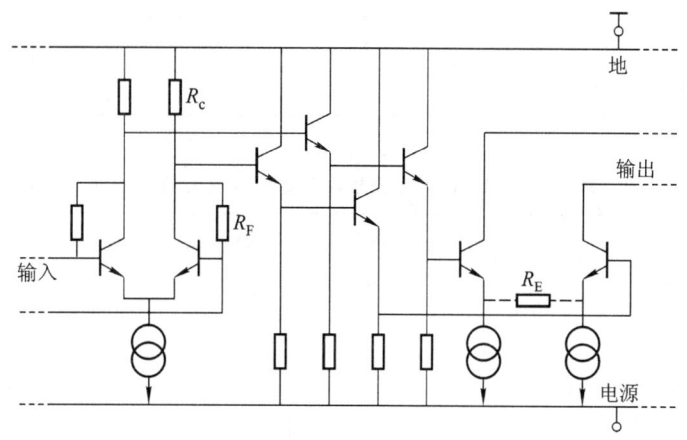

图 7.24　差分放大级和源跟随器组合电路

3. 共发射极电路和共基极组合电路(也称之为 Cascode 电路)

由上面分析可以知道,共发射极电流反馈放大级虽然可以提供较宽的带宽,但是由于负载电阻较小会引起电路热噪声增加而降低灵敏度。采用共发射极电路和共基极组合电路可以在提供相同的带宽的基础上,选取的反馈电阻要大大高于共发电流反馈放大级所选取的反馈电阻(接近 10 倍),这样可以大大改善电路的灵敏度。图 7.25 给出一个典型的共发射极电路和共基极组合电路,电路由一个共发射极电路和共基极组合电路以及两级发射极跟随器组成,最后一级发射极跟随器器件的发射极面积

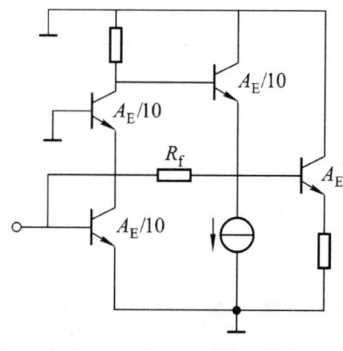

图 7.25　共发射极电路和共基极组合电路

为 A_E，而其他器件发射极的面积均为 A_E 的十分之一，前置放大器的跨阻高达 58 dBΩ，可用于 30 Gb/s 光纤传输系统。

表 7.6～表 7.8 分别给出了基于 GaAs HBT、InP HBT 和 SiGe HBT 的光接收机前置放大器的研制结果，从表中可以看到利用 HBT 技术可以大大提高器件的特征频率，可以实现 40 Gb/s 以上的前置放大器设计，但是值得注意的是要进一步扩展带宽就必须以降低反馈电阻和降低灵敏度为代价。

表 7.6 GaAs HBT 基光接收机前置放大器特性比较

器件特征频率/工艺 /(GHz/μm)	带宽 /GHz	跨阻 /dBΩ	噪声密度 /(pA/$\sqrt{Hz}$)	功耗 /mW	文献
24/2	9.1	53	<12	53	[26]
41/2	12.7	50	—	—	[27]
70/1.5	27	53	—	102	[28]
70/1.5	40	50	—	280	[28]

表 7.7 InP HBT 基光接收机前置放大器特性比较

器件特征频率/工艺 /(GHz/μm)	带宽 /GHz	跨阻 /dBΩ	噪声密度 /(pA/$\sqrt{Hz}$)	功耗 /mW	文献
54/5.0	10	40	—	84	[34]
67/5.0	14	45	10	34.3	[35]
80/4.0	32	32	—	—	[36]
125/1.0	40	45	—	130	[37]
160/1.2	47	56	35	457	[32]
120/1.6	26.7	48.9	25	26.5	[38]

表 7.8 SiGe HBT 基光接收机前置放大器特性比较

器件特征频率/工艺 /(GHz/μm)	带宽 /GHz	跨阻 /dBΩ	噪声密度 /(pA/$\sqrt{Hz}$)	功耗 /mW	文献
60/—	19	38	—	95	[39]
52/1.0	9	45	—	77	[40]
18/5	5.5	43	20	—	[41]
200/—	50	49	30	200	[31]

7.4.3 基于 MESFET/HEMT 的前置放大器设计

由于 MESFET 和 HEMT 工作原理和结构十分相似，因此利用 MESFET 和 HEMT 构成的前置放大器拓扑基本一致，主要采用高速数字电路结构形式来实现，这种电路的优点在于具有从直流（Direct Current，DC）开始的带宽、芯片尺寸小、容易与发射级耦合逻辑电路集成。表 7.9 和表 7.10 分别给出了基于 GaAs MESFET 和 HEMT（包括 GaAs 和 InP 等材料）的光接收机前置放大器的研制结果[43-51]。光接收机前置放大器基本组成单元为反相器和缓冲/电平移位电路级，如图 7.26 所示。反相器即共源放大级作为 OEIC 光接收机的基本放大级，其主要作用是提供电流/电压增益和反相隔离。利用反向器电路的级联固然可以得到一个高增益的放大器，但是由于前级负载电容过重（即下一级反相器放大器件的栅源电容）会引起放大器带宽严重下降，因此利用缓冲/电平移位电路级作为后续电路，既可以用来降低电容负载，又可以通过电平移动控制反相放大级的输入偏置电压，它们的级联和缓冲耦合逻辑电路（BFL）十分相似，值得注意的是该缓冲电路的两个 FET 器件栅宽一致[52]。

表 7.9 MESFET 基光接收机前置放大器特性比较

器件特征频率/工艺 /(GHz/μm)	带宽 /GHz	跨阻 /dBΩ	噪声密度 /(pA/$\sqrt{Hz}$)	功耗 /mW	文献
—/0.3	8.6	55	20.9	95	[43]
40/—	13	54	15	—	[44]
—/—	3.5	59	12	800	[45]
13/1.0	7.6	67	—	—	[46]
—/0.5	12	44	12.6	—	[47]

表 7.10 HEMT 基光接收机前置放大器特性比较

器件特征频率/工艺 /(GHz/μm)	带宽 /GHz	跨阻 /dBΩ	噪声密度 /(pA/$\sqrt{Hz}$)	功耗 /mW	文献
35/1.0	10	55	13.5	—	[48]
85/0.1	8.0	63.5	6.5	465	[49]
60/0.35	18	41.8	20	—	[50]
170/0.1	43	48.2	20	350	[51]

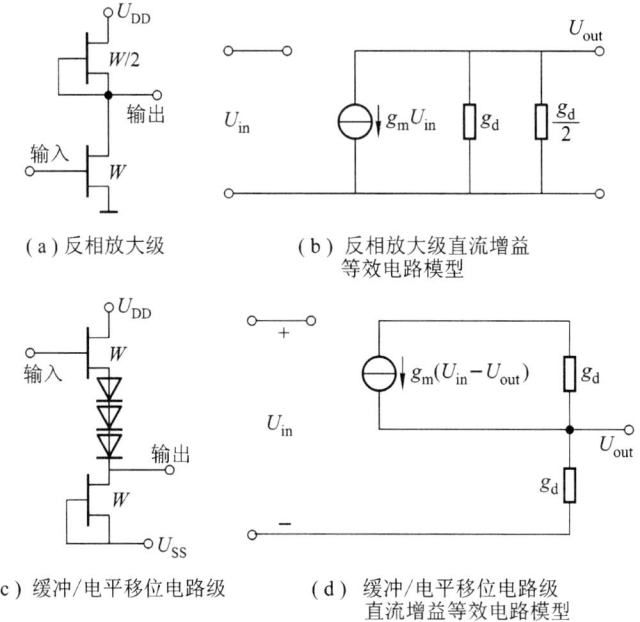

图 7.26 OEIC 光接收机的基本放大级以及
相应的直流增益等效电路模型

对于反相放大级,根据其等效电路模型很容易计算出直流增益为

$$A_V = \frac{g_m}{g_d + \frac{g_d}{2}} = \frac{2}{3} \cdot \frac{g_m}{g_d} \tag{7.74}$$

对于缓冲/电平移位电路级,根据其等效电路模型计算获得直流增益为

$$A_V = \frac{\frac{g_m}{2g_d}}{1 + \frac{g_m}{2g_d}} = \frac{g_m}{g_m + 2g_d} \tag{7.75}$$

图 7.27(a)、(b)、(c)和(d)给出了四种典型的基于 MESFET/HEMT 的前置放大器设计拓扑,其中图(a)采用电阻反馈,图(b)采用一个共栅极的器件来进行反馈,利用栅极电压调节反馈的深度,图(c)采用一个和第一级放大器件并联的共源器件来控制反馈,图(d)则采用共源 - 共栅电路来提高增益。

对于共源 - 共栅电路来说,其增益表达式为[53]

$$A_{\text{Cascode}} = -\frac{g_{m1}}{g_{d4}} \cdot \frac{1}{1 + \left(1 + \frac{g_{d3}}{g_{d4}}\right)\frac{g_{d1} + g_{d2}}{g_{m3}}} \tag{7.76}$$

7.4 高速前置放大器设计

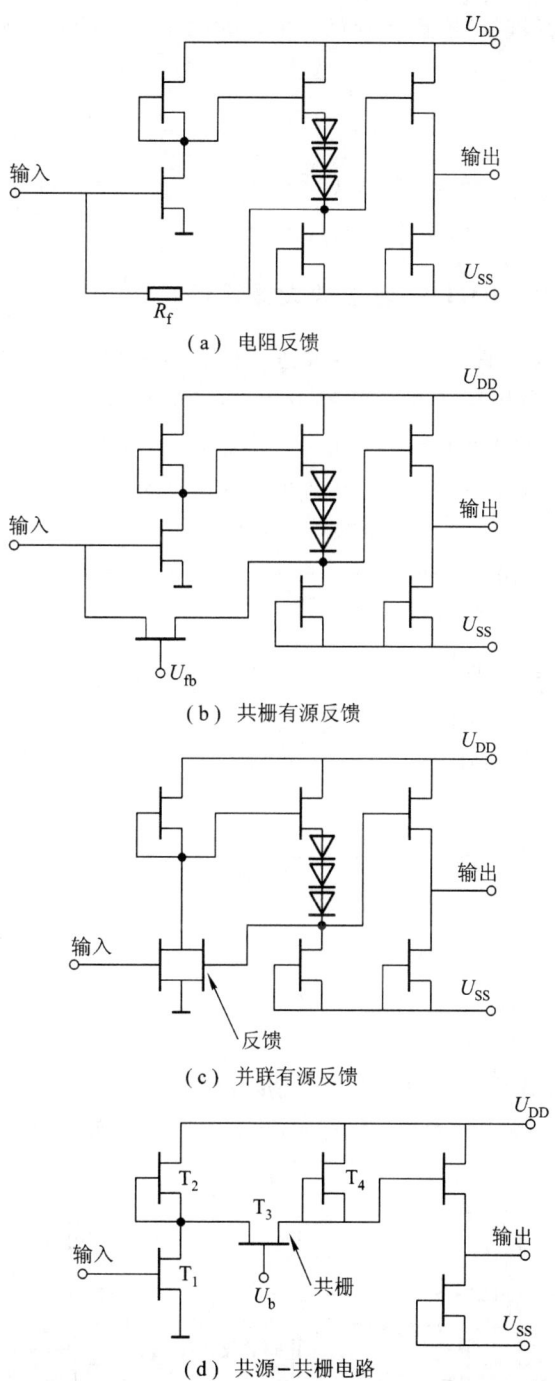

图 7.27 四种典型的基于 MESFET/HEMT 的前置放大器设计拓扑

当 g_{d4} 近似为零时,增益达到最大值,为两个独立的共源放大级级联的增益之积

$$A_{\text{Cascode}}\Big|_{g_{d4}=0} = -\frac{g_{m3}}{g_{d3}} \cdot \frac{g_{m1}}{g_{d1}+g_{d2}} \qquad (7.77)$$

上述公式中,g_{m1} 和 g_{m3} 分别为图 7.27(d) 中 FET 器件 T_1 和 T_3 的跨导,g_{d1}、g_{d2}、g_{d3} 和 g_{d4} 分别为器件 $T_1 \sim T_4$ 输出电导。

7.4.4 基于 MOSFET 的前置放大器设计

随着 MOSFET 器件工艺尺寸的改进,栅长由原来的微米量级进入纳米量级,目前标准的商用工艺标准包括 0.6 μm、0.5 μm、0.35 μm、0.18 μm、0.13 μm、90 nm、65 nm 和 45 nm,其相应的特征频率由几个 GHz 扩展到 200 GHz 以上,这给设计 10~40 Gb/s 的光接收机提供了很大的机遇。图 7.28 给出了 MOSFET 器件特征频率随栅长变化曲线[54]。

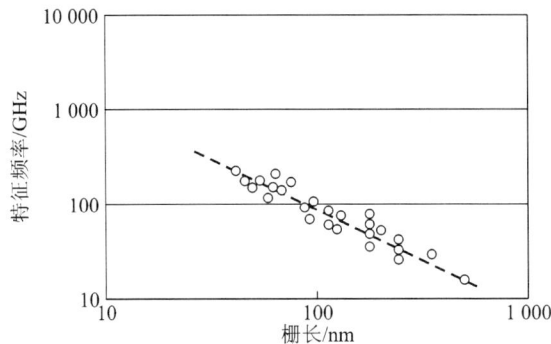

图 7.28 MOSFET 器件特征频率随栅长变化曲线

由于 MOSFET 器件工作原理和 MESFET 相似,因此设计的高速光接收机电路均采用类似的结构,但是对于 CMOS 器件来说,其典型的反馈形式如图 7.29 所示,表 7.11 给出了基于 MOSFET 的光接收机前置放大器研制结果比较,从图中可以看到利用 90 nm 技术已经研制成功 40 Gb/s 的光前置放大器[55]。

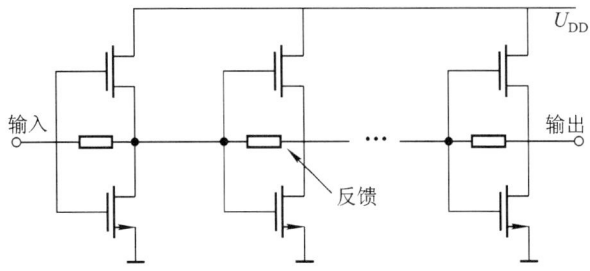

图 7.29 典型的 CMOS 前置放大器反馈形式

表 7.11 MOSFET 基光接收机前置放大器特性比较

工艺 /μm	带宽 /GHz	跨阻 /dBΩ	噪声密度 /(pA/$\sqrt{Hz}$)	功耗 /mW	文献
0.18	6	53	—	88	[56]
0.08	19	45	—	6.5	[57]
0.25	0.86	80	—	27	[58]
0.18	9.2	54	—	55	[59]
0.08	20	52	50	2.2	[60]
0.18	7.2	61	8.2	70.2	[61]
0.25	9	55	9.5	140	[62]
0.18	7.6	52	—	34	[63]
0.18	8	53	18	25	[64]
0.18	7.86	90	—	199	[65]

7.4.5 分布式前置放大器设计

分布式放大器使用微带传输线给一组并联的有源器件提供输入信号(如图 7.30 所示),同时利用在输出端口对称的微带传输线来叠加各个有源器件的输出信号功率。和级联电路设计相比,分布式放大器总的增益是各级并联放大级的增益之和,而不是各级增益的乘积。晶体管的本征电容和微带传输线所形成的等效电感构成分布式宽带低通滤波器,其上限截止频率和晶体管的本征电容成反比,因此晶体管的尺寸直接决定了电路的工作频率上限。设计需要综合考虑的各种参数包括:放大器的级数、有源器件的尺寸、器件的工艺类型以及每一级的直流偏置。更多的级数意味着更大的增益-带宽积,但是也会引入更大的功耗。由于分布式放大器的宽带特性使其在光接收机前置放大器设计中得到了广泛的应用[66-73]。

如果分布式放大器有源器件采用场效应晶体管,则栅极和漏极微带传输线的特性阻抗 $Z_{\pi g}$ 和 $Z_{\pi d}$ 可以由下面的公式计算得到

$$Z_{\pi g} = \sqrt{\frac{L_g}{C_{gs}}} \tag{7.78}$$

$$Z_{\pi d} = \sqrt{\frac{L_d}{C_{ds}}} \tag{7.79}$$

式中,L_g 为 FET 器件的寄生栅极电感,C_{gs} 为 FET 器件本征栅源电容,L_d 为

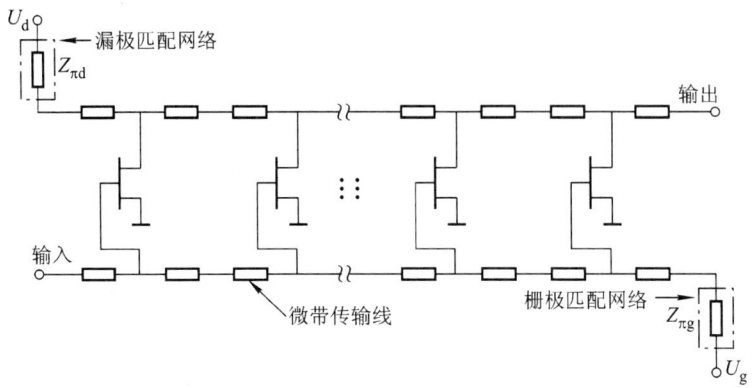

图 7.30 传统的场效应晶体管分布式放大器

FET 器件的寄生漏极电感，C_{ds} 为 FET 器件本征源漏电容。

场效应晶体管布式放大器的跨阻可以表示为

$$|Z_{Tf}| = \frac{n}{2} g_m Z_{\pi g} Z_{\pi d} \tag{7.80}$$

式中，g_m 为场效应晶体管的跨导，n 为并联的场效应晶体管放大级的级数。

几乎所有传统的分布式放大器都不能具有从 DC 开始的平坦增益，实际上这些分布式放大器都不能用于基带信号传输，在高频的时候，分布元件以及微带线起主要作用，增益会很平坦，而在低频的时候，主要由特征阻抗和集总元件起作用，由于多个源漏电阻并联输出阻抗下降，导致增益下降。因此需要改进漏极和栅极的匹配网络，以适应光接收机对基带的要求。图 7.31 和图 7.32 分别给出了一个栅极和漏极匹配网络的解决方案[68]，利用该设计可以获得从 DC 开始的带宽(如图 7.33 所示)。

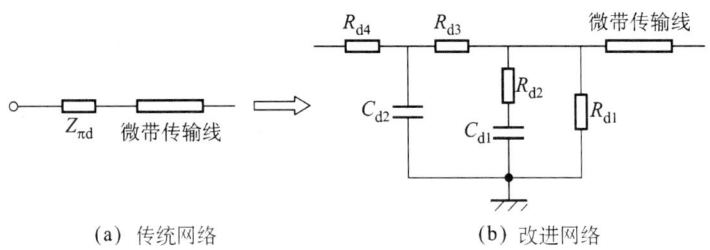

(a) 传统网络　　　　　　　　(b) 改进网络

图 7.31 漏极匹配网络对比

表 7.12 给出了基于场效应晶体管(MESFET 和 HEMT)和异质结晶体管 HBT 的分布式光接收机前置放大器特性比较，可以看出从 DC 开始的增益是比较困难的，需要改进设计，尽可能改善低端频率的增益，才有可能运用在光接收机设计中，值得注意的是宽带分布式放大器的功耗通常比其他传统设计要

7.5 接收电路电感电容峰化技术

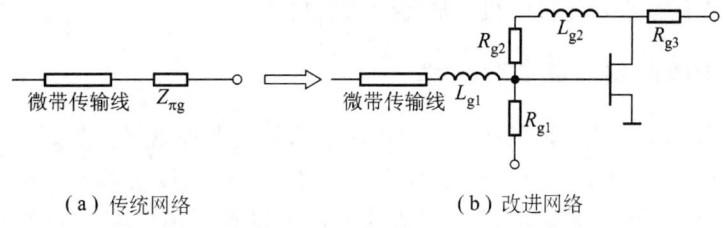

(a) 传统网络 (b) 改进网络

图 7.32 栅极匹配网络对比

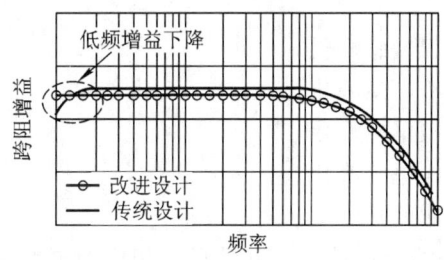

图 7.33 传统设计和改进设计的跨阻特性比较

大,而且跨阻增益要比其他传统设计低得多,原因是尽管分布式放大器有很多级,但是总的增益是各级并联放大级的增益之和,而不是各级增益的乘积。

表 7.12 分布式光接收机前置放大器特性比较

特征频率/工艺 /(GHz/μm)	带宽 /GHz	跨阻 /dBΩ	噪声密度 /(pA/$\sqrt{Hz}$)	功耗 /mW	文献
43/0.3(FET)	0.5~30	41	30	—	[66]
20/0.8(FET)	0.5~8	45	8	—	[67]
40/0.2(FET)	DC~36	41	20	1 000	[68]
80/1.0(HBT)	0.055~55	38	—	82	[69]
147/1.6(HBT)	0.05~50	53	—	240	[70]
167/0.15(HEMT)	0.1~49	52	—	520	[71]

7.5 接收电路电感电容峰化技术

光接收机前放带宽主要由器件的特征频率所决定,在此基础上采用新的设计技术可以进一步扩展带宽,弥补由于器件截止频率不够大的情况,电感、电容峰化技术是光接收机前放展宽带宽最常用的技术,下面分别介绍电感峰化技术和电容峰化技术对光接收机前放特性的影响。

7.5.1 接收电路电感峰化技术

所谓电感峰化技术是指在光接收机前放的放大器件栅极(基极)、漏极(集电极)和反馈环路上加入电感的技术[74-82],对于非复用接收系统,光接收机带宽需要从 DC 开始,采用电感峰化技术不仅可以补偿高频响应,在频率响应 3 dB 处产生谐振,而且在一些情况下可以降低噪声、提高灵敏度。电感峰化方式有如下五种:

(1) 反馈环外栅极电感峰化。
(2) 反馈环内栅极电感峰化。
(3) 反馈环外漏极电感峰化。
(4) 反馈环内漏极电感峰化。
(5) 反馈环上电感峰化。

图 7.34 给出了电感峰化技术的五种形式相应的电路拓扑结构,电感峰化技术的优势在于不影响光接收机从 DC 开始的带宽,而且可以在高频产生峰化作用。单片光接收机中的无源元件电感通常设计为方形螺旋电感,它与理想电感不同的是含有寄生电阻和电容,在高频时会影响系统特性,因此仅用一个理想电感来研究其作用会带来较大误差,必须考虑其寄生参数的影响。图 7.35 给出了方形螺旋电感示意图和等效电路模,其中 L 表示本身呈现的电感量,R 表示金属微带线的损耗电阻,C_p 表示输入端口和输出端口对地电容,R_p 表示衬底材料的损耗。

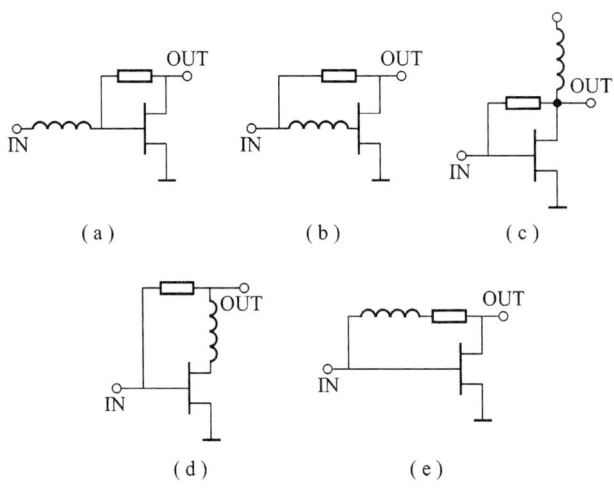

图 7.34 电感峰化技术的五种形式

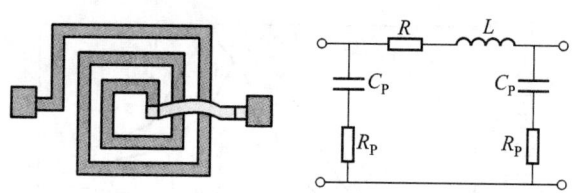

图 7.35 方形螺旋电感示意图和等效电路模型

图 7.36 给出了电感对光接收机跨阻增益 3 dB 带宽的影响，图 7.37 给出了电感对光接收机跨阻增益峰化值的影响。a、b、c、d、e 五条曲线分别代表五种峰化技术。由于方形螺旋的圈数不可能任意，电感数值连续性差，因此曲线不够光滑。对于跨阻增益 3 dB 带宽来说，每一种电感都有一最佳值，效果最佳的为栅极电感峰化。但是值得注意的是当加入电感网络时，由于其在高频产生的补偿作用，使得系统零极点个数大大增加，通过研究发现，只要保证传输函数增益峰化值小于 6 dB，那么增加的极点仍然在极坐标平面的左半平面，即放大器依然稳定。也就是说峰化电感值的选择不是无约束的，在得到了最佳电感值后，还要进行验证，如果不满足上述条件，就需要进行折中。虽然反馈环内栅极电感峰化可以有效增加带宽，但是光接收机的稳定性降低亦很显著。综上所述，要想设计带宽大于 10 GHz 的超高速光接收机，只有反馈环外栅极电感峰化、反馈环内栅极电感峰化和反馈环内漏极电感峰化三种情况可行，其电感范围分别为：1.5~2.67 nH、0.7~1.5 nH 和 0.4~0.9 nH。

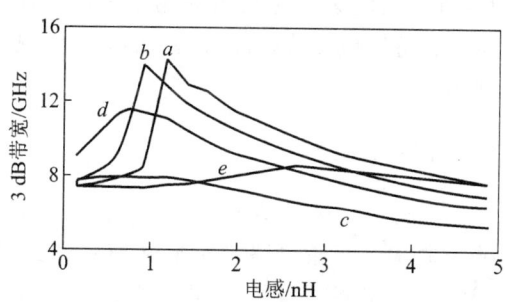

图 7.36 电感对光接收机跨阻增益 3 dB 带宽的影响

图 7.38 给出了峰化电感均为 0.5 nH 时对光接收机等效输入电流谱密度的影响，其中 c 同时代表无峰化时光接收机噪声电流谱密度。可以看到 a、b 两种栅极峰化技术对等效输入电流谱密度影响较大，而其他三种峰化技术则影响较小。这是因为栅极峰化相当于加入了输入电感特性网络，根据原理分析可以在某一点频达到噪声最佳。反馈环内栅极峰化在 16 GHz 达到最佳，而反馈环外栅极峰化可以在 15 GHz 达到最佳。

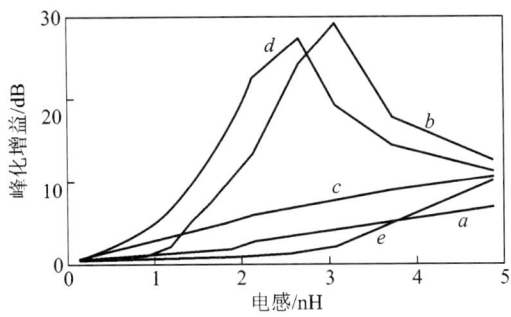

图 7.37　电感对光接收机跨阻增益峰化值的影响

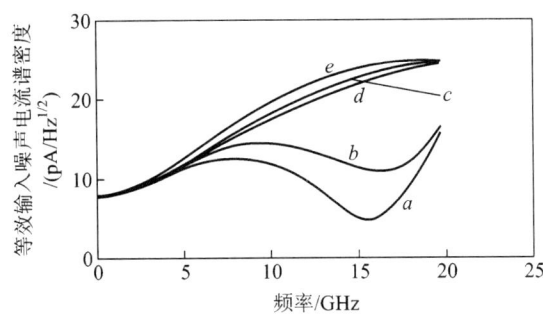

图 7.38　电感峰化技术对等效输入电流谱密度的影响

图 7.39 给出了两种使用电感峰化技术的光接收机前置放大器设计,通过利用多种电感峰化技术,可以使带宽扩展 3 倍左右,大大减轻了对负反馈电阻的压力,有助于改善噪声和提高灵敏度。

7.5.2　接收电路电容峰化技术

电感峰化技术虽然取得了很好的结果,但是也存在以下两个缺点:

(1) 由于电感尺寸较大,导致电路芯片面积增大,成本增加。

(2) 片上电感含有寄生电容,电感尺寸越大,寄生电容越大,电路特性受到限制。

因此当电感峰化技术受到限制的时候,需要采用电容峰化技术来作为补充手段来展宽带宽,图 7.40 给出了两种常用的电容峰化技术[83],一种是在电平移位二极管的旁边并联一个电容,一种是在缓冲级和输出级之间并联一个电容。图 7.41 给出了放大器 3 dB 带宽随峰化电容变化曲线,从图中可以看到,电容过小不起作用,电容过大和造成峰化增益过大引起电路不稳定,因此存在一个最佳值。

7.5 接收电路电感电容峰化技术

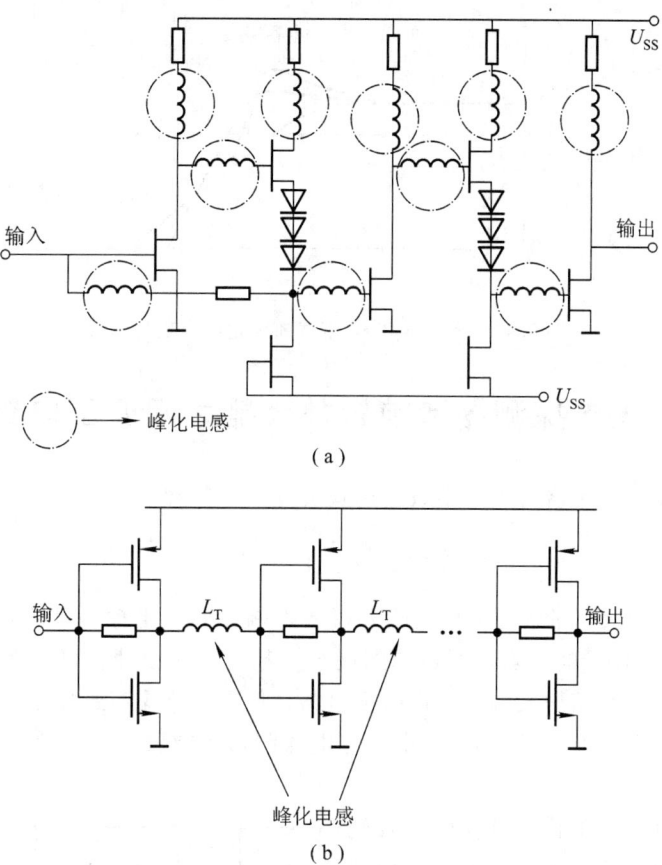

(a)

(b)

图 7.39 使用电感峰化技术的光接收机前置放大器设计

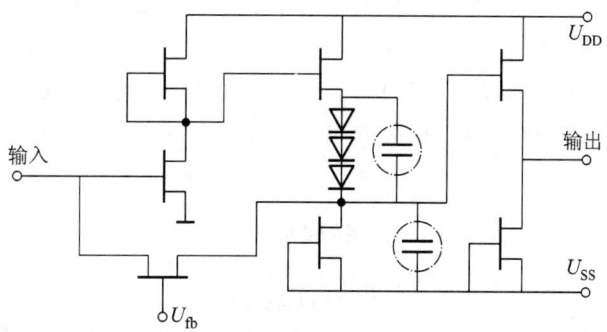

图 7.40 常用的电容峰化技术

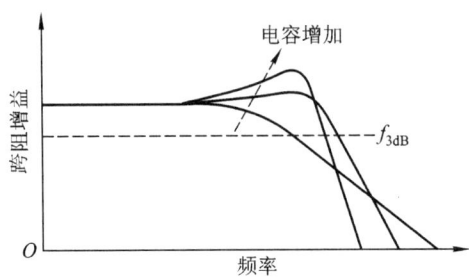

图 7.41 放大器 3 dB 带宽随峰化电容变化曲线

7.6 光电探测器和前置放大器之间匹配电路设计

根据前置放大器的噪声系数表达式

$$F = F_{\min} + \frac{R_n}{G_s} | Y_s - Y_{opt} |^2 \qquad (7.81)$$

当前置放大器的源导纳（从放大器输入端口向光电探测器方向看进去）等于最佳源导纳 Y_{opt} 时，噪声系数达到最小。基于上述原理，可以在光电探测器和前置放大器之间加入输入噪声匹配电路，使得电路噪声最佳化，以获得光接收机的最佳灵敏度。图 7.42 给出了光电探测器和前置放大器之间噪声匹配原理示意图。

图 7.43 给出了光接收机等效输入噪声电流计算方框图，图(a)中噪声源 $<e_n^2>$ 和 $<i_n^2>$ 分别为光接收机前置放大器等效到输入端口的相关噪声电压源和电流源。图(b) 中 $<i_g^2>$ 和 $<i_d^2>$ 分别为场效应晶体管的栅极感应噪声和漏极沟道噪声，相应的表达式为

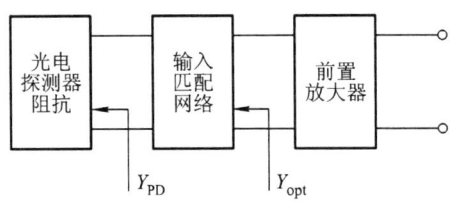

图 7.42 光电探测器和前置放大器之间噪声匹配原理

$$\overline{i_g^2} = 4kT\Delta f \omega^2 C_{gs}^2 \frac{R}{g_m} \qquad (7.82)$$

$$\overline{i_d^2} = 4kT\Delta f g_m P \qquad (7.83)$$

栅极感应噪声 $<i_g^2>$ 和漏极沟道噪声 $<i_d^2>$ 的相关噪声可以表示为

$$\overline{i_g^* i_d} = C \sqrt{\overline{i_g^2}\, \overline{i_d^2}} = 4kT\Delta f \omega C_{gs} C \sqrt{PR} \qquad (7.84)$$

式中，P 为栅极感应噪声因子，R 为漏极沟道噪声因子，C 为相关噪声因子，Δf 为噪声带宽，T 为绝对温度（通常设置为 290 K）。

7.6 光电探测器和前置放大器之间匹配电路设计

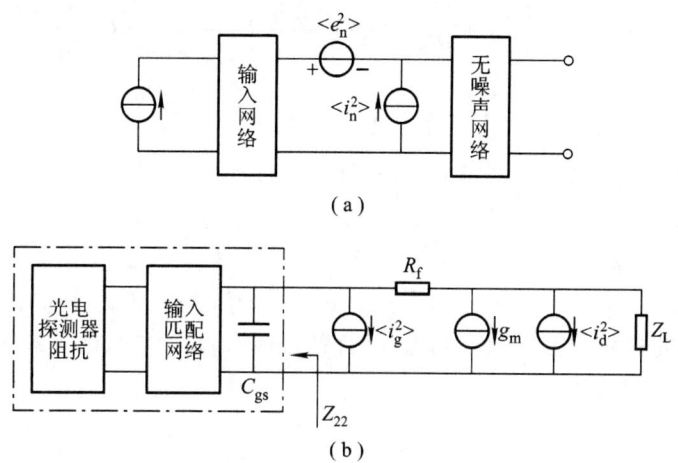

图 7.43 光接收机等效输入噪声电流计算方框图

首先计算本征场效应晶体管的导纳噪声矩阵 C_Y 和导纳矩阵：

$$C_Y = \begin{bmatrix} \dfrac{(\omega C_{gs})^2}{g_m} & j\omega C_{gs} C\sqrt{PR} \\ -j\omega C_{gs} C\sqrt{PR} & Pg_m \end{bmatrix} \quad (7.85)$$

其次利用矩阵关联技术得到如图 7.43 所示的光接收机简化电路图，其特点是用一个无噪声网络来表征前置放大器的频率特性，用两个相关噪声源来表征放大器的噪声特性，输入网络为由光电探测器和调谐网络组成。

等效输入串联噪声电压 $<e_n^2>$ 和等效输入并联电流 $<i_n^2>$，可以由下面的表达式计算得到

$$C_{A11} = <e_n^2> = \frac{C_{Y22}}{|Y_{21}|^2} \quad (7.86)$$

$$C_{A12} = <e_n i_n^*> = -\frac{C_{Y21}}{Y_{21}} + C_{Y22}\frac{Y_{11}^*}{|Y_{21}|^2} \quad (7.87)$$

$$C_{A21} = <e_n^* i_n> = -\frac{C_{Y21}}{Y_{21}} + C_{Y22}\frac{Y_{11}^*}{|Y_{21}|^2} \quad (7.88)$$

$$C_{A22} = <i_n^2> = C_{Y11} - C_{Y21}\frac{Y_{11}}{Y_{21}} - C_{Y12}\frac{Y_{11}^*}{Y_{21}^*} + C_{Y22}\left|\frac{Y_{11}}{Y_{21}}\right|^2 \quad (7.89)$$

将式(7.85)带入上述公式可以得到

$$<e_n^2> = \frac{P}{g_m} + \frac{1}{R_f g_m^2} \approx \frac{P}{g_m} \quad (7.90)$$

$$<i_n^2> = \frac{1}{R_f}\left(1 + \frac{2+P}{R_f g_m}\right) + \frac{(\omega C_{gs})^2}{g_m}R \approx \frac{(\omega C_{gs})^2}{g_m}R + \frac{1}{R_f} \quad (7.91)$$

$$<e_n^* i_n> = \frac{1}{R_f g_m}(1+P) + j\omega C_{gs} C \frac{\sqrt{PR}}{g_m} \quad (7.92)$$

如果没有匹配网络,即输入网络仅由光电探测器组成,其输入阻抗为 Y_{in},则光接收机等效输入噪声电流谱密度为

$$<i_n^2> = (e_n Y_{in}(\omega) + i_n)(e_n Y_{in}(\omega) + i_n)^*$$
$$= <e_n^2>|Y_{in}(\omega)|^2 + <e_n i_n^*>Y_{in}(\omega) + <e_n^* i_n>Y_{in}^*(\omega) + <i_n^2> \quad (7.93)$$

当在光电探测器和前放之间加入调谐网络时,光接收机的等效输入噪声电流谱密度计算公式为

$$<i_{in}^2> = \frac{4KT}{g_m}\frac{\Gamma(Z_{22})}{|Z_{21}|^2} \quad (7.94)$$

其中

$$\Gamma(Z_{22}) = P + \left[(\omega C_{gs})^2 R + \frac{g_m}{R_f}\right]|Z_{22}|^2 -$$
$$2C\sqrt{PR}[\omega C_{gs}\text{Im}(Z_{22})] + \frac{2(1+P)}{R_f}\text{Re}(Z_{22}) \quad (7.95)$$

该公式是文献[83-84]的扩展,Z_{21} 和 Z_{22} 为输入网络的 Z 参数。对于不调谐情况下,Γ 为常数,而对于调谐情况下,Γ 为频率的函数。如果放大器件的内部反馈可以忽略,则负反馈并不改变放大器的等效输入噪声电流谱密度,但是反馈网络的元件却会使噪声变大。从公式中可以看到,由于 R_f 的存在,Γ 增大了,这是因为热噪声的缘故。

欲使 $<i_{in}^2>$ 达到最小,显然需要以下几个条件:

(1) 调谐网络为无耗网络,即

$$\text{Re}(Z_{22}) = 0 \quad (7.96)$$

(2) 调谐网络的输出阻抗呈现感性:

从公式中可以看到当 $\text{Im}(Z_{22}) > 0$ 时,由于噪声相关系数 C 的存在,等效输入电流谱密度降低了,因此可以通过最佳化 $\text{Im}(Z_{22})$ 得到 $<i_{in}^2>$ 的最小值:

$$\text{Im}(Z_{22})_{opt} = \frac{C\sqrt{PR}(\omega C_{gs})}{(\omega C_{gs})^2 R + g_m/R_f} \quad (7.97)$$

$$\Gamma_{min} = P\left[1 - \frac{(\omega C_{gs})^2 RC^2}{(\omega C_{gs})^2 R + g_m/R_f}\right] \quad (7.98)$$

当输入网络呈现出一个随频率下降的电感电抗特性时,Γ 会因为相关因子的存在而抵消一部分,抵消影响和场效应晶体管及反馈电阻有很大关系。从式(7.94)和式(7.95)中可以看到,当反馈电阻和噪声相关因子较大,而且

$|Z_{21}|$ 最大时,等效输入噪声谱密度达到最佳,其中 $|Z_{21}|$ 代表通带内信号到栅极的最大传输。

7.6.1 电感窄带调谐技术

电感窄带调谐技术主要针对微波副载波复用(Subcarrier Multiplexing, SCM) 系统,SCM技术的基本原理是将要传输的基带信号先调制到射频波上,不同的基带信号通过调制不同的射频波而实现频分多路,将这些已调射频波合路后再调制光波,用光纤传输这种载有多路射频信号的光信号,在接收端用光接收机得到多路射频信号,再通过射频滤波器和解调器恢复出所传送的基带信号。对于基带信号而言有两个载波:光载波和射频载波,射频载波称为副载波,SCM系统光接收机的带宽不需要从DC开始。

电感调谐技术即在光电探测器和前放之间加入电感调谐网络,一方面可以调整光接收机的中心频率,一方面可以降低等效输入电流谱密度,两者折中可以得到光接收机的最佳设计。图 7.44 给出了三种常用输入电感调谐网络,其中图(a)为并联调谐网络;图(b)为T形调谐网络;图(c)为π形调谐网络。对于单电感并联调谐网络,它仅可以在某一点频达到噪声最佳,而三电感调谐技术则可以在某一频率范围内达到最佳。

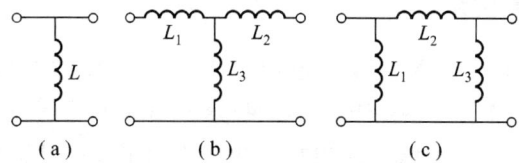

图 7.44 三种输入电感调谐网络

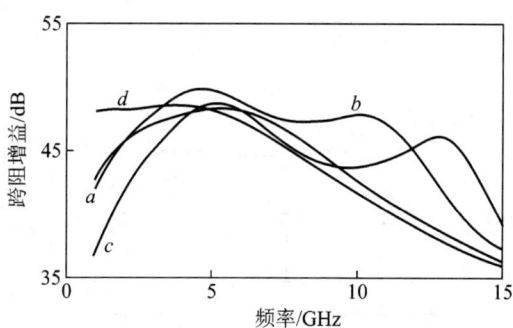

图 7.45 三种调谐技术对光接收机跨阻增益的影响

图 7.45 和图 7.46 分别给出了三种调谐技术对光接收机跨阻增益和等效输入噪声电流谱密度的影响,其中 a、b、c 分别代表并联调谐、T形调谐和π形

调谐网，d 代表无调谐网络时的光接收机特性。可以看到三电感调谐技术，在跨阻增益频率高端和低端均产生谐振峰，而在频率相应位置可以有效降低等效输入噪声电流谱密度；而单电感调谐仅产生一个谐振峰，即可在单一频率附近使噪声达到最佳。值得注意的是光接收机带宽不再从 DC 开始，因此已经不适用直接检测非复用高速光纤通信系统，其极低噪声谱密度的优势使其广泛应用于 SCM 模拟或数字系统中。

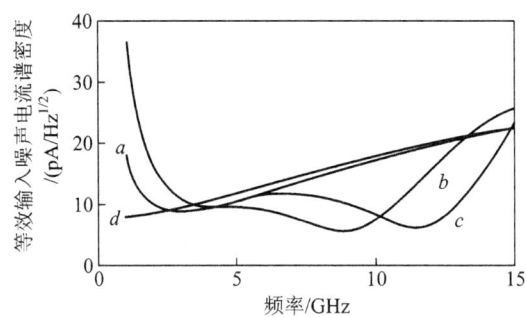

图 7.46　三种调谐技术对光接收机等效输入噪声电流谱密度的影响

7.6.2　宽带匹配技术

上述电感窄带调谐网络仅仅可以用于微波副载波调制系统，要想传输从 DC 开始的宽带信号，必须采用宽带匹配技术，图 7.47 给出了典型的宽带匹配网络[85-86]，从图中可以看到利用电感、电容分布网络可以实现噪声最佳化，如果需要将增益平坦作为一个指标的话，需要在电容的支路串联一个小电阻，当然噪声电流谱密度要大一些（见图 7.48）。图 7.49 给出了宽带匹配网络对噪声的影响，从图中可以看到加入宽带匹配网络以后，可以大大降低噪声电流谱密度。

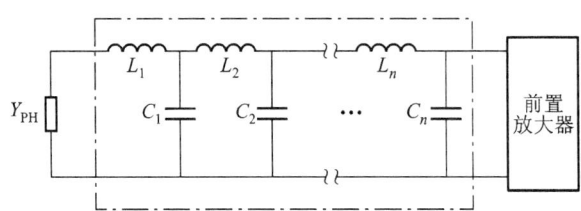

图 7.47　典型的宽带匹配网络

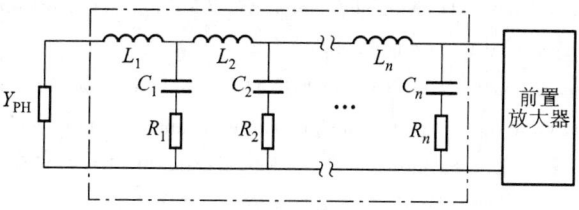

图 7.48　考虑增益平坦的宽带匹配网络

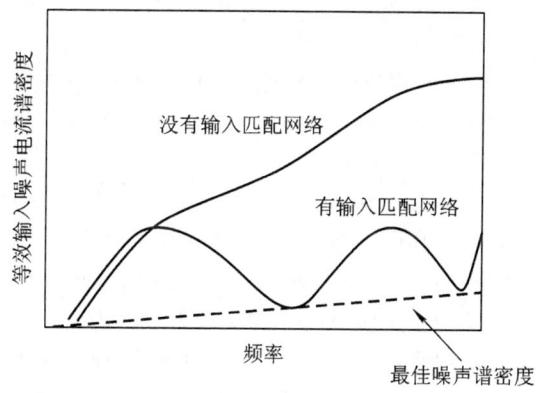

图 7.49　宽带匹配网络对噪声的影响

本章小结

本章对用于 Gb/s 级光接收机前置放大器的设计方法、电路拓扑和特性进行了详细的讨论，给出多种工艺条件下的前置放大器的设计要点，推导了跨阻增益和 S 参数之间的关系，以及等效电路谱密度和噪声系数之间的关系，最后讨论了光电探测器和前置放大器的匹配技术。

参考文献

[1] Agrawal G P. Fiber-optics communication systems[M]. [S. L.]: Johy Wiley & Sons, Inc., 2002.

[2] Buchwald A, Martin K W. Integrated fiber-optics receivers[M]. [S. L.]: Kluwer Academic Publishers. 1994.

[3] Sackinger E. Broadband circuits for optical fiber communication[M]. [S. L.]: Agere Systems, 2002.

[4] Razavi B. Design of integrate circuits for optical communications[M]. [S. L.]: McGraw-Hill Higher Education, 2003.

[5] Keiser G. Optical fiber communication[M]. [S. L.]: McGraw-Hill Higher Education, 2000.

[6] Smith R G, Personick S D. Semiconductor Devices for Optical Communications[M]. New York: H. Kressel, Ed., Springer, 1980.

[7] Personick S D, Rhodess N L, Hanson E C, Chan K H. Contrasting fiber – optic component – design requirements in telecommunications, analog, and local data communications applications[J]. Proceedings of the IEEE, 1980, 68(10): 1254-1262.

[8] 高建军. 场效应晶体管射频微波建模技术[M]. 北京: 电子工业出版社, 2007.

[9] 李秀萍, 高建军. 微波射频测量技术基础[M]. 北京: 机械工业出版社, 2007.

[10] 孙玲, 高建军. 跨阻放大器 S 参数与跨阻增益间的关系[J]. 固体电子学研究与进展, 2006, 26(1): 85-90.

[11] 孙玲, 高建军. Relationship Between Noise Figure and Equivalent Input Noise Current Spectral Density for Optical Receiver Design [J]. 半导体学报, 2006, 27(12): 2085-2088.

[12] Rein H M. Multi – gigabit – per – second silicon bipolar IC's for future optical – fiber transmission systems[J]. IEEE J. Solid – State Circuits, 1988, 3(3): 664-675.

[13] Rein H M. Silicon bipolar integrated circuits for multi – gigabit – per – second lightwave communications[J]. J. Lightwave Technology, 1990, 8(9): 1371-1378.

[14] Runge K, Way W I, Bagheri M, et al. Silicon bipolar integrated circuits for multi – Gb/s optical communication systems[J]. IEEE J. Select. Areas Commun, 1991, 9(5): 636-644.

[15] Hamano H, Yamamoto T, Nishizawa Y, et al. 10 Gbit/s optical front end using Si – bipolar preamplifier IC, flipchip APD, and slant – end fiber[J]. Electronics Letter, 1991, 27(18): 1602-1605.

[16] Albers J N, Schreiber H U. A Si – bipolar technology for optical fiber transmission rates above 10 Gb/s[J]. IEEE J. Select. Areas Communication., 1991, 9(6): 652-655.

[17] Tezuka H, et al. All – silicon IC 10 Gb/s optical receiver[J]. IEEE photo technology Letters, 1993, 5(7): 803-805.

[18] Moller M, Rein H M, Wernz H. 13 Gb/s Si – bipolar AGC amplifier IC with high gain and wide dynamic range for optical – fiber receivers[J]. IEEE J. Solid – State Circuits, 1994, 29(7): 815-822.

[19] Ohare M, Akazawa Y, Ishihara N, et al. Bopolar monolithic amplifier for a Gigabit optical repeater[J]. IEEE Journal. Solid – State Circuit, 1984, 19(4): 491-497.

[20] McDonald D, Millicker D J, Nordblom S W. A Silicon Bipolar Chipset for Fiber – Optic Applications to 2.5 Gb/s [J]. IEEE J. on Selec. Areas in Comm, 1991, 9(5): 664-672.

[21] Hamano H, Yamamoto T, Nishizawa Y, et al. High – speed Si – bipolar IC design for multi – Gb/s optical receivers [J]. IEEE J. Select. Areas Commun, 1991, 9(5): 645-651.

[22] Suzaki T, Soda M, Morikawa T, et al. Si bipolar chip set for 10 – Gb/s optical receiver [J]. IEEE J. Solid – State Circuits, 1992, 27(12): 1781-1786.

[23] Pohlmann W. A silicon – bipolar amplifier for 10 Gb/s with 45 – dB gain[J]. IEEE J. Solid – State Circuits, 1994, 29(5): 551-556.

[24] Neuhauser M, Rein H M, Wernz H. Low – noise, high gain Si – bipolar preamplifiers for 10 Gb/s optical – fiber links – design and realization[J]. IEEE J. Solid – State Circuits, 1996, 31(1): 24-29.

[25] Ohhata K, Masuda T, Imai K, et al. A wide – dynamic – range, high – transimpedance Si bipolar preamplifier C for 10 – Gb/s optical fiber links[J]. IEEE J. Solid – State Circuits, 1999, 34(1): 18-24.

[26] Kobayashi K W, Oki A K. A DC – 10 GHz high gain – low noise GaAs HBT direct – coupled amplifier[J]. IEEE Microwave and Guided Wave Letters, 1995, 5(9): 308-310.

[27] Nagano N, Suzaki T, Soda M, et al. Monolithic ultra – broadband transimpedance amplifiers using AlGaAs/GaAs heterojunction bipolar transistor[J]. IEEE Trans. Microwave Theory Techniques, 1994, 42(1): 2-10.

[28] Kuriyama Y, Akagi J, Sugiyama T, et al. DC to 40 – GHz broad – band amplifiers using AlGaAs/GaAs HBT's[J]. IEEE Journal of Solid – State Circuits, 1995, 30(10): 1051-1054.

[29] Mullrich J, Meister T F, Rest M, et al. 40 Gbit/s transimpedance amplifier in SiGe bipolar technology for the receiver in optical fiber TDM links[J]. Electron. Lett, 1998, 34: 452-453.

[30] Mullrich J, Thurner H, Mullner E, et al. High – gain transimpedance amplifier in InP based HBT technology for the receiver in 40 Gb/s optical – fiber TDM links[J]. IEEE J. Solid – State Circuits, 2000, 35: 1260-1265.

[31] Weiner J S, Leven A, Houtsma V, et al. SiGe differential transimpedance amplifier with 50 GHz bandwidth[J]. IEEE J. Solid – State Circuits, 2003, 38: 1512-1517.

[32] Weiner J S, Lee J S, Leven A, et al. An InGaAs – InP HBT differential transimpedance amplifier with 47 – GHz bandwidth[J]. IEEE J. Solid – State Circuits, 2004, 39(10): 1720-1723.

[33] John E, Das M B. Design and performance analysis of InP – based high – speed and high – sensitivity optoelectronic integrated receivers[J]. IEEE Trans. Electron Devices, 1994, 41(2): 162-172.

[34] Cowles J, Gutierrez – Aitken A L, Bhattacharya P, et al. 7.1 GHz bandwidth monolithically integrated $In_{0.53}Ga_{0.47}As/In_{0.52}Al_{0.48}As$ PIN – HBT transimpedance photoreceiver [J]. IEEE Photonics Technology Letters, 1994, 6(8): 963-965.

[35] Gutierrez – Aitken A L, Yang K, Zhang X, et al. 16 – GHz bandwidth InAlAs – InGaAs monolithically integrated p – i – n/HBT photoreceiver[J]. IEEE Photonics Technol-

ogy Letters, 1995, 7(11): 1339-1341.

[36] Huang W K, Huang S C, Chung H W, et al. 37-GHz bandwidth monolithically integrated InP HBT/evanescently coupled photodiode[J]. IEEE Photonics Technology Letters, 2006, 18(12): 1323-1325.

[37] Huber D, Bauknecht R, Bergamaschi C, et al. InP – InGaAs single HBT technology for photoreceiver OEIC's at 40 Gb/s and beyond[J]. Journal of Lightwave Technology, 2000, 18(7): 992-1000.

[38] Sano E, Yoneyama M, Yamahata S, et al. InP/InGaAs double – heterojunction bipolar transistor for high – speed optical receiver[J]. IEEE Trans. Electron Devices, 1996, 43(11): 1826-1832.

[39] Soda M, Tezuka H, Sato F, et al. Si – analog IC's for 20 Gb/s optical receiver[J]. IEEE J. Solid – State Circuits, 1994, SC – 9(12): 1577-1582.

[40] Ryum B R, Han T H, Cho D H, et al. Manufacturable SiGe base HBt realising a 9 GHz – bandwidth preamplifier in 10 Gbit/s optical receiver[J]. ELECTRONICS LETTERS, 1997, 33(17): 1479-1480.

[41] Qasaimeh O, Ma Z, Bhattacharya P, et al. Monolithically Integrated Multichannel SiGe/Si p – i – n – HBT Photoreceiver Arrays[J]. Journal of Lightwave Technology, 2000, 18(11): 1548-1553.

[42] Mullrich J, Meister T F, Rest M, et al. Rein. 40 Gb/s transimpedance amplifier in SiGe bipolar technology for receiver in optical – fibre TDM links[J]. Electronics Letters, 1998, 34(5): 452-453.

[43] Miyagawa Y, Miyamoto Y, Hagimoto K. 7 GHz bandwidth optical frond – end circuit using GaAs FET monolithic IC technology[J]. Electronics letters, 1989, 25(19): 1305-1306.

[44] Imai Y, Sano E, Asai K. Design and performance of wideband GaAs MMIC's for high – speed optical communication systems[J]. IEEE Trans. Microwave Theory Techniques, 1992, 40(2): 185-189.

[45] Bastida E M, Corso V, Finardi C A, et al. A Design Approach for Mass Producible High – Bit – Rate MMIC Transimpedance Amplifiers[J]. IEEE Microwave and guided wave letters, 1997, 7(10): 317-319.

[46] Chien F T, Chan Y J. Improved voltage gain of transimpedance amplifier by AlGaAs/InGaAs doped – channel FET's[J]. IEEE Trans. Electron Devices, 1999, 46(6): 1094-1097.

[47] Miyashita M, Maemura K, Yamamoto K, et al. An urtra broadband GaAs MESFET preamplifier IC for a 10 Gb/s optical communication system[J]. IEEE Trans. Microwave Theory Techniques, 1992, 40(12): 2439-2443.

[48] Kaiser D, Besca F, GroBkopf H, et al. Noise and small – signal performance of three

different monolihic InP – based 10 Gbit/s photoreceiver OEICs[J]. Electronics letters, 1994, 30(24): 2070-2071.

[49] Ikeda H, Ohshima T, Tsunotani M, et al. An auto – gain control transimpedance amplifier with low noise and wide input dynamic range for 10 – Gb/s optical communication systems[J]. IEEE Journal of Solid – State Circuits, 2001, 36(9): 1303-1308.

[50] Yasuyuki S, Kazuhiko H. Wide – band transimpedance amplifiers using AlGaAs/In$_x$Ga$_{1-x}$As Pseudomorphic 2 – D EG FET's[J]. IEEE Journal of Solid – State Circuits, 1998, 33(10): 1559-1562.

[51] Fukuyama H, Sano K, Murata K, et al. Photoreceiver Module Using an InP HEMT Transimpedance Amplifier for Over 40 Gb/s[J]. IEEE Journal of Solid – State Circuits, 2004, 39(10): 1690-1696.

[52] Hornbuckle D P, Tuyl R L V. Monolithic GaAs Direct – coupled amplifiers[J]. IEEE Trans. Electron Devices, 1981, 28(2): 175-182.

[53] Colleran W T, Abidi A A. A 3.2 GHz, 26 dB wide – band monolithic matched GaAs MESFET feedback amplifier using cascodes[J]. IEEE Trans. Microwave Theory Techniques, 1988, 36(10): 1377-1385.

[54] Dronavalli S, Jindal R P. CMOS Device Noise Considerations for Terabit Lightwave Systems[J]. IEEE Trans. Electron Devices, 2006, 53(4): 623-630.

[55] Dickson T O, Yau K H K, Chalvatzis T, et al. The invariance of characteristic current densities in nanoscale MOSFETs and its impact on algorithmic design methodologies and design porting of Si(Ge)(Bi)CMOS high – speed building blocks[J]. IEEE Journal of Solid – State Circuits, 2006, 41(8): 1830-1844.

[56] Tao R, Berroth M, Gu Z, et al. Wideband fully differential CMOS transimpedance preamplifier[J]. Electronics Letters, 2003, 39(21): 1488-1490.

[57] Kossel M, Menolfi C, Mod T, et al. Wideband CMOS transimpedance amplifier[J]. Electronics Letters, 2003, 39(7): 587-588.

[58] Park S M, Lee J, Yoo H J. 1 – Gb/s 80 – dB Fully Differential CMOS Transimpedance Amplifier in Multichip on Oxide Technology for Optical Interconnects[J]. IEEE J. Solid – State Circuits, 2004, 39(6): 971-974.

[59] Analui B, Hajimiri A. Bandwidth Enhancement for Transimpedance Amplifiers[J]. IEEE Journal of Solid – State Circuits, 2004, 39(8): 1263-1270.

[60] Kromer C, Sialm G, Morf T, et al. A low – power 20 – GHz 52 – dB transimpedance amplifier in 80 – nm CMOS[J]. IEEE J. Solid – State Circuits, 2004, 39(6): 885-894.

[61] Wu C H, Lee C H, Chen W S, et al. CMOS Wideband Amplifiers Using Multiple Inductive – Series Peaking Technique[J]. IEEE J. Solid – State Circuits, 2005, 40(2): 548-552.

[62] Kim H H, Chandrasekhar S, Burrus C A, et al. A Si BiCMOS transimpedance amplifier for 10 Gb/s SONET receiver [J]. IEEE J. Solid - State Circuits, 2001, 36 (5): 769-776.

[63] Hwang H Y, Chien J C, Chen T Y, et al. A CMOS Tunable Transimpedance Amplifier [J]. IEEE Microwave and Wireless Components Letters, 2006, 16(12): 693-695.

[64] Lu Z, Yeo K S, Ma J, et al. Broad - Band Design Techniques for Transimpedance Amplifiers[J]. IEEE Trans. Circuits and Systems - I: Regular Paper, 2007, 54 (3): 590-599.

[65] Chen W Z, Lin D S. A 90 - dB 10 - Gb/s Optical Receiver Analog Front - End in a 0.18-μm CMOS Technology[J]. IEEE Trans. VLSI Systems, 2007, 15(3): 358-365.

[66] Takachio N, Iwashita K, Hata S, et al. A 10 Gb/s optical heterodyne detection experiment using a 23 GHz bandwidth balanced receiver[J]. IEEE Trans. Microwave Theory Techniques, 1990, 38(12): 1900-1905.

[67] Freundorfer A P, Lionais P. A low - noise broard - band GaAs MESFET monoliyhic distributed preamplifier[J]. IEEE Photonics Letters, 1995, 7(4): 424-426.

[68] Kimura S, Imai Y. 0-40 GHz GaAs MESFET Distributed Baseband Amplifier IC's for High - S eed Optical Transmission [J]. IEEE Trans. Microwave Theory Techniques, 1996, 44(11): 2076-2082.

[69] Kobayashi K, Cowles J, Tran L, et al. A 50 - MHz - 55 - GHz multidecade InP - based HBT distributed amplifier [J]. IEEE Microwave Guided Wave Lett, 1997, 7 (10): 353-355.

[70] Suzuki H, Watanabe K, Ishikawa K, et al. Very - high - speed InP/InGaAs HBT IC's for optical transmission systems [J]. IEEE J. Solid - State Circuits, 1998, 33 (9): 1313-1320.

[71] Shigematsu H, Sato M, Suzuki T, et al. A 49 - GHz Preamplifier With a Transimpedance Gain of 52 dB Using InP HEMTs[J]. IEEE J. Solid - State Circuits, 2001, 36 (9): 1309-1313.

[72] Liang J Y, Aitchison C S. Signal - to - noise performance of the optical receiver using a distributed amplifier and P - I - N photodiode combination[J]. IEEE Trans. Microwave Theory Tech, 1995, 43(9): 2342-2350.

[73] Kobayashi K W, et al. Extending the bandwidth performance of heterojunction bipolar transistor - based distributed amplifiers[J]. IEEE Trans. Microwave Theory Tech, 1996, 44(5): 739-747.

[74] Morikuni J J, Kang S M. An analysis of inductive peaking in photoreceiver design[J]. J. Lightwave Technol, 1992, 10(10): 1426-1437.

[75] Imai Y, Sano E, Asai K. Design and performance of wideband GaAs MMIC's for high - speed optical communication systems[J]. IEEE Trans. Microwave Theory Tech, 1992,

40(2): 185-189.

[76] Ohkawa N. Fiber optical multigiabits GaAs MIC front – end cirtcuit with inductor Peaking [J]. J. Lightwave Technology, 1988, 6(11): 1665 – 1671.

[77] Scheinberg N, Bayrons R J, Laverick J M. Monolithic GaAs transimpedance amplifiers for fiber – optic receivers [J]. IEEE Journal Solid – State Circuit, 1991, 26(12): 1834-1839.

[78] Wu C H, Lee C H, Chen W S, Liu S I. CMOS Wideband Amplifiers Using Multiple Inductive – Series Peaking Technique [J]. IEEE Journal Solid – State Circuit, 2005, 40(2): 548-552.

[79] Muhax S, Iiersrenson M, Boyd S, Lee T. Bandwidth extension in CMOS with optimized on – chip inductors [J]. IEEE Journal Solid – Slate Circuits, 2000, 35(3): 346-355.

[80] 高建军, 高葆新, 梁春广. OEIC 跨阻光接收机中电感技术的研究 [J]. 清华大学学报(自然科学版). 1999, 39(9): 72-75.

[81] 高建军, 梁春广, 柴广耀, 等. 2.4 Gb/s 跨阻型光前置放大器 CAD 及验证 [J]. 半导体情报. 1994, 31(4): 26-38.

[82] 高建军, 梁春广. 2.5 Gb/s PIN – HEMT 光接收机噪声精确模拟 [J]. 电子学报. 1996, 24(11): 115-118.

[83] Greaves S D, Unwin R T. The design of tuned front – end GaAs MIC optical receivers [J]. IEEE Trans. Microwave Theory Tech, 1996, 44(4): 591-597.

[84] Alameh K E, Minasian P A. Tuned optical receivers for microwave subcarrier multiplexed lightwave system [J]. IEEE Trans. Microwave Theory Tech, 1990, 38(5): 546-551.

[85] Park M S, Minasian R A. Synthesis of losy noise matching network for flat – gain and low noise tuned optical receiver design [J]. IEEE Photonics Technology Letters, 1994, 6(2): 286-287.

[86] Park M S, Minasian R A. Ultra – low – noise and wideband – tuned optical receiver synthesis and design [J]. Journal of lightwave technology, 1994, 12(2): 254-259.

郑 重 声 明

高等教育出版社依法对本书享有专有出版权。任何未经许可的复制、销售行为均违反《中华人民共和国著作权法》，其行为人将承担相应的民事责任和行政责任，构成犯罪的，将被依法追究刑事责任。为了维护市场秩序，保护读者的合法权益，避免读者误用盗版书造成不良后果，我社将配合行政执法部门和司法机关对违法犯罪的单位和个人给予严厉打击。社会各界人士如发现上述侵权行为，希望及时举报，本社将奖励举报有功人员。

反盗版举报电话：(010)58581897/58581896/58581879

反盗版举报传真：(010)82086060

E - mail：dd@hep.com.cn

通信地址：北京市西城区德外大街4号
　　　　　高等教育出版社打击盗版办公室

邮　　编：100120

购书请拨打电话：(010)58581118